数据库原理及应用
——SQL Server 2017

主　编　杨先风　岳　静　朱小梅
副主编　王　兵　刘小玲　周　永　胥　林
参　编　杨　梅　刘　影　彭　博

科学出版社
北京

内 容 简 介

本书系统地讲述数据库原理与 SQL Server 2017 的功能、应用及实践知识。全书共 14 章，主要包括关系数据库知识、数据库设计、SQL Server 2017 的安装与配置、数据库及表的创建与管理、完整性控制、安全管理、备份与恢复、Transact-SQL 编程、存储过程和触发器、数据库新技术介绍、C#和 SQL Server 2017 开发数据库系统案例等内容。为了方便读者高效学习，满足其个性化学习需求，书中重点知识点都录制了同步授课视频，读者可通过扫描书中二维码进行学习。

本书内容全面、知识结构合理、语言简洁、案例丰富，适合作为高等院校数据库类课程及通过 MOOC 平台学习本课程的数据库爱好者的教材，也适合数据库原理、SQL Server 的初学者阅读，还可供数据库应用程序开发者参考。

图书在版编目（CIP）数据

数据库原理及应用：SQL Server 2017 / 杨先凤，岳静，朱小梅主编. —北京：科学出版社，2019.6

ISBN 978-7-03-061496-4

Ⅰ. ①数… Ⅱ. ①杨… ②岳… ③朱… Ⅲ. ①关系数据库系统 Ⅳ. ①TP311.132.3

中国版本图书馆 CIP 数据核字（2019）第 110129 号

责任编辑：刘 博 董素芹 / 责任校对：郭瑞芝
责任印制：张 伟 / 封面设计：迷底书装

科学出版社出版
北京东黄城根北街 16 号
邮政编码：100717
http://www.sciencep.com
北京天宇星印刷厂印刷
科学出版社发行 各地新华书店经销
*
2019 年 6 月第 一 版 开本：787×1092 1/16
2024 年 8 月第八次印刷 印张：17
字数：430 000

定价：59.00 元

（如有印装质量问题，我社负责调换）

前　言

“数据库原理及应用”是计算机类专业的核心课程，也是现在许多非计算机专业中涉及信息处理的首选课程。课程目标是系统地介绍数据库原理知识，结合具体的数据库管理系统软件介绍原理的应用过程。通过本课程的学习，学生能科学合理地进行数据库设计，从而提高软件开发的整体质量。

本书系统地介绍了关于数据库设计方面的关系模型和关系规范化理论、数据库设计、SQL Server 2017 软件使用、数据库新技术、数据库应用程序开发案例。教材强化理论与应用开发相结合，跟踪最新的主流数据库产品，本书选用目前最新版本的 SQL Server 2017 为教学实践环境，方便读者及时掌握最新数据库技术。全书采用读者容易理解的学生选课系统为基本案例，介绍了应用 SQL Server 2017 如何创建数据库、创建表、创建视图、创建存储过程等内容。并在第 13 章给出百度外卖数据库案例，介绍用 C#开发数据库应用程序的方法与步骤，提供数据库设计的详细步骤及相应代码，并调试给出运行结果。每章配有针对性的习题，相应章节配有上机练习，供读者练习使用。

参与本书编写与视频制作工作的老师有杨先凤、岳静、朱小梅、王兵、刘小玲、周永、胥林、杨梅、刘影、彭博。杨先凤编写第 1、11 章书稿，录制第 1、8、11 章的教学视频；岳静完成第 9、12 章的书稿编写及教学视频录制；朱小梅完成第 6、7 章的书稿编写及教学视频录制；王兵完成第 13、14 章书稿编写及教学视频录制，设计基于 C#的百度外卖数据库案例；刘小玲编写第 3、5 章书稿；周永完成第 4 章的书稿编写及教学视频录制；胥林完成第 3、5 章的视频录制，设计学生选课数据库案例；杨梅完成第 2 章书稿编写及教学视频录制；刘影完成第 10 章书稿编写及教学视频录制；彭博完成第 8 章书稿的编写。全书由杨先凤、岳静、朱小梅、胥林负责最后统稿和修改。

本书作者长期从事数据库课程的教学与科研工作，不仅积累了丰富的教学经验，还有多年数据库应用系统的研发设计经历。本书是在“数据库原理及应用”在线课程平台建设的基础上，经过在新知识体系结构、新技术、新方法、新应用等方面的优化、整合、修改和完善后的成果，以此奉献给广大师生和选择本书作为参考资料的读者学习和交流。

本书的特点是内容全面、注重实用、内容先进，是一本包含丰富数字教学资源的新形态教材。

本书配套视频资源，读者可以通过扫描书中二维码进行观看。同时，也将数字资源发布到中国大学 MOOC 平台(http://www.icourse163.org/course/SWPU- 1003790004)，数字资源包括大纲、PPT、视频、单元测验、综合测验、考试等，欢迎参阅。

在编写本书的过程中参考了相关文献，在此向这些文献的作者深表感谢。

由于数据库技术更新迅速、时间仓促及水平有限，书中难免存在不足之处，敬请各位专家和读者批评指正。

编　者

2019 年 4 月

目　　录

第 1 章　数据库系统概论……1
1.1　数据库的定义……1
1.2　数据管理技术的产生和发展……3
1.3　数据库系统的组成……5
1.4　数据库系统的特点……7
1.5　学习数据库课程的就业方向……9
1.6　小结……11
习题……11
第 2 章　数据库系统结构……13
2.1　数据模型……13
2.2　数据库系统的三级模式及二级映像……22
2.3　数据库管理系统……25
2.4　小结……26
习题……27
第 3 章　关系数据库基础……29
3.1　关系数据结构及形式化定义……29
3.2　关系的完整性……31
3.3　关系操作……33
3.4　关系代数……33
3.5　小结……38
习题……38
第 4 章　关系数据库标准语言 SQL……40
4.1　SQL 概述……40
4.2　学生选课数据库……43
4.3　数据定义……44
4.4　数据查询……47
4.5　数据更新……65
4.6　视图……67
4.7　索引……71
4.8　小结……72

习题…………72
第 5 章　关系数据库设计理论…………74
5.1　数据依赖…………74
5.2　范式…………77
5.3　关系模式的规范化…………79
5.4　反规范化…………79
5.5　小结…………82
习题…………82
第 6 章　数据库设计…………84
6.1　数据库设计概述…………84
6.2　需求分析…………87
6.3　概念结构设计…………89
6.4　逻辑结构设计…………96
6.5　物理结构设计…………99
6.6　数据库实施…………101
6.7　数据库运行与维护…………102
6.8　小结…………103
习题…………103
第 7 章　数据库保护…………106
7.1　事务…………106
7.2　并发控制…………108
7.3　数据恢复…………117
7.4　小结…………121
习题…………121
第 8 章　SQL Server 2017 基础…………123
8.1　SQL Server 的发展简介…………123
8.2　SQL Server 2017 简介…………124
8.3　SQL Server 2017 的安装…………127
8.4　SQL Server 2017 常用管理工具…………132
8.5　SQL Server 2017 体系结构…………134
8.6　SQL Server 2017 数据库种类及文件…………135
8.7　小结…………138
习题…………138
上机练习…………139
第 9 章　SQL Server 数据库、表和数据操作…………140
9.1　数据库创建与管理…………140

9.2　数据表创建与管理 ……146
9.3　约束的创建与管理 ……151
9.4　视图的创建与管理 ……155
9.5　索引的创建与管理 ……163
9.6　小结 ……170
习题 ……170
上机练习 ……171

第 10 章　安全管理 ……174
10.1　安全管理概述 ……174
10.2　安全账户认证 ……175
10.3　数据库用户 ……180
10.4　权限管理 ……182
10.5　角色 ……188
习题 ……191
上机练习 ……191

第 11 章　备份和恢复数据库 ……193
11.1　进行数据库备份的原因 ……193
11.2　备份类型和备份内容 ……194
11.3　备份策略 ……195
11.4　实现备份 ……197
11.5　数据库恢复 ……203
11.6　小结 ……207
习题 ……207
上机练习 ……208

第 12 章　存储过程和触发器 ……210
12.1　T-SQL 概述 ……210
12.2　存储过程 ……215
12.3　触发器 ……218
12.4　管理存储过程与触发器实训 ……223
习题 ……226
上机练习 ……228

第 13 章　C#开发数据库应用程序实训 ……229
13.1　C#访问数据库 ……229
13.2　百度外卖分析与设计 ……236
13.3　小结 ……246
习题 ……246

第 14 章　数据库新技术 ………… 248
14.1　云数据库及分布式数据库 ………… 248
14.2　大数据及主动数据库 ………… 252
14.3　数据仓库与数据挖掘 ………… 254
14.4　NoSQL 数据库 ………… 259
14.5　数据库其他新技术 ………… 260
14.6　小结 ………… 262
习题 ………… 263

参考文献 ………… 264

第 1 章　数据库系统概论

数据库
课程介绍

【本章导读】

随着计算机、网络、安全、智能等技术的不断进步，云计算、物联网、移动互联网等以数据为中心的应用日益丰富，来自政府、企业、公众的大量数据不断汇集，人们对信息的访问需求无处不在。美国未来学家托尔勒曾指出：“谁掌握了信息，谁控制了网络，谁就将拥有整个世界”。数据库技术是各种业务数据处理与应用系统的核心，是现代信息科学与技术的重要组成部分，数据库的建设规模、应用深度已成为衡量一个国家信息化程度的重要标志，数据资源和数据库高新技术已经成为世界各国极为重要的优先发展战略。

数据库是数据管理的最新技术，其主要研究内容是如何对数据进行科学的管理，以提供可共享、安全、可靠的数据，数据库技术一般包含数据管理和数据处理两部分。数据库系统本质上是一个用计算机存储数据的系统，数据库本身可以看作一个电子文件柜，是收集数据文件的仓库或容器，本章介绍数据库系统的基本概念、数据管理的发展过程、数据库系统的特点，学习数据库课程的就业方向等。

【学习目标】

(1) 了解为什么要学习数据库。
(2) 掌握数据库系统的基本概念。
(3) 掌握数据库系统的特点。
(4) 了解数据库管理系统在计算机系统中的位置。
(5) 了解数据库技术的应用。
(6) 了解学习数据库课程对应的就业岗位。

什么是
数据

1.1　数据库的定义

在系统学习数据库技术之前，首先介绍数据库中常用的一些术语和基本概念。

1.1.1　数据

数据(Data)是数据库中存储的基本对象。人们为了认识世界、交流信息而对事物进行描述的符号记录称为数据。数据在人们头脑中的直觉反应就是数字，但数字只是数据的一种最简单的形式，是对数据的传统和狭义的理解。目前计算机的应用范围已十分广泛，因此数据种类也更加丰富，例如，文字、图形、图像、声音、视频、学生选课情况等都是数据，是数据库中存储的基本对象。数据有多种表现形式，均可以经过数字化后保存在计算机中。

数据的表现形式并不一定能完全表达其内容，需要经过解释才能明确其表达的含义，如 18，当解释其代表人的年龄时就是 18 岁，当解释其代表百度外卖中某小吃价格时就是 18 元，当解释为当前出席人数时就是 18 人。数据的解释是指对数据含义的说明，数据的含义称为数据的语义，数据与语义是不可分的。

1.1.2 信息

信息(Information)是对现实世界事物存在方式或运动状态的反映，是加工后的数据，它会对接收者的行为和决策产生影响，具有现实的或者潜在的价值。信息具有如下一些重要特征。

(1)信息传递需要物质载体，信息的获取和传递需要消耗能量。

(2)信息是可以感知的，不同的信息源有不同的感知方式(如感知器官、仪器或传感器等)。

(3)信息是可以存储、压缩、加工、传递、共享、再生和增值的。

信息是资源，人类进行各项社会活动，不仅要考虑物质条件，而且要认真研究信息和利用信息。正因为如此，人们才将能源、物质和信息并列为人类社会活动的三大要素。

数据与信息是两个既有联系又有区别的概念。数据是信息的载体，而信息是数据的内涵。同一信息可以有不同的数据表示形式，而同一数据也可能有不同的解释。

1.1.3 数据库

数据库(Database，DB)，顾名思义，是存放数据的仓库，只不过这个仓库是在计算机存储设备上，而且数据是按一定格式存放的。在科学飞速发展的今天，人们的视野越来越广，数据量急剧增加。过去人们把数据存放在文件柜里，现在人们借助计算机和数据库技术科学地存储与管理大量的、复杂的数据，以便能方便而充分地利用这些宝贵的信息资源。

严格地讲，数据库是长期存储在计算机内有组织的、可共享的大量数据集合。数据库中的数据按一定的数据模型组织、描述和存储，具有较小的冗余度、较高的数据独立性和易扩展性，并可为各种用户共享。概括地讲，数据库具有永久存储、有组织和可共享三个基本特点。

1.1.4 数据库管理系统

如何科学地组织和存储数据、如何高效地获取和维护数据，完成这个任务的是一个系统软件——数据库管理系统(Database Management System，DBMS)。DBMS 是位于用户与操作系统之间的一种数据管理软件。数据库在建立、运用和维护时由数据库管理系统统一管理、统一控制。DBMS 使用户能方便地定义数据和操纵数据，并能够保证数据的安全性、完整性、多用户对数据的并发使用及发生故障后的系统恢复。数据库管理系统的功能将在第 2 章详细阐述。

1.1.5 数据库系统

数据库系统(Database System，DBS)是指在计算机中引入数据库后的系统。一个数据库系统是一个实际可运行的，按照数据库方式存储、维护和向应用系统提供数据或信息支持的系统。它是存储介质、处理对象和管理系统的集合体，通常由数据库、数据库管理系统(及开发工具)、应用系统、数据库管理员四部分组成，数据库系统的组成将在 1.3 节进一步介绍，此处省去。

1.2　数据管理技术的产生和发展

数据管理是指对数据进行收集、组织、编码、存储、检索和维护等活动，其发展历史可以追溯到计算机诞生之初，最初主要应用于复杂的科学计算领域，随着计算机软、硬件技术的不断发展，计算机的应用领域不断扩大，需要处理的数据类型和信息量都大大增加，相应地，数据管理技术主要经历了人工管理、文件系统管理和数据库系统管理三个发展阶段。

1.2.1　人工管理阶段

人工管理阶段

20 世纪 50 年代中期以前，计算机硬件存储设备主要有磁带、卡片、纸带等，还没有磁盘等直接存取的存储设备；软件也处于初级阶段，没有操作系统和管理数据的工具。数据处理方式是批处理。数据的组织和管理完全靠程序员手工完成，该阶段数据的管理效率很低，主要特点如下。

1. 不保存数据

因计算机主要用于科学计算，不要求将数据长期保存，只是在每次计算时，将数据和程序输入计算机内存中，然后进行计算，最后将计算结果输出。

2. 应用程序管理数据

数据需要由应用程序管理，每个应用程序不仅要考虑数据的逻辑结构，还要考虑其物理结构，包括数据的存储结构、存取方法和输入方式等，使程序员的工作量很大。

3. 数据不共享，冗余度大

每个程序对应一组数据，程序与数据融为一体，相互依赖。当多个应用程序涉及某些相同的数据管理模型时，势必造成数据重复存储的现象，这种现象称为数据冗余。

4. 程序与数据不具有独立性

程序依赖于数据，如果数据的类型、格式或输入/输出方式等逻辑结构或物理结构发生变化，必须对应用程序进行相应的修改，这也进一步增加了程序员的工作量。

人工管理阶段的数据管理模型如图 1-1 所示。

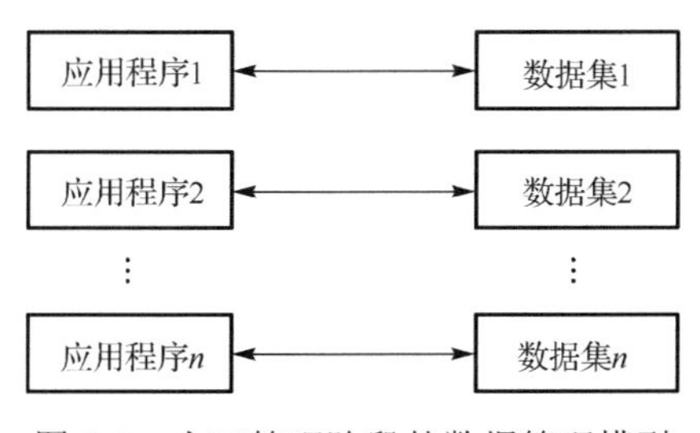

图 1-1　人工管理阶段的数据管理模型

1.2.2　文件系统管理阶段

文件系统管理阶段

自20世纪50年代后期到20世纪60年代中期，计算机得到了广泛应用。在硬件方面，有了磁盘、磁鼓等直接存取的存储设备；在软件方面，有了操作系统和专门用于管理数据的应用软件，一般称为文件系统；处理方式不仅有批处理，而且能够联机实时处理。文件系统管理阶段的数据管理模型如图1-2所示。

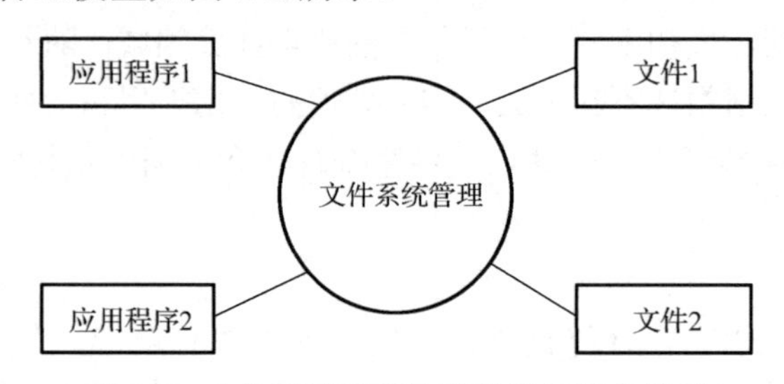

图1-2　文件系统管理阶段的数据管理模型

1. 文件系统的优点

(1) 数据可以长期保存。

(2) 文件系统管理数据。文件系统把数据按记录的结构进行组织，并以文件的形式存储在存储设备上，这样，程序只与存储设备上的文件打交道，不必关心数据的物理存储(存储位置、结构等)，而由文件系统提供的存取方法实现数据的存取，从而实现按文件名访问，按记录进行存取的管理技术。

(3) 程序与数据之间有了一定的独立性。由于程序通过文件系统对数据文件中的数据进行读取和处理，程序和数据之间具有一定的独立性，即当改变存储设备时，不必改变应用程序。程序员不需要考虑数据的物理存储，而将精力集中于算法程序设计上，大大减少了维护程序的工作量。

2. 文件系统的缺点

尽管文件系统有上述优点，但仍存在以下缺点。

(1) 数据共享性差，冗余度大。在文件系统中，一个文件基本上对应一个应用程序，即文件仍然是面向应用的。当不同的应用程序具有部分相同的数据时，就会造成同一个数据重复存储，必须建立各自的文件，不能共享相同的数据，因此数据冗余度大，浪费存储空间。同时，相同数据的重复存储、各自管理，可能造成数据的不一致性，给数据维护带来困难。

(2) 数据独立性差。文件系统中的文件是为某个特定应用服务的，文件的逻辑结构对该应用程序是最优的，因此想为现有的数据增加一些新的应用是很困难的，系统扩充性较差。一旦数据的逻辑结构发生变化，就必须修改应用程序和文件结构的定义；而如果应用程序发生变化，如改用另一种程序设计语言来编写程序，也将引起文件数据结构的改变。

1.2.3　数据库系统管理阶段

数据库系统的管理阶段

数据库一词起源于20世纪50年代初，当时美国为了战争的需要将各种情报集中存储于计算机中，称为 Information Base 或 Database。1963 年，美国 Honeywell 公司的 IDS(Integrated Data Store)系统投入运行，揭开了数据库技术的序幕。1965 年，美国利用数据库的帮助设计了阿波罗登月火箭，推动了数据库技术的产生。当时社会上产生了许多形形色色的 Database 或 Databank，但基本上都是文件系统的扩充。20 世纪 60 年代后期以来，计算机用于管理数据的规模更为庞大，应用越来越广泛，数据量也急剧增长。在计算机软硬件方面，已有了大容量的磁盘，硬件价格下降，软件价格上升；在处理方式上，联机实时和分布式处理的应用更多。为满足多用户、多个应用程序共享数据的需求，数据库技术应运而生，出现了统一管理数据的专门软件系统，即数据库管理系统。

数据库管理系统是数据管理技术发展的一个重大变革，将过去在文件系统中以程序设计为核心、数据服从程序设计的数据管理模式改变为以数据库设计为核心、应用程序设计退居次位的数据管理模式。数据库系统管理阶段的数据管理模型如图 1-3 所示。

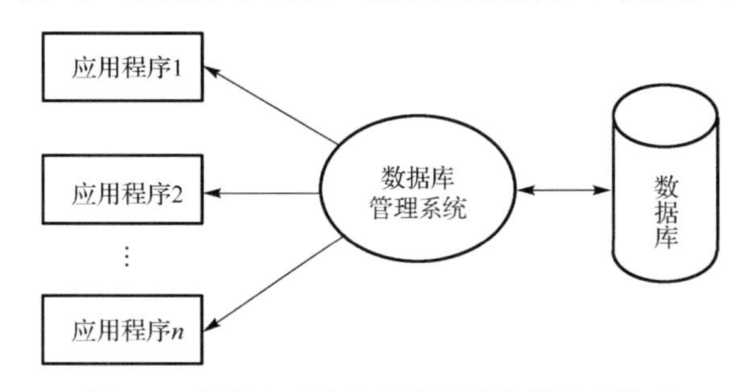

图 1-3　数据库系统管理阶段的数据管理模型

随着应用领域的不断扩展，关系数据库的局限和不足日益显现出来。数据库技术与网络技术、人工智能技术、面向对象技术、并行计算技术、多媒体技术等的相互融合，为数据库技术的应用开拓了更广阔的空间，出现和发展了多种数据库新技术，数据库新技术将在第 14 章进行系统详细的介绍，此处省略。

1.3　数据库系统的组成

数据库系统的组成

数据库系统包括应用程序、数据库管理系统、数据库、用户、计算机硬件环境和操作系统，数据库系统的组成如图 1-4 所示，其中，应用程序、数据库管理系统、数据库是数据库系统的最基本组成部分。数据库是数据的汇集，它以一定的组织形式存于存储介质上，也就是提供数据源；DBMS 是管理数据库的系统软件，它实现数据库系统的各种功能，是数据库系统的核心，如 SQL Server、Access；应用系统是指以数据库为基础的应用系统，如学生选课系统、百度外卖点餐、网上购物系统等。

下面分别简要介绍数据库系统包含的主要内容。

1.3.1　硬件

数据库中的数据量一般都比较大，而且 DBMS 具有丰富的功能，使其自身的规模很大，SQL Server 2017 的完整安装，大致需要 4GB 以上的硬盘空间，至少 1GB 以上的内存，因此整个数据库系统对硬件资源的要求较高，必须要有足够大的内存，用来存放操作系统、数据库管理系统、数据缓冲区和应用程序，而且要有足够大的硬盘空间存放数据库，最好还要有足够的存放备份数据的磁盘。

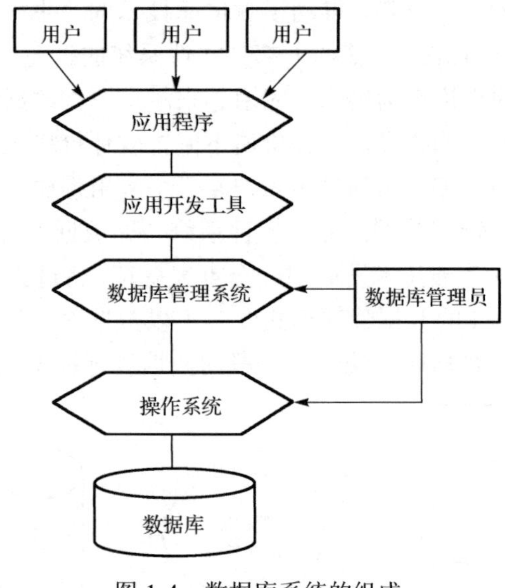

图 1-4　数据库系统的组成

1.3.2　软件

数据库系统的软件主要包括以下内容。

(1) 数据库管理系统，是整个数据库系统的核心，是建立、使用和维护数据库的系统软件。

(2) 操作系统，数据库管理系统中的很多底层操作是靠操作系统完成的，数据库中的安全控制等功能也是与操作系统共同实现的，因此数据库管理系统要和操作系统协同工作来完成很多功能，不同的数据库管理系统需要的操作系统平台不尽相同，例如，SQL Server 2017 可以在 Windows 10 平台和 Linux 平台安装，以前版本的 SQL Server 只能在 Windows 平台上安装运行，而不能在 Linux 平台安装使用。

(3) 具有数据库访问接口的高级语言及其编程环境，便于开发应用程序。

(4) 以数据库管理系统为核心的实用工具，这些实用工具一般是数据库厂商提供的，随数据库管理系统软件一起发行。

1.3.3　人员

数据库系统中包含的人员主要有数据库管理员、系统分析人员、数据库设计人员、应用程序编程人员和最终用户。数据库系统中不同人员涉及系统中不同的数据抽象级别，具有不同的数据视图，人员与数据库系统的关系如图 1-5 所示。

(1) 数据库管理员，负责维护整个系统的正常运行，负责保证数据库安全可靠地运行。

(2) 系统分析人员，主要负责应用系统的需求分析和规范说明，这些人员要和最终用户以及数据库管理员配合，以确定系统的软硬件配置，并参与数据库系统的概要设计。

(3) 数据库设计人员，主要负责确定数据库数据、设计数据库结构等，数据库设计人员也必须参与用户需求调查和系统分析，在很多情况下，数据库设计人员由数据库管理员担任。

(4) 应用程序编程人员，负责设计和编写访问数据库的应用系统的程序模块，并对程序进行调试和安装。

(5) 用户，是数据库应用程序的使用者，他们是通过应用程序提供的操作界面，操作数据库中数据的人员。当我们在网上选课，或者在百度外卖点餐时，在填写网上信息的时候，就充当了该数据库系统的用户。

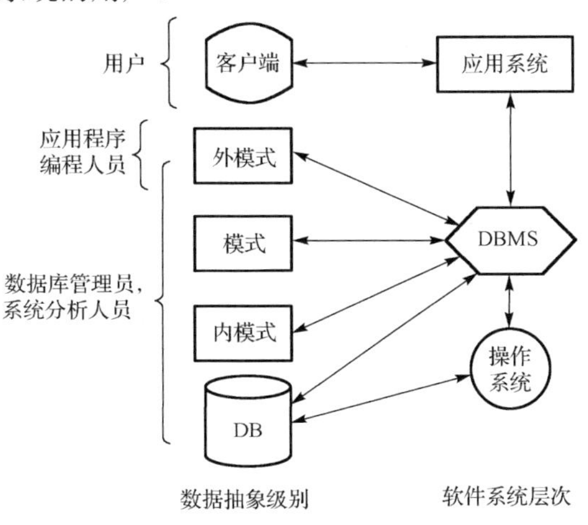

图 1-5　人员与数据库系统的关系

1.4　数据库系统的特点

数据库系统
的特点

与人工管理和文件系统相比，数据库系统主要具有如下特点。

1.4.1　数据结构化

数据库系统实现整体数据的结构化，这是数据库的主要特征之一，也是数据库系统与文件系统的本质区别。

“整体”结构化是指在数据库中的数据不再仅针对某一应用，而是面向全组织，不仅数据内部是结构化的，而且整体也是结构化的，数据之间有联系。

在文件系统中，每个文件内部是有结构的，即文件由记录构成，每个记录由若干个属性组成。例如，学生文件记录、课程文件记录和学生选课文件记录的结构如图 1-6 所示。

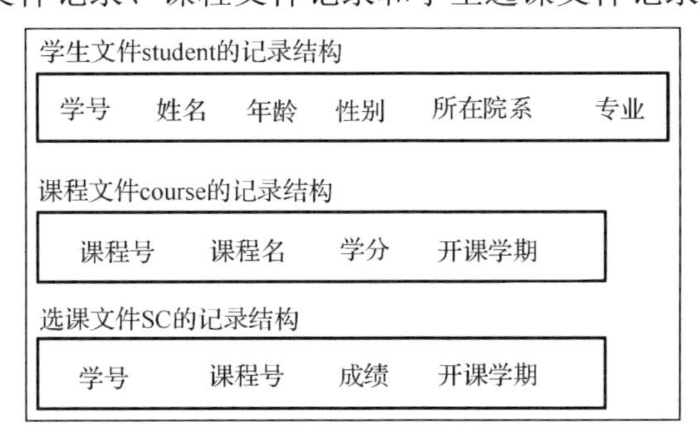

图 1-6　学生文件记录、课程文件记录、选课文件记录结构图

在文件系统中，尽管其记录内部已经有了一些结构，但记录之间没有联系。例如，学生文件 student、课程文件 course 和学生选课文件 SC 是独立的 3 个文件，但实际上这 3 个文件的记录之间是有联系的，SC 的学号必须是 student 文件中的某个学生的学号，SC 的课程号必须是 course 文件中某门课程的编号。

在关系数据库中，关系表的记录之间的联系可以用参照完整性(将在第 2 章中详细介绍)来描述。而在文件系统中要做到这一点，必须由程序员编写一段代码在应用程序中实现。

在数据库系统中实现了整体数据的结构化，也就是说，不仅要考虑某个应用的数据结构，还要考虑整个组织的数据结构。这种数据组织方式为各部门提供了必要的记录，使整体数据结构化了。这就要求在描述数据时不仅要描述数据本身，还要描述数据之间的联系。

在数据库系统中，不仅数据整体是结构化的，而且存取数据的方式也很灵活，可以存取数据中的某一个数据项、一组数据项、一个记录或一组记录。而在文件系统中，数据的存取单位是记录，粒度不能细化到数据项。

1.4.2　数据的共享性高，冗余度低，易扩充

数据库系统从整体角度看待和描述数据，数据不再面向某个应用而是面向整个系统，因此，数据可以被多个用户、多个应用共享使用。数据共享可以大大减少数据冗余，节约存储空间。数据共享还能避免数据之间的不相容性与不一致性。数据的不一致性是指同一数据不同拷贝结果的值却不一样。

由于数据面向整个系统，是有结构的数据，不仅可以被多个应用共享使用，而且容易增加新的应用，这就使数据库系统弹性大，易于扩充，可以适应各种用户需求。可以选取整体数据的各种子集用于不同的应用系统，当应用需求改变或增加时，只要重新选取不同的子集或加上一部分数据，便可以满足新的需求。

1.4.3　数据独立性高

数据独立性是数据库领域中的一个常用术语和重要概念，包括数据的物理独立性和数据逻辑独立性。数据独立性是由 DBMS 的二级映像功能来保证的，将在第 2 章讨论。

1.4.4　数据由 DBMS 统一管理和控制

数据库的共享是并发的(Concurrency)共享，即多个用户可以同时存取数据库中的数据甚至可以同时存取数据库中同一个数据。

为此，DBMS 还必须提供以下几方面的数据控制功能。

1) 数据的安全性保护

数据的安全性(Security)是指保护数据，以防止不合法的使用造成数据的泄密和破坏，使每个用户只能按规定对某些数据以某些方式进行使用和处理。

2) 数据的完整性检查

数据的完整性(Integrity)指数据的正确性、有效性和相容性。完整性检查将数据控制在有效的范围内，或保证数据之间满足一定的关系。

3) 并发控制

当多个用户的并发进程同时存取、修改数据库时，可能会发生相互干扰而得到错误的结果或使数据库的完整性遭到破坏，因此必须对多用户的并发操作加以控制和协调。

4) 数据库恢复

计算机系统的硬件、软件故障，操作员失误操作以及恶意的破坏也会影响数据库中数据的正确性，甚至造成数据库全部或部分数据丢失。DBMS 必须具有将数据库从错误状态恢复到某一已知的正确状态(也称为完整状态或一致状态)的功能，这就是数据库的恢复功能。

数据库系统的出现使信息系统从以加工数据的程序为中心转向围绕共享的数据库为中心的新阶段。这样既便于数据的集中管理，又有利于应用程序的研制和维护，提高了数据的利用率和相容性，提高了决策的可靠性。

1.5　学习数据库课程的就业方向

在不久的将来，当学习数据库略有小成，即将面临就业时不需要迷惘，因为适合数据库方向的工作岗位是非常多的。下面介绍近期公开招聘的职位信息中关于数据库具体的岗位技术特征，以明确本课程对于未来就业岗位的基本情况。

1. 数据库应用开发

要求：掌握数据库系统概论知识，可以通过 E-R 图对数据库系统进行设计工作，掌握数据库的范式标准和良好的数据库设计原则，掌握数据库完整性概念，掌握数据库设计的基本过程和理论，掌握基本的结构化查询语言(Structured Query Language，SQL)方面的知识，还需要掌握开发流程、软件工程、各种框架和开发工具等。

数据库应用开发这个方向的机会和职位最多。

2. 数据建模专家

要求：熟练掌握数据库原理、数据建模的相关知识，负责将用户对数据的需求转化为数据库逻辑模型和物理模型设计。

这个方向在大公司(金融、保险、研究、软件开发商等)有专门职位，在中小公司则可能由程序员承担。

3. 商业智能专家(BI)

主要从事商业应用，最终以用户的角度从数据中获取有用的信息，设计联机分析处理(Online Analytical Processing，OLAP)，需要使用 SSRS(SQL Server Reporting Services)、Cognos、Crystal Report 等报表工具或者其他一些数据挖掘、统计方面的软件工具。

4. 数据构架师

主要从全局上制定和控制关于数据库在逻辑层上的大方向，也包括数据库可用性、扩展性等长期性策略，协调数据库的应用开发、建模、数据库管理员（Database Administrator，DBA）之间的工作。

这个方向在大公司（金融、保险、研究、软件开发商等）有专门职位，在中小公司或者没有这个职位，或者由开发人员、DBA 负责。

5. 数据库管理员

负责数据库的安装、配置、调优、备份/恢复、监控、自动化等，协调应用开发（有些职位还要求优化 SQL，编写存储过程和函数等）。这个方向的职位相对较少。

6. 数据仓库专家（DW）

负责应付超大规模的数据、历史数据的存储、管理和使用，和商业智能关系密切，很多时候 BI 和 DW 是放在一个大类中的，但是 DW 更侧重于硬件和物理层上的管理与优化。

7. 存储工程师

专门负责提供数据存储方案，使用各种存储技术满足数据访问和存储需求，和 DBA 的工作关系比较密切。

对高可靠性有严格要求（如通信、金融、数据中心等）的公司通常有这种职位，但是该类职位也非常少。

8. 性能优化工程师

负责数据库的性能调优和优化，为用户解决性能瓶颈方面的问题。微软和 Oracle 都有专门的数据库性能实验室，也有专门的性能优化工程师，负责为其数据库产品和关键应用提供这方面的技术支持。

对数据库性能有严格要求的公司（如金融行业）可能会有这种职位，但因为针对性很强，甚至要求对多种数据库非常熟悉，所以职位极少。

9. 高级数据库管理员

在 DBA 的基础上，高级数据库管理员还涉及多种职位的部分工作，具体的技术内容包括以下几点。

（1）对应用系统的数据（布局、访问模式、增长模式、存储要求等）比较熟悉。

（2）对性能优化非常熟悉，可以发现并优化从 SQL 到硬件 I/O、网络等各个层面上的瓶颈。

（3）对于存储技术相对熟悉，可以代替存储工程师的一些工作。

（4）对数据库的高可用性技术非常熟悉。

（5）对大规模数据库有效进行物理扩展（如表分区）或者逻辑扩展（如数据库分区、联合数据库等）。

（6）熟悉各种数据复制技术，如单向、双向、点对点复制技术，以满足应用要求。

（7）灾难数据恢复过程的建立、测试和执行。

这种职位一般只在对数据库要求非常高且规模非常大（如金融、电信、数据中心等）

的公司需要，而且这种公司一般有一个专门独立负责数据库的部门或组，职位一般由内部产生，外部招聘职位非常少。

在学习本课程之初，同学们预先查阅一下招聘相关信息，这样可以明确学习重点、要点，从而提高自身的学习目标和学习动力，为今后的深入学习奠定一个良好的学习基础。

1.6 小　结

本章首先概述了数据库的基本概念，并通过对数据管理发展情况的介绍，阐述了数据库技术的产生和发展的背景，重点介绍了数据库系统的特点，使读者了解数据库系统不仅是一个计算机系统，还是一个人-机系统，人的作用特别是 DBA 的作用尤为重要。最后介绍了近期公开招聘的职位信息中关于数据库具体的岗位技术特征，方便读者了解学习数据库课程的就业方向，从而提高读者自身的学习目标和学习动力，为今后深入学习数据库技术奠定一个良好的学习基础。

习　题

一、选择题

1．在数据管理技术的发展过程中，经历了人工管理阶段、文件系统阶段和数据库系统阶段。在这几个阶段中，数据独立性最高的是(　　)阶段。

A．数据库系统　　B．文件系统　　C．人工管理　　D．数据项管理

2．(　　)是长期存储在计算机内有序的、可共享的数据集合。

A．数据　　B．信息　　C．数据库　　D．数据库系统

3．文字、图形、图像、声音、学生的档案记录、货物的运输情况等，这些都是(　　)。

A．数据　　B．信息　　C．数据库　　D．其他

4．数据库系统是由数据库、数据库管理系统(及其开发工具)、应用系统、(　　)和用户构成。

A．数据库管理系统　　B．数据库

C．数据库系统　　D．数据库管理员

二、填空题

1．数据库就是长期存储在计算机内________、________的数据集合。

2．数据库具有________、________和________三个特点。

3．数据库系统具有________、________、________和________四个特点。

4．数据库技术经历了________、________和________三个发展阶段。

三、判断题(在认为正确的题后打“√”，错误的题后打“×”)

1．数据是对客观事物的属性的描述与记载，学生的档案记录、货物的运输情况等都是数据。　　(　　)

2．数据库中的数据可为各种用户共享。　（　）

3．使用文件系统管理数据要比数据库方便。　（　）

四、简答题

1．简述计算机数据管理技术发展的三个阶段。

2．数据库管理系统有哪些主要功能？

3．数据库管理系统通常由哪几部分组成？

4．DBA 的职责是什么？

第 2 章　数据库系统结构

【本章导读】

本章主要介绍数据模型和数据库系统的结构，主要包括概念模型、逻辑模型和物理模型以及数据库系统的三级模式。概念模型是对现实世界的抽象和模拟，逻辑模型是为了方便计算机处理数据所采用的模型，物理模型是数据在计算机中的具体存储实现。将数据库划分为三级模式，旨在针对不同的使用对象和应用目的，采取分层管理手段，使用户不必关心数据在数据库中的具体细节，从而简化用户对数据的访问程序。

本章的学习内容是学习后续章节的理论基础，涉及的概念可能有些抽象和枯燥，建议读者先初步掌握本章的基本概念，为后续章节的学习打下基础，学完后续章节的内容后，再回顾本章的内容，便会对整个数据库系统有更好的理解和认识。

【学习目标】

(1) 理解数据模型的基本概念。
(2) 掌握实体-联系模型。
(3) 理解关系数据模型的数据结构和特点。
(4) 理解数据完整性约束的概念。
(5) 掌握数据库的三级模式、两级映像、两个数据独立性的概念。

2.1　数 据 模 型

2.1.1　数据模型的概念

数据模型
的概念

数据模型(Data Model)是对现实世界数据特征的模拟和抽象，用来描述数据是如何组织、存储和操作的。

由于计算机不能直接处理现实世界中的具体事物及其之间的联系，人们必须事先把具体事务转换成计算机能够处理的数据，即数字化，把现实世界中具体的人、物、活动、概念等用数据模型这个工具来抽象、表示和处理。因此，现实世界的数据到数据库数据，必须经过三个阶段：现实世界、信息世界和机器世界，其转换过程如图 2-1 所示。

(1) 现实世界：指客观存在的现实世界中的事物(实体)及其联系，如学生、教师、选课等。

(2) 信息世界：基于某种数据模型完成对现实世界事物的抽象描述，也就是按用户的观点对数据和信息进行建模。

图 2-1 现实世界中客观对象的抽象过程

(3) 机器世界：是对数据最低层次的抽象，主要描述数据在系统内部的表示方式和存储方法，在磁盘或磁带上的存储方式和存取方法，是面向计算机系统的。

由此可知，为了将现实世界的信息转化为机器世界能实现的信息，首先要通过人将现实世界“抽象”为信息世界，然后再把信息世界“转化”为机器世界。因此，掌握数据模型的基本概念是学习数据库的基础。

数据模型应满足如下三个条件。

(1) 能比较真实地模拟现实世界。

(2) 数据模型容易为人所理解。

(3) 数据模型要能够很方便地在计算机上实现。

一个模型难以很好地同时满足以上三个条件，因此，我们将数据库系统划分为不同的层次，针对不同的使用对象和应用目的，采用不同的数据模型来实现。通常，根据数据模型应用的不同目的，可以将模型分为两大类，它们属于两个不同的层次：将现实世界转化为信息世界，依靠的是概念层数据模型；而将信息世界转化为机器世界，用的是组织层数据模型。

2.1.2 数据模型的组成元素

一般来说，数据模型是严格定义的一组概念的集合。这些概念精确地描述了系统的静态特性、动态特性和完整性约束(Integrity Constraints)条件。因此数据模型通常由数据结构、数据操作和数据的完整性约束条件三部分组成。

1. 数据结构

数据结构描述数据库的组成对象以及对象之间的联系。也就是说，数据结构描述的内容有两类：一类是与对象的类型、内容、性质有关的，例如，网状模型中的数据项、记录，关系模型中的域、属性、关系等；一类是与数据之间联系有关的对象，如网状模型中的系型(Set Type)。

数据结构是刻画一个数据模型性质最重要的方面，因此，在数据库系统中，人们通常按照其数据结构的类型来命名数据模型。

总之，数据结构是所描述的对象类型的集合，是对系统静态特性的描述。

2. 数据操作

数据操作是指对数据库中各种对象(型)的实例值所允许执行的操作的集合，包括操作及有关的操作规则。

数据库主要有查询和更新(包括插入、查询、删除、修改)两大类操作。数据模型必须定义这些操作的确切含义、操作符号、操作规则(如优先级)以及实现操作的语言。

数据操作是对系统动态特性的描述。

3. 数据的完整性约束条件

数据的完整性约束条件是一组完整性规则，是给定的数据模型中数据及其联系所具有的制约和依存规则，用以限定符合数据模型的数据库状态以及状态的变化，以保证数据的正确性、有效性和相容性。

在数据模型中，应该反映和规定本数据模型必须遵守的基本的、通用的完整性约束条件。例如，在关系模型中，任何关系必须满足实体完整性和参照完整性两个条件(在关系数据和数据库完整性等章节中将详细介绍这两个完整性约束条件)。

同时，数据模型还应提供定义完整性约束条件的机制，以反映具体应用所涉及的数据必须遵守的、特定的语义约束条件。

例如，学生信息(2017010101，李××，男，19，计算机科学学院，软件工程)，其描述的是学生的特征信息，即学生数据的基本结构；其数据的操作主要包括查询、修改、删除数据；其中的性别信息只能是男或女，年龄一般是 15～40 岁，这实际就是对性别和年龄的一种约束。

2.1.3　数据模型的分类

数据模型对应不同的应用层次分成三种类型：分别是概念(Conceptual)模型、逻辑(Logical)模型、物理(Physical)模型，数据模型的分类如图 2-2 所示。

概念模型	逻辑模型	物理模型
(1) 按用户的观点来对数据和信息建模，主要用于数据库设计的开始阶段 (2) 信息世界 (3) 如E-R模型	(1) 按计算机系统的观点对数据建模，用于DBMS实现 (2) 机器世界 (3) 如层次模型、网状模型和关系模型等	(1) 数据在具体DBMS产品如SQL Server、Oracle中的物理存储方式和存取方法 (2) 机器世界

图 2-2　数据模型的分类

2.1.4　概念模型

概念模型

从图 2-1 可以看出，概念模型实际上是现实世界到机器世界的一个中间层次。

概念模型用于对信息世界进行建模，是现实世界到信息世界的第一层抽象，是用户与数据库设计人员之间进行交流的语言，因此概念模型一方面应该具有较强的语义表达功能，能够方便、直接地表达应用中的各种语义知识；另一方面还应该简单、清晰、易于用户理解。

1. 信息世界中的基本概念

1) 实体

实体(Entity) 是具有公共性质的、可相互区别的现实世界对象的集合。实体可以是具体的人、事、物，也可以是抽象的概念或联系。例如，教师、学生、课程是具体的实体，而学生的选课、教师的授课则是抽象的实体。

2) 属性

实体所具有的某一特性称为属性(Attribute)。一个实体可以由若干个属性来刻画。例如，学生实体可以由学号、姓名、性别、出生年月、所在院系、专业等属性组成；课程实体由课程号、课程名、学分、课程性质等属性组成。

3) 码

唯一标识实体的属性集称为码(Key)。例如，学号是学生实体的码，课程号是课程实体的码。

4) 实体型

具有相同属性的实体必然具有共同的特征和性质。用实体名及其属性名集合来抽象和刻画同类实体，称为实体型(Entity Type)。例如，学生(学号、姓名、性别、所在院系、专业、年龄、电话、EMAIL)就是一个实体型。

5) 实体集

同一类型实体的集合称为实体集(Entity Set)。例如，全体学生就是一个实体集。

6) 联系

在现实世界中，事物内部以及事物之间都是有联系的，这些联系在信息世界反映为实体内部或实体之间的联系。

实体内部的联系通常是指一个实体内部各属性之间的联系，实体之间的联系通常是指不同实体之间的联系。例如，在学生实体中，有学号、姓名、性别和班长号等属性，其中班长号是描述管理该学生的班长的学号，但班长也属于学生，因此班长号和学号采用的是同一套编码方式，学号和班长号之间有一种联系，即班长号的取值在学号的取值范围内，这就是实体内部的联系。而学号和课程之间，通过“选课”取得联系，因此学生选课中至少会包含学生的学号和所选课程的课程号，这种通过选课建立的联系就是两个不同实体之间的联系。通常情况下的联系都是实体之间的联系。

2. 两个实体之间的联系

两个实体之间的联系可以分为三种。

1) 一对一联系(1∶1)

如果对于实体集 A 中的每一个实体，实体集 B 中至多有一个(也可以没有)实体与之联系，反之亦然，则称实体集 A 与实体集 B 具有一对一联系，记为 1∶1。

例如，在学校里面，一所学校只有一个校长，而每个校长只在一个学校任职，学校和校长之间具有一对一联系。

2) 一对多联系(1∶n)

如果对于实体集 A 中的每一个实体，实体集 B 中有 n 个实体($n \geq 0$)与之联系，反之，对于实体集 B 中的每一个实体，实体集 A 中至多只有一个实体与之联系，则称实体集 A 与实体集 B 有一对多联系，记为 1∶n。

例如，一个班级中有若干名学生，而每个学生只能在一个班级学习，班级与学生之间具有一对多联系。

教室与座位(一个教室有多个座位，而一个座位只能在一个教室)、部门和职工(一个部门有多名职工，而每名职工只在一个部门)都是一对多联系。

3) 多对多联系(m∶n)

如果对于实体集 A 中的每一个实体，实体集 B 中有 n 个实体($n \geq 0$)与之联系，反之对于实体集 B 中的每一个实体，实体集 A 中也有 m 个实体($m \geq 0$)与之联系，则称实体集 A 与实体集 B 具有多对多联系，记为 m∶n。

例如，学生与课程(一门课程可以被多个学生选，而一个学生也可以选多门课程)、商品和顾客(一种商品可以被多名顾客购买，一名顾客可以购买多种商品)都是多对多联系。

实际上，实体与实体之间的联系是相对的，是根据客户的需求来决定的。例如，如果一个公司的体制是：一个部门只有一个经理，一个经理只能担任一个部门的经理，则部门和经理是一对一联系；如果这个公司的体制是一个部门有多个经理，一个经理只能担任一个部门的经理，则部门和经理之间是一对多联系；如果公司体制是一个部门有多个经理，一个经理可以兼任多个部门的经理，则部门和经理之间是多对多的联系。因此在构建实体与实体之间的联系时，是根据实际需求来决定的。

可以用图形来表示两个实体之间的这三类联系，如图 2-3 所示。

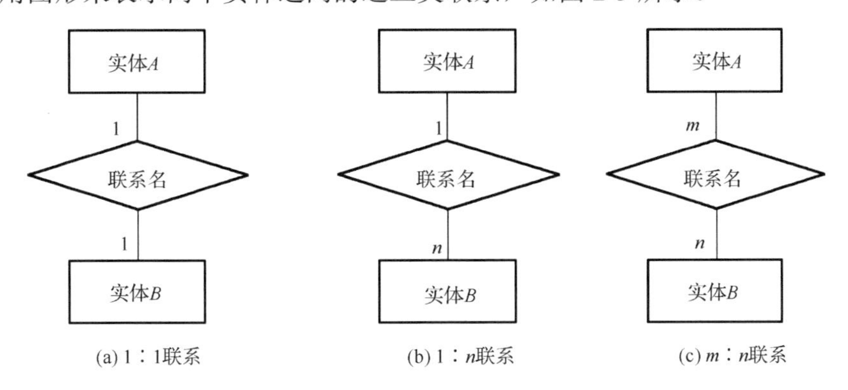

图 2-3　两个实体之间的三类联系

3. 两个以上实体之间的联系

一般情况下，两个以上实体之间的联系也存在着一对一、一对多、多对多联系。若实体 $E_1, E_2, \cdots, E_n$ 之间存在联系，对于实体 E_j (j=1, 2,⋯, i−1, i+1,⋯, n)中的给定实体，最多

只与 E_i 中的一个实体存在联系，则说 E_i 与 $E_1, E_2,\cdots, E_{i-1}, E_{i+1},\cdots, E_n$ 之间的联系是一对多的。

例如，对于课程、教师与参考书三个实体，如果一门课程可以由若干个教师讲授且使用若干本参考书，而每一个教师可以讲授多门课程，一本参考书可以供多门课程使用，则课程与教师、参考书之间的联系是多对多的，如图 2-4 (a) 所示。

要注意，三个实体型之间多对多的联系和三个实体型两两之间的多对多联系的语义是不同的。若将课程、教师、参考书之间的联系描述成如图 2-4 (b) 所示，则其描述的是课程、教师、参考书两两之间的联系，其并不符合以上语义所描述的三者之间共同有联系的需求。

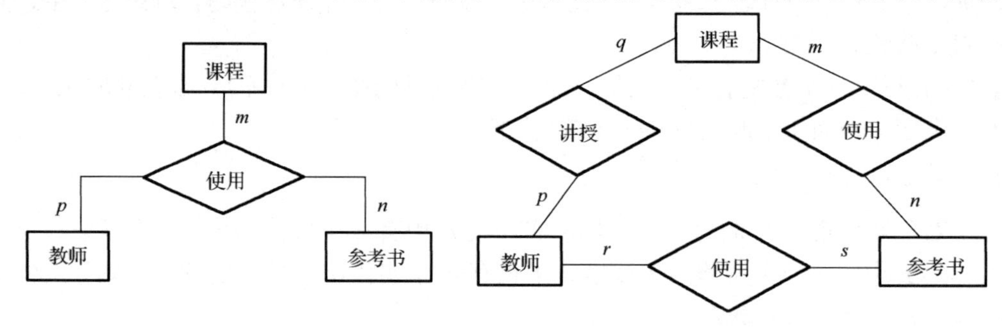

图 2-4　两个以上实体之间的联系

请读者给出供应商、项目、零件三个实体两两之间的多对多联系的语义，并画出相应的示意图。

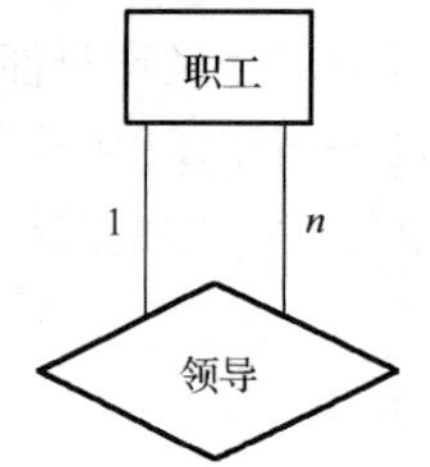

图 2-5　单个实体之间一对多联系示例

4. 单个实体之间的联系

同一个实体集的各个实例之间也可以存在一对一、一对多、多对多的联系。例如，职工实体内部具有领导与被领导的联系，即某一职工（干部）“领导”若干名职工，而一个职工仅被一个领导直接领导，因此这是一对多的联系，如图 2-5 所示。

概念模型的 E-R 表示法

5. 概念模型的一种表示方法：实体-联系方法

实体-联系（Entity-Relation ship）方法，简称 E-R 方法，是 P.P.S.Chen 于 1976 年提出的，是目前用于描述现实世界信息结构最常用的方法。E-R 方法使用的工具称为 E-R 图，它所描述的现实世界的信息结构称为企业模式（Enterprise Schema），也把这种描述结果称为 E-R 模型。

E-R 图由实体、属性和联系组成，下面介绍 E-R 图中的几个基本概念。

(1) 实体：用矩形表示，矩形框内写明实体名。

(2) 属性：用椭圆表示，并用无向边将其与相应的实体连接起来。

例如，学生实体具有学号、姓名、性别、出生年月、所在院系、入学时间等属性，用 E-R 图表示如图 2-6 所示。

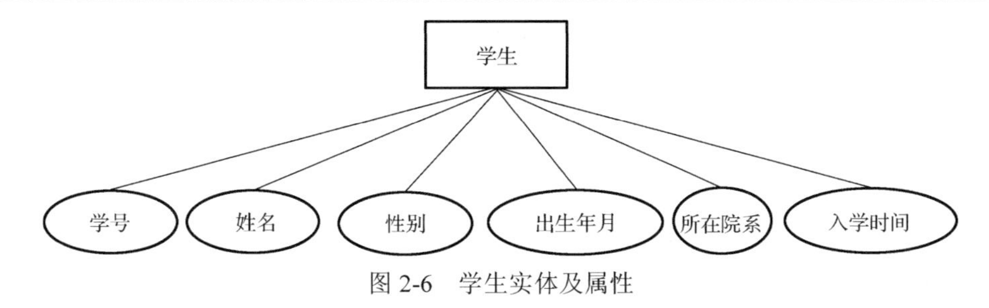

图 2-6　学生实体及属性

(3) 联系：用菱形表示，菱形框内写明联系名，并用无向边分别与有关实体连接起来，同时在无向边旁边标上联系的类型（1∶1、1∶n 或 m∶n）。

需要注意的是，如果一个联系具有属性，则这些属性也要用无向边与该联系连接起来。

例如，如果用"成绩"来描述联系"选课"的属性，表示某学生选了某课程得到多少成绩，那么这两个实体及其联系的 E-R 图如图 2-7 所示。

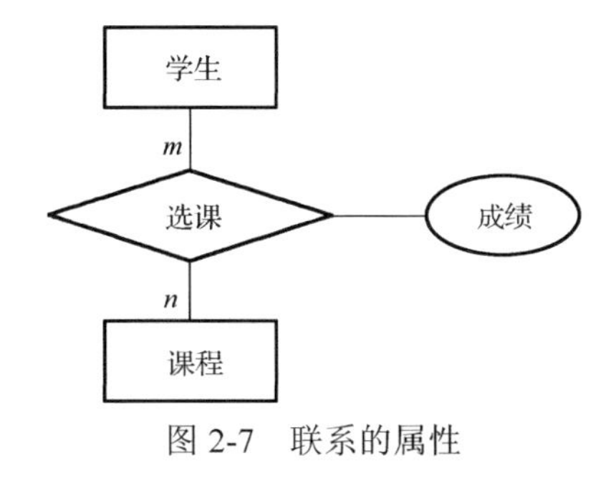

图 2-7　联系的属性

6. E-R 图示例

概念模型实例分析

用 E-R 图表示"学生选课系统"的概念模型。说明：本书各章案例主要采用"学生选课系统"，只是把学生选课所涉及的核心内容作为数据库管理的对象来进行设计。其主要功能是为在校师生提供自主选课管理平台，支持对各类所开课程的查询、修改、删除、录入以及对各类统计信息的查询等，后续章节将详细描述。

要实现一个简化的学生选课系统，在此选课系统中只涉及对学生、教师、课程的管理，能够记录学生的选课情况、教师的授课情况以及学生、课程、教师的基本信息。分析该系统的业务需求如下。

(1) 一个教师可以教授多个学生，每个学生可以选修多个教师的课程。

(2) 一个学生可以选择多门课程，一门课程可以对多个学生开放，且学生选修一门课程就会有一项成绩。

(3) 教师与课程：一个教师可以教授多门课程，一门课程同时可以被多个教师教授。

该系统的基本信息如下。

学生基本信息：学号、姓名、性别、专业、所在院系、年龄、电话、EMAIL。

教师基本信息：工号、姓名、性别、职称、所在院系、年龄、电话、EMAIL。

课程基本信息：课程号、课程名、学分、课程性质。

可以分析出教师、学生和课程之间为多对多联系，得到学生选课系统的 E-R 图如图 2-8 所示。

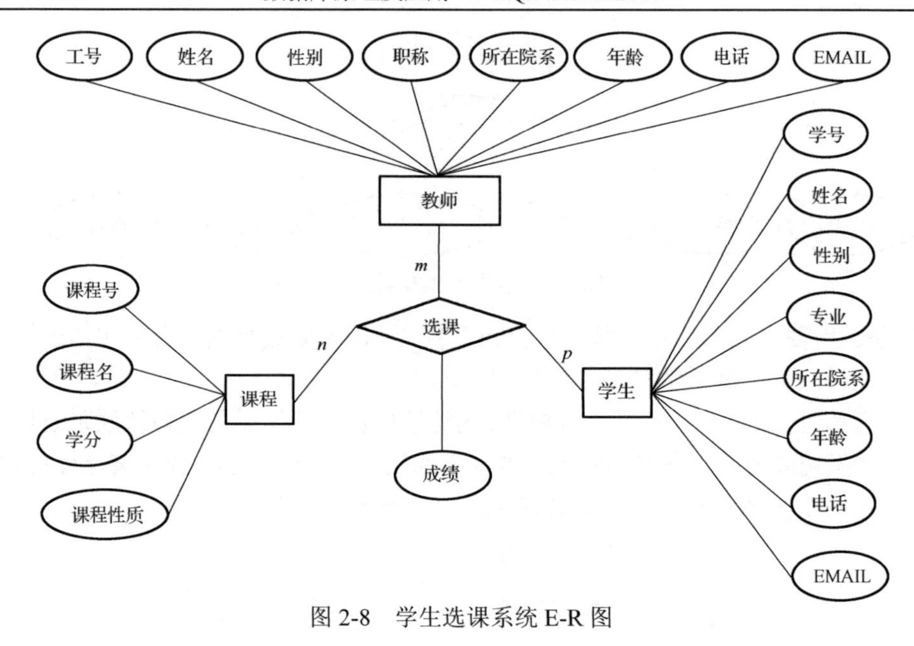

图 2-8　学生选课系统 E-R 图

2.1.5　逻辑模型

概念数据模型必须转换成逻辑数据模型，才能在 DBMS 中实现，因此逻辑数据模型既要面向用户，又要面向系统。

逻辑数据模型(Logical Data Model，简称逻辑模型)是从数据的组织方式来描述数据，即用什么样的数据结构来组织数据，是具体的 DBMS 所支持的数据模型。目前，数据库技术主要用到的数据模型有：层次数据模型(Hierarchical Data Model，简称层次模型，用树形结构来组织数据)、网状数据模型(Network Data Model，简称网状模型，用图形结构来组织数据)、关系数据模型(Relational Data Model，简称关系模型，用二维表结构来组织数据)和面向对象模型等。下面介绍常见数据模型的特点。

1. *层次模型*

层次模型是数据库系统中最早出现的数据模型，它的数据结构是一棵“有向树”，层次数据库系统的典型代表是 IBM 公司的 IMS(Information Management System)数据库管理系统，层次模型用倒立树形结构表示实体及其之间的联系。

层次模型具有以下主要优点。

(1) 比较简单，仅用很少的几条命令就能操纵数据库。

(2) 结构清晰，节点间联系简单，只要知道每个节点的双亲节点，就可以知道整个模型结构。

(3) 可以提供良好的数据完整性支持。

层次模型具有以下缺点。

(1) 不能直接表示两个以上实体间的复杂联系和实体间的多对多联系。

(2) 对插入和删除操作的限制太多，应用程序的编写比较复杂。

(3) 查询孩子节点必须通过双亲节点。

层次模型可以方便地表示实体之间的一对多联系。

2. 网状模型

用网状结构表示实体之间及其联系的模型称为网状模型。网中的每一个节点代表一个记录型，联系用链接指针来实现。在网状模型中，可以有多个节点无双亲节点，允许节点有多于一个的双亲节点。网状模型可以方便地表示实体之间的多对多联系。

网状模型是由美国通用电气公司的查尔斯·巴赫曼(Bachman)等在 1964 年发明的，其成功开发的 IDS(Integrated Data Store)奠定了网状数据库的基础，并在当时得到了广泛的发行和应用。在 20 世纪 70 年代，网状数据库的 DBMS 产品主要有：Cullinet 软件公司的 IDMS、Honeywell 公司的 IDSII、Univac 公司的 DMS1100、HP 公司的 IMAGE 等。

网状模型没有层次模型那样严格的完整性约束条件，网状模型具有以下主要优点。

(1) 更为直接地描述客观世界，可表示实体间的多种复杂联系。

(2) 具有良好的性能和存储效率。

网状模型具有以下缺点。

(1) 数据结构复杂，导致其数据定义语言(Data Definition Language，DDL)也极其复杂。

(2) 数据独立性差，由于实体间的联系本质上是通过存取路径表示的，因此应用程序在访问数据时要指定存取路径。

在 20 世纪 70 年代，层次模型和网状模型的应用非常普遍。关系模型出现后，逐步取代了层次和网状模型。目前，各大数据库管理系统都支持关系模型，是目前使用最为广泛的一种逻辑模型。

3. 关系模型

逻辑模型-关系模型

1970 年，IBM 的研究员 E.F.Codd 发表《大型共享数据银行的关系模型》一文，提出了关系模型的概念，奠定了关系数据库的基础。

用关系表示实体及实体之间的联系的模型称为关系模型。关系模型用二维表来组织数据，而这个二维表在关系数据库中称为关系。关系数据库就是表(或者说是关系)的集合。

在关系数据库中，表是逻辑结构而不是物理结构。实际上，系统在物理层可以使用任何有效的存储结构来存储数据，如链表、顺序文件等，而表是对物理存储数据的一种抽象表示，数据的存储细节(存储位置、记录的顺序、访问结构等)对用户来说是不可见也不用关心的。

表 2-1 所示的是学生基本信息的关系模型，即一个关系。

表 2-1　学生关系表

学号	姓名	年龄	性别	所在院系	专业	电话	EMAIL
2001010101	王明	19	男	计算机科学学院	软件工程	159********	wangm@qq.com
2001010201	李敏	19	女	计算机科学学院	网络工程	180********	Limin@126.com
2001010202	张勇	20	男	计算机科学学院	网络工程	180********	zhangy@126.com
2001010301	邓晨	20	男	计算机科学学院	软件工程	135********	dengc@126.com

关系数据库是指对应于一个关系模型的所有关系的集合。例如，在学生选课关系数据库中，包含教师关系、学生关系、课程关系、选课关系等。

关系模型具有以下主要优点。

(1) 与非关系模型不同，关系模型具有较强的数学理论根据。

(2) 数据结构简单清晰，用户易懂易用，不仅能用关系表示实体，而且可以用关系描述实体间的联系。

(3) 关系模型的存取路径对用户透明，从而具有更高的数据独立性和更好的安全保密性，也简化了程序员的工作及数据库建立与开发工作。

关系模型具有以下缺点。

(1) 由于存取路径对用户透明，查询效率往往不如非关系模型，因此为了提高性能，必须对用户的查询表示进行优化，这样又将增加开发数据库管理系统的负担。

(2) 关系必须是规范化的关系，即每个属性是不可再分的数据项，不允许表中有表。

2.1.6 物理模型

物理数据模型(Physical Data Model，简称物理模型)，是面向计算机物理表示的模型，描述了数据在存储介质上的组织结构，如存储位置、记录的顺序、记录的访问结构(索引、散列表)等。它不但与具体的DBMS有关，而且与操作系统和硬件有关。每一种逻辑模型在实现时都有其对应的物理模型。DBMS为了保证其独立性与可移植性，大部分物理模型的实现工作由系统自动完成，而设计者只设计索引、聚集等特殊结构。

2.2 数据库系统的三级模式及二级映像

1975年，美国国家标准学会/标准规划和需求委员会(ANSI/SPARC)提出数据库的三级模式结构。当今大多数商业化的DBMS架构都是基于ANSI/SPARC的建议并进行了一些扩展。数据库结构的三级模式包括外模式、概念模式、内模式，分别对应面向用户或应用程序员的用户级、面向建立和维护数据库人员的概念级、面向系统程序员的物理级，使不同级别的用户对数据库形成不同的视图，即观察、认识和理解数据的范围、角度和方法，是数据库在各级用户“眼中”的反映，很显然，不同层次(级别)用户所“看到”的数据库是不相同的。这样的三级模式结构有利于高效地组织、管理数据，提高了数据库的逻辑独立性和物理独立性。

数据库系统的三级模式

2.2.1 数据库系统的三级模式结构

ANSI/SPARC体系结构将数据库划分为三层结构：外模式、概念模式、内模式，如图2-9所示。

1. 外模式

外模式也称子模式或用户模式，它是数据库用户(包括应用程序员和最终用户)看见和使用的局部数据的逻辑结构和特征描述，是数据库用户的数据视图，是与某一应用有关的数据的逻辑表示。外模式通常是模式的子集。一个数据库可以有多个外模式，外模式是保证数据库安全性的一个有力措施。

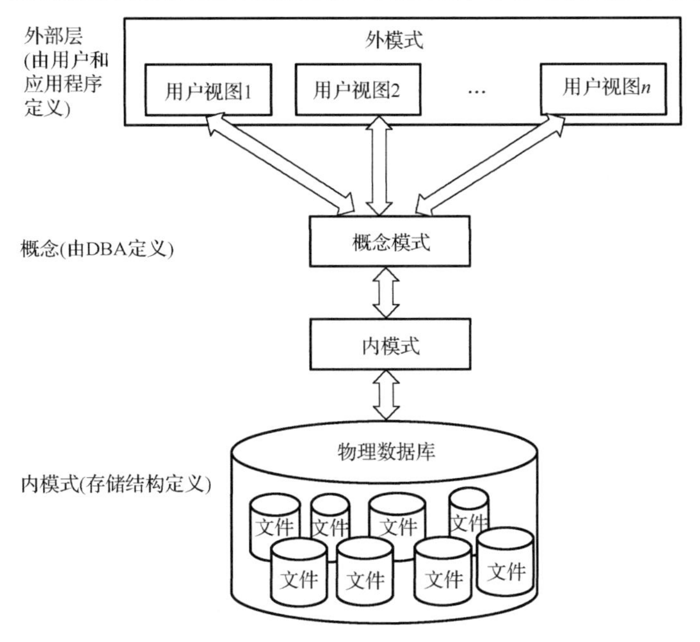

图 2-9　数据库系统的三级模式结构图

【例 2-1】 对于表 2-1 所示的学生基本信息，分配宿舍的部门关心的属性可能是学号、姓名和性别，学院教学管理人员关心的属性可能是学号、姓名、所在院系、专业，因此，可以分别为两类用户建立外模式：

宿舍部(学号，姓名，性别)

院部(学号，姓名，所在院系，专业)

外模式并不影响表 2-1 所示的关系表(概念模式)和物理存储(内模式)，同时也是保证数据库安全的一个重要措施，因为每个用户只能看到或操作其对应外模式中的属性值，屏蔽了其他不需要的数据，从而保证了因用户误操作或蓄意破坏而造成的数据损失。

【例 2-2】 假设选课关系模式为：

选课(课程号，学号，平时成绩，期末成绩，总评成绩，评教分数)

如果希望学生的成绩单中看不到自己的“平时成绩”，教师的成绩单中看不到学生给自己的“评教分数”，则可以分别建立两个外模式：

学生成绩单(课程号，学号，总评成绩，评教分数)

教师成绩单(课程号，学号，平时成绩，期末成绩，总评成绩)

2. 概念模式

概念模式又称模式，是介于内模式和外模式之间的中间层次，是数据库中所有数据的逻辑结构和特征描述，是所有用户的公共数据视图。

外模式可以有许多，如教务系统中，学生用户和教师用户对应了两种外模式，其登录教务系统后看到的数据信息是有区别的，展现给用户的是整个数据库的某一部分；而概念模式只有一个，它是对现实世界数据的抽象表示，如例 2-1 定义了“宿舍部”和“院部”两个外模式，但其数据都来源于表 2-1 所示的一个关系，即一个概念模式。

3. 内模式

内模式也称存储模式，它是数据物理结构和存储结构的描述，是数据在数据库内部的表示方式，例如，记录的存储方式是顺序存储、B 树结构存储或 Hash 方法存储；索引按照什么方式组织；数据是否压缩存储，是否加密；数据的存储记录结构有何规定等，一个数据库只有一个内模式。

2.2.2 数据库的二级映像功能与数据独立性

数据库的二极映像功能与数据独立性

数据库系统的三级模式是对数据的三个抽象级别，它把数据的具体组织留给 DBMS 管理，使用户能抽象地处理数据，而不必关心数据在计算机中的具体表示方式与存储方式。为了能够在数据库系统内部实现三级模式的联系和转换，数据库管理系统在三个模式之间提供了两级映像，如图 2-10 所示。

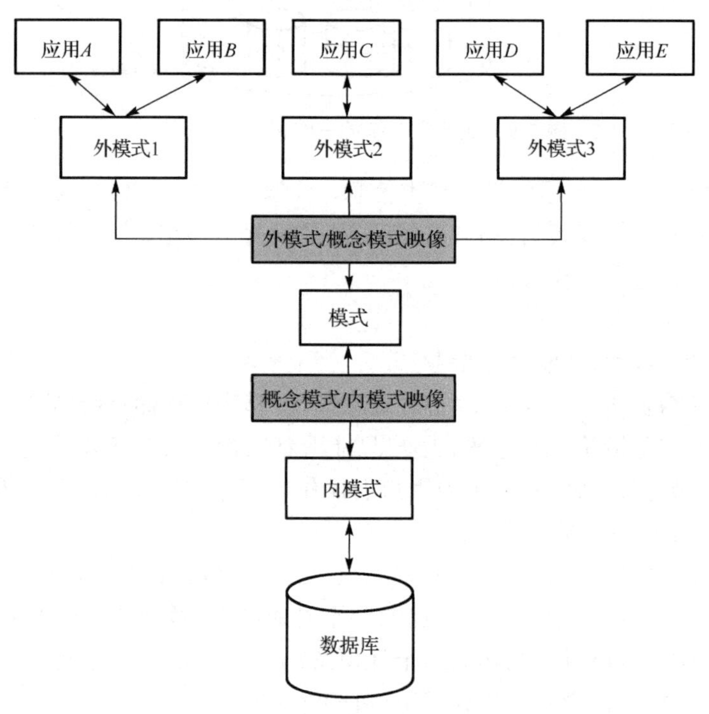

图 2-10　数据库系统的两级映像

1. 外模式/模式映像

同一个模式，可以有多个外模式，对于每一个外模式，数据库系统都有一个外模式到概念模式映像，它定义了该外模式与概念模式之间的对应关系。这些映像定义通常包含在各自外模式的描述中。

当模式改变时，如增加新的关系、给某个关系增加或删除属性、改变属性的数据类型等，可以由数据库管理员调整各个外模式与模式之间的映像，使外模式保持不变。而外模式的应用程序是基于外模式编写的，因此也不必修改应用程序，保证程序与数据的逻辑独立性。

如例 2-1 中，对表 2-1 所示的关系：

学生基本信息(学号，姓名，年龄，性别，所在院系，专业，电话，邮箱)

建立了两个外模式：

宿舍部(学号，姓名，性别)

院部(学号，姓名，所在院系，专业)

当关系模式发生变化，如新增加了“爱好”属性时，即

学生基本信息(学号，姓名，年龄，性别，所在院系，专业，电话，邮箱，爱好)

但“宿舍部”并不关心学生的“爱好”，则外模式“宿舍部”不需要有任何变化；而“院部”需要了解学生的“爱好”，这时数据库管理员调整“院部”的外模式，添加“爱好”属性，这些变化对使用外模式的用户是不可见的，这就是逻辑独立性的含义。

2. 模式/内模式映像

数据库中只有一个概念模式，也只有一个内模式，所以模式/内模式映像是唯一的，它定义了数据全局逻辑结构与存储结构之间的对应关系。该映像定义通常包含在模式描述中。

当数据库的存储结构改变时(如改变存储设备或引进新的存储设备；改变数据的存储位置；改变存储记录的体积等)，由数据库管理员对模式/内模式映像进行相应改变，可以使模式保持不变，从而保证了数据的物理独立性。

正是这两层映像保证了数据库系统中的数据能够具有较高的逻辑独立性和物理独立性。

2.3　数据库管理系统

数据库管理系统是一种操纵和管理数据库的大型软件，用于建立、使用和维护数据库。从概念上讲，它包括以下处理过程，如图 2-11 所示。

当用户使用数据库语言(如 SQL)向 DBMS 发出一个访问请求后，DBMS 接受请求并分析，检查用户外模式、相应的外模式/概念模式、概念模式/内模式间的映像和存储结构定义。

从概念上讲，通常在检索数据时，DBMS 首先检索所有要求的存储记录的值，然后构造所要求的概念记录值，最后构造所要求的外部记录值。每个阶段都有可能需要数据类型或其他方面的转换。当然，这个描述是简化了的，非常简单。但这也说明了整个过程是解释性的，因为它表明分析请求的处理、检测及各种模式等都是在运行的。

DBMS 的功能包括以下几项。

(1) 数据定义。DBMS 必须能够接受数据库定义的源形式，并且把它们转换成相应的目标形式。即 DBMS 必须包括支持各种 DDL 的 DDL 处理器或编译器。

(2) 数据操纵。DBMS 必须能够检索、更新和删除数据库中已有的数据，或向数据库中插入数据。即 DBMS 必须包括数据操纵语言(Data Manipulation Language，DML)的 DML 处理器或编译器。

(3) 优化和执行。计划(在请求执行前就可以预见到的请求)的或非计划(不可预知的请求)的数据操纵语言必须经过优化器的处理，通过优化器来决定执行请求是必要的过程。

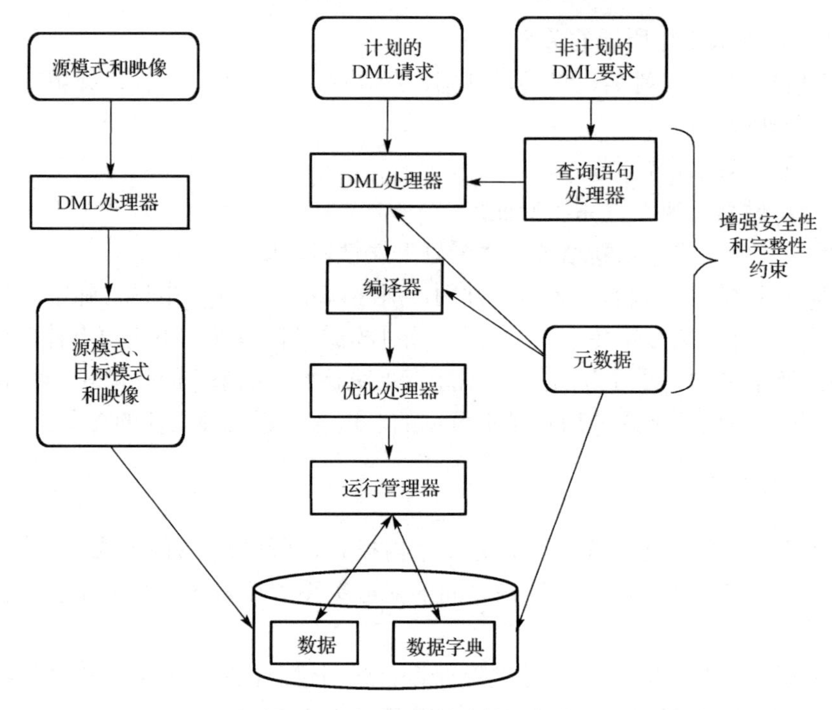

图 2-11　DBMS 的功能和组成

(4) 数据安全和完整性。DBMS 要监控用户的请求，拒绝那些会破坏 DBA 定义的数据库安全性和完整性的请求。DBMS 在编译或运行时都会执行这些监控任务。实际操作中，运行管理器调用文件管理器来访问存储的数据。

(5) 数据恢复和并发。DBMS 或其他相关软件(通常称为“事务处理器”或“事务处理监控器”)必须保证具有恢复和并发控制的功能。

(6) 数据字典。DBMS 包括数据字典，数据字典本身也可以看作一个数据库，只不过它是系统数据库，而不是用户数据库。“字典”是“关于数据的数据”(有时也称为数据的描述或元数据)。特别地，在数据字典中，也保存各种模式和映像的各种安全性与完整性约束。

有些人也把数据字典称为目录或分类，有时也称为数据存储池。

(7) 性能。DBMS 应尽可能高效地完成任务。

总而言之，DBMS 的目标就是提供数据库的用户接口。用户接口可定义为系统的边界，在此之下的数据对用户来说是不可见的。

2.4　小　　结

本章首先讲述了数据模型的概念，根据其应用对象的不同，划分为概念层数据模型和组织层数据模型，即首先要通过人将现实世界“抽象”为信息世界，然后再把信息世界“转化”为机器世界，重点介绍了应用广泛的概念模型：E-R 模型以及逻辑模型——关系模型。

本章从体系结构角度讲解了数据库系统结构，包括三级模式和两级映像，三级模式即外模式、模式和内模式，外模式面向用户，主要考虑单类用户看待数据的方式；模式介于外模式和内模式之间，是数据的公共视图；内模式主要考虑数据的物理存储。一个数据库系统可以有多个外模式，但只有一个模式和一个内模式。两级映像分别是外模式/模式映像和模式/内模式映像，分别提供数据的逻辑独立性和物理独立性。

习　　题

一、选择题

1. “商品”与“顾客”两个实体集之间的联系一般是(　　)。
   A. 一对一　B. 一对多　C. 多对一　D. 多对多
2. 在 E-R 图中，用来表示实体的图形是(　　)。
   A. 矩形　B. 椭圆形　C. 菱形　D. 三角形
3. 层次型、网状型和关系型数据库划分原则是(　　)。
   A. 记录长度　B. 文件的大小
   C. 联系的复杂程度　D. 数据之间的联系方式
4. 数据库设计中反映用户对数据要求的模式是(　　)。
   A. 内模式　B. 概念模式　C. 外模式　D. 设计模式
5. 用树形结构表示实体之间联系的模型是(　　)。
   A. 关系模型　B. 网状模型　C. 层次模型　D. 以上三个都是
6. 将 E-R 图转换为关系模式时，实体和联系都可以表示为(　　)。
   A. 属性　B. 键　C. 关系　D. 域
7. 数据独立性是数据库技术的重要特点之一。所谓数据独立性是指(　　)。
   A. 数据与程序独立存放
   B. 不同的数据存放在不同的文件中
   C. 不同的数据只能被对应的应用程序所使用
   D. 以上三种说法都不对
8. 下面的选项不是关系数据库基本特征的是(　　)。
   A. 不同的列应有不同的数据类型　B. 不同的列应有不同的列名
   C. 与行的次序无关　D. 与列的次序无关

二、填空题

1. 在二维表中，元组的_________不能再分成更小的数据项。
2. 关系模型的三个组成部分是________、________、________。
3. 关系模型中，二维表的列称为________，二维表的行称为________。
4. 唯一标识实体的属性集称为________。

三、简答题

1. 医院住院部有若干科，每科有若干医生和病房，患者住在病房中由某个医生负责治疗。每个医生只能属于一个科，每个病房也只能属于一个科。一个病房可住多个患者，一个患者由固定医生负责治疗，一个医生负责多个患者。试画出表示科、医生、病房、患者及其联系的E-R图。

2．将题图2-1所示的E-R图转换为关系模型。

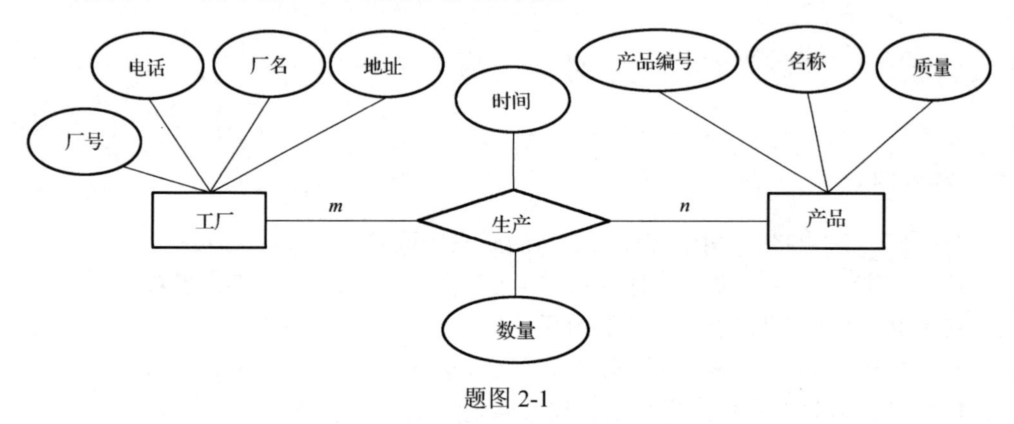

题图2-1

3．关系模型的数据完整性包含哪些内容？分别说明每一种完整性约束的作用。

4．数据库包含哪三级模式？分别说明每级模式的作用及划分三级模式的优点。

第3章　关系数据库基础

【本章导读】

目前主流的数据库都是关系数据库，关系数据库是基于关系理论进行定义和组织数据的，只有正确理解了关系数据库的本质，才能有效设计和使用数据库。

本章介绍关系数据库的定义，关系的完整性约束和关系代数，其中对关系数据库定义和完整性约束的理解是本章的重点，关系代数运算是本章的难点。

【学习目标】

(1) 理解关系数据库的定义和结构。
(2) 理解关系数据库的各类完整性约束。
(3) 了解关系的基本操作。
(4) 掌握关系代数运算方法。

3.1　关系数据结构及形式化定义

3.1.1　关系

关系数据库结构 1

在现实生活中，关系是指人与人之间、人与事物之间、事物与事物之间的相互联系，采用自然语言直接进行描述。例如，张三是李四的老师，王五是赵六的老师，常常表述为张三和李四是师生关系，王五和赵六是师生关系。

在离散数学中，关系被定义为集合间笛卡儿积的子集，采用有序多元组的方式进行描述。如果所有的教师构成一个集合 T，所有的学生构成一个集合 S，那么所有的师生关系 R 一定是 $T \times S$ 这个集合的子集，即 $R \subseteq T \times S$。上面两对师生关系一定属于这个子集，即(张三，李四) $\in R$，(王五，赵六) $\in R$。

在关系数据库中，关系的定义和离散数学的定义是一致的，关系指的是多个集合间笛卡儿积的子集，但描述方式采用的是表格的描述方式，每个表有表名(关系名)、表头(关系的定义，每列称为一个属性，列标题为属性名)、表格内容(每行代表一个元素，也称为一个元组或一条记录)，前面所述的师生关系可描述为表 3-1。

表 3-1　师生关系

教师	学生
张三	李四
王五	赵六

表 3-2 描述了一个学生关系，这个关系是学号集合、身份证号集合、姓名集合、生日集合、性别集合和院系编号集合笛卡儿积的子集，是一个六元关系。例如，第一个元组：学号“2001010101”与身份证号“510……123”、姓名“王明”、生日“1999-1-1”、性别“男”、院系编号“01”之间产生了关系并代表了一个具体的学生。

表 3-2 学生关系

学号	身份证号	姓名	生日	性别	院系编号
2001010101	510……123	王明	1999-1-1	男	01
2001010201	511……543	李敏	1999-4-8	女	01
2001010202	511……589	张勇	1998-9-1	男	NULL
2001010301	510……12X	邓晨	2000-7-7	男	02

在数据库领域常说关系就是表，但不能说表就是关系，因为关系是一种特殊的表，用表格的形式来描述和保存有序多元组，而表的形式却可以多种多样。另外，要注意区分关系和联系，联系指的是实体之间的一对一、一对多或多对多的联系。在数据库中，多对多的联系也是通过关系(表)来表达实现的。

3.1.2 关系模式

关系的描述称为关系模式。对关系的描述，一般表示为：关系名(属性 1，属性 2，…，属性 n)。表 3-1 的师生关系可描述为：师生关系(教师，学生)；表 3-2 的学生关系可描述为：学生关系(学号，身份证号，姓名，生日，性别，院系编号)。

在数据库设计中，不但要给出关系的关系名和各个属性的名称，还需要对关系和各个属性进行详细描述，包括关系的含义，各个属性的含义、取值范围(也称域约束)、取值是否具有唯一性(是否是码约束)、属性之间是否相互制约等。

3.1.3 关系数据库相关概念

关系数据库结构 2

关系数据库是建立在关系理论基础上的数据库，在关系数据库中，实体和实体之间的联系均以关系(表格)的形式进行描述。

1. 元组

关系中的每一行数据称为一个元组或一条记录，如表 3-1 有 2 个元组，表 3-2 有 4 个元组。

2. 属性

关系中的每一列称为一个属性，列的名字称为属性名，如表 3-1 有 2 个属性，表 3-2 有 6 个属性。

3. 域

属性的取值范围称为该属性的域。例如，属性“性别”的取值范围是{男，女}，属性“院系编号”的取值范围是学校所有的院系编号。

4. 码

码也称为键，指的是取值具有唯一性的属性，可以唯一确定表中的一个元组，它可以由一个属性组成，也可以由多个属性共同组成。例如，表 3-2 中的“学号”和“身份证号”

都是码，因为它们的取值具有唯一性，不同学生的学号一定不同，不同学生的身份证号也一定不同。

5. 主码

一个关系中所有的码构成候选码，为了管理方便，选定一个候选码作为元组标识，这个候选码称为主码，主码的取值具有唯一性且不能为空。

6. 外码

如果关系模式 R 中的某属性(集) k 不是 R 的主键，而是另一个关系 S 的主键，则该属性(集)是关系模式 R 的外键。外键把不同的关系(表)联系起来，用于表达实体与实体之间的联系，并实现相应的强制性约束。

外码必须与其所参照的主码具有相同的域，且外码的取值只能引用参照表中主码的值或使用空值。

3.2 关系的完整性

关系完整性

3.2.1 关系的完整性约束

关系的完整性约束是为保证数据库中数据的正确性和相容性，对关系模型提出的某种约束条件或规则。完整性通常包括域完整性、实体完整性、参照完整性和用户定义完整性，其中域完整性、实体完整性和参照完整性是关系模型必须满足的完整性约束条件。

3.2.2 域完整性约束

域完整性指属性的值域的完整性，如数据类型、格式、取值范围、是否允许空值等。通过域完整性可限制属性的值，把属性取值限制在一个有限的集合中。如果某个属性的域是 0～100 范围的整数，那么它就不能是–1、55.5、200 这些值。

3.2.3 实体完整性

实体完整性指的是关系数据库中所有的表都必须有主码，而且表中不允许存在如下两种情况的记录。

(1)无主码值的记录。

(2)与其他记录的主码值相同的记录。

如果一条记录没有主码值，则此记录在表中一定是无意义的。因为关系中的每一条记录都对应客观存在的一个实例，如一个学号唯一地确定一个学生，如果关系中存在一条没有学号的学生记录，则此学生一定不属于正常管理的学生，如表 3-3 中的第一条记录就是一条没有意义的记录。

一个学号唯一地确定一个学生，如果关系中存在学号相同的两条记录，则这两条记录都指的是同一个学生，可能存在两种情况：第一，若表中的其他属性值也完全相同，则这两条记录便是重复记录，如表 3-3 中的第 2、3 条记录，这种重复显然是没有意义的；第二，若其他属性值不完全相同，则会出现矛盾，如表 3-3 中的第 3、4 条记录，这显然是不可能的。

表 3-3　不满足实体完整性约束的学生关系

学号	姓名	年龄	生日	性别	院系编号
	王明	19	1999-1-1	男	01
2001010201	李敏	19	1999-4-8	女	01
2001010201	李敏	19	1999-4-8	女	01
2001010201	张勇	20	1998-9-1	男	NULL

关系数据库中的主码值不能为空，其余属性值在不确定的情况下，可以用空值“NULL”表示，如表 3-2 所示关系的第 3 条记录的院系编号使用空值是允许的。

3.2.4　参照完整性

参照完整性指外码的取值必须参照主码的取值，参照完整性要求关系中不允许引用不存在的记录。

若关系 R 中的属性 A 参照关系 S 中的属性 B，则对于 R 中的每个元组在属性 A 上的值必须为下面两种之一。

(1) 空值。

(2) S 中某个元组的属性 B 的取值。

即参照的关系中的属性值必须能够在被参照关系找到或者取空值，否则不符合参照完整性约束。

假设有如表 3-4 所示的院系关系，属性“院系编号”是主码，表 3-2 学生关系中的属性“院系编号”是外码，现在表 3-2 所示的学生关系是符合参照完整性约束的，因为学生关系中第 3 条记录“院系编号”取值为空，其余记录“院系编号”取值均来自于院系关系中的“院系编号”。

表 3-4　院系关系

院系编号	院系名称
01	计科院
02	理学院

如果现在要在学生关系中添加一条“院系编号”取值为 3 的记录，但院系关系中并没有“院系编号”值为 3 的记录，因此会破坏参照完整性约束，这种操作是不允许的。

如果将院系关系的第一条记录删除或将其“院系编号”属性值修改为其他值，会导致学生关系的前两条记录不满足参照完整性约束，这种操作也是不允许的。在具体的数据库管理系统中，可以禁止删除（修改），也可以级联删除（修改）。

3.2.5　用户定义完整性

用户定义完整性指针对某一具体关系数据库的约束条件，它反映某一具体应用所涉及的数据必须满足的语义要求，其实就是业务规则，如一个人口登记系统添加一个公民，其出生日期不能晚于当前日期；银行取款时的取款金额不能大于当前余额等。

3.3　关 系 操 作

3.3.1　基本的关系操作

关系模型中的关系操作指对表中记录的操作，包括查询操作和修改操作(插入、删除、更新)两大部分。其中关系的查询表达能力很强，操作逻辑最复杂，是关系操作中最主要的部分。查询操作可以分为：选择、投影、连接、除、并、差、交、笛卡儿积等。其中，选择、投影、并、差、笛卡儿积是五种基本查询操作，其他查询操作可由这五种基本操作导出。

由关系的定义可知，关系(表)是元组(行)的集合，每个元组各个属性值之间存在依存关系，将这些属性值组合在一起代表现实世界一个特定的关系，而关系(表)中同列数据之间没有依存关系，因此，对关系的操作是以元组为基本单位的，操作的对象是元组构成的集合(关系)，操作的结果也是元组构成的集合(关系)。

3.3.2　关系数据语言的分类

对关系数据操作的语言称为关系数据语言，目前的关系数据语言可以分为三类。

1. 关系代数语言

关系代数语言是一种过程化查询语言。它包括一个运算的集合，这些运算以一个或两个关系为输入，产生一个新的关系作为结果。

2. 关系演算语言

关系演算是以数理逻辑中的谓词演算为基础的，以谓词演算为基础的查询语言称为关系演算语言，关系演算语言按谓词变元的不同分为元组关系演算语言和域关系演算语言。

3. 结构化查询语言

结构化查询语言是一种特殊目的的编程语言，是一种数据库查询和程序设计语言，用于存取数据以及查询、更新和管理关系数据库系统。它是高级的非过程化编程语言，允许用户在高层数据结构上工作。它不要求用户指定对数据的存放方法，也不需要用户了解具体的数据存放方式，所以即便具有完全不同底层结构的数据库系统，也可以使用相同的结构化查询语言作为数据输入与管理的接口。

结构化查询语言已经标准化，已经成为关系数据库管理系统的标准语言，所有关系数据库都支持结构化查询语言，不过各种通行的数据库管理系统在其实践过程中都对结构化查询语言规范进行了某些编改和扩充。

3.4　关 系 代 数

关系代数 1

3.4.1　关系代数运算符

关系代数的运算符包括集合运算符：并(∪)，交(∩)，差(−)，笛卡儿积(×)；专门的关系运算符：选择(σ)，投影(π)，连接(⋈)，除(÷)；算术比较符：大于(>)，大于等于(≥)，小于(<)，小于等于(≤)，等于(=)，不等于(≠)；逻辑运算符：与(∧)，或(∨)，非(¬)；其他运算符：更名运算符(ρ)，赋值运算符(←)。

集合运算符将关系看成元组的集合进行运算，是从关系的“水平”方向即行的角度来进行的；专门的关系运算符不仅涉及行而且涉及列；算术比较符和逻辑运算符辅助专门的关系运算符进行操作。

关系代数操作的一个序列形成关系代数表达式，其运算对象是关系，运算结果也是一个关系。

3.4.2　传统的集合运算

1. 并相容性的概念

两个关系 R 和 S 若进行并、交、差运算，则 R 与 S 必须并相容，即 R 与 S 必须具有相同的属性个数，并且每个相对应的属性对都具有相同的域。两个关系的对应属性名不一定要一致，若不一致，则以 R 关系(前一个关系)的属性名为准。

2. 并

关系 R 与 S 的并指的是属于关系 R 或属于关系 S 的元组组成的集合，如图 3-1 所示，即 $R \cup S=\{t|t \in R \vee t \in S\}$，因为并运算是集合运算，所以运算结果中的重复元组会被消除。

3. 差

差运算的结果是由属于关系 R 而不属于关系 S 的元组组成的集合，如图 3-2 所示，$R-S=\{t \mid t \in R \wedge t \notin S\}$。

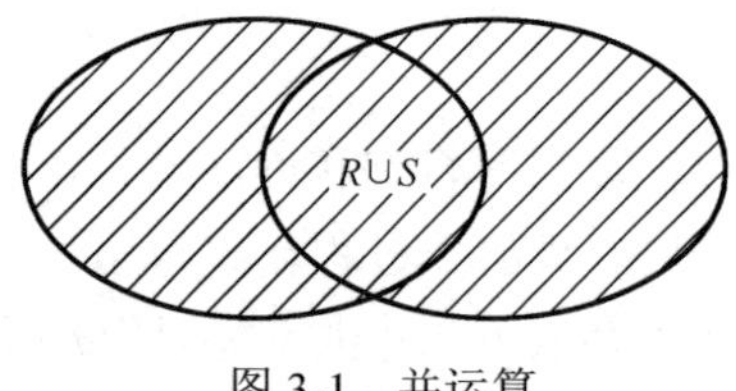

图 3-1　并运算

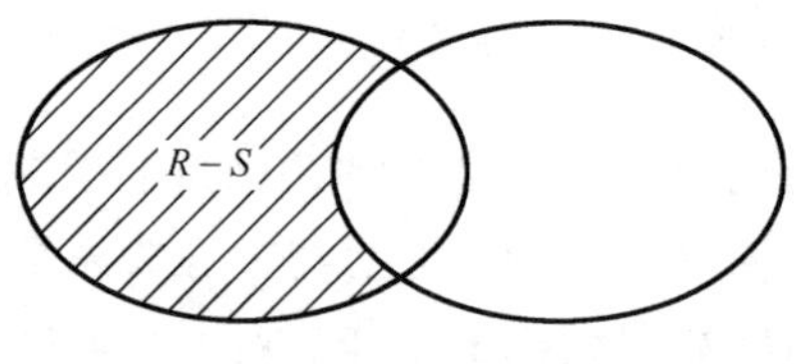

图 3-2　差运算

4. 交

关系 R 与关系 S 交运算的结果是属于关系 R 又属于关系 S 的元组组成的集合，如图 3-3 所示，$R \cap S=\{ t \mid t \in R \wedge t \in S \}$。注意，交运算可由差运算导出，即 $R \cap S=R-(R-S)$。

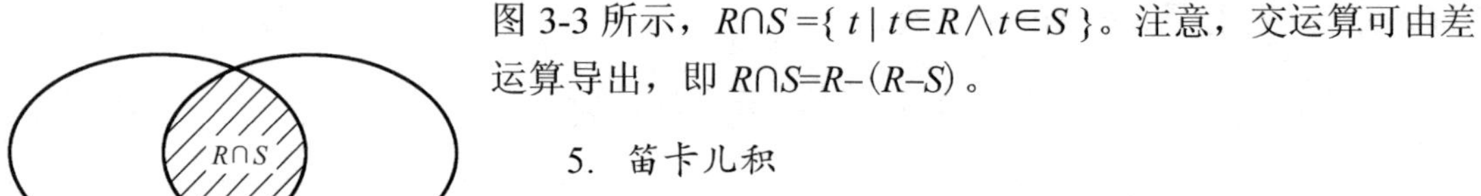

图 3-3　交运算

5. 笛卡儿积

笛卡儿积运算作用于两个关系，$R(A_1, A_2, \cdots, A_n) \times S(B_1, B_2,\cdots, B_m)$ 的结果为关系 Q，Q 具有 $n+m$ 个属性，属性次序

为 $Q(A_1, A_2, \cdots, A_n, B_1, B_2, \cdots, B_m)$。$Q$ 对于来自 R 的一个元组和来自 S 的一个元组的每一种组合，都有一个相对应的元组。因此，如果 R 有 n_R 个元组，S 有 n_S 个元组，则 $R \times S$ 有 $n_R \cdot n_S$ 个元组。

6. 并、交、差、笛卡儿积运算示例

图 3-4 演示了关系 R 与关系 S 的并、交、差、笛卡儿积运算结果。

关系R

A	B	C
a	b	c
b	a	d
c	d	e
d	f	g

关系S

A	B	C
b	a	d
d	f	g
f	h	k

$R \cup S$

A	B	C
a	b	c
b	a	d
c	d	e
d	f	g
f	h	k

$R-S$

A	B	C
a	b	c
c	d	e

$R \cap S$

A	B	C
b	a	d
d	f	g

$R \times S$

A	B	C	A	B	C
a	b	c	b	a	d
a	b	c	d	f	g
a	b	c	f	h	k
b	a	d	b	a	d
b	a	d	d	f	g
b	a	d	f	h	k
c	d	e	b	a	d
c	d	e	d	f	g
c	d	e	f	h	k
d	f	g	b	a	d
d	f	g	d	f	g
d	f	g	f	h	k

图 3-4　并、交、差、笛卡儿积运算示例

3.4.3　专门的关系运算

关系代数 2

1. 选择运算

选择运算用于从一个关系中选出满足选择条件的元组的一个子集。表示方法为

$$\sigma_{<选择条件>}(R)$$

σ 表示选择操作，<选择条件>是作用于关系 R 的一个布尔表达式。

选择运算得到的结果关系与 R 有相同的属性，结果关系的元组数小于或等于 R 的元组数(选择条件选中的元组占所有元组的比例称为选择条件的选中率)。选择运算是从行的角度进行的运算，如图 3-5 所示。

选择运算是可交换的，即

$$\sigma_{<cond1>}(\sigma_{<cond2>}(R)) = \sigma_{<cond2>}(\sigma_{<cond1>}(R))$$

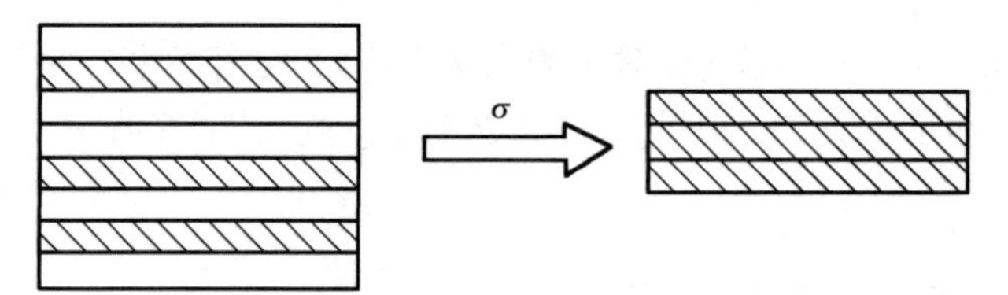

图 3-5　选择运算

由此可得

$$\sigma_{<cond1>}(\sigma_{<cond2>}(\sigma_{<cond3>}(R))) = \sigma_{<cond2>}(\sigma_{<cond3>}(\sigma_{<cond1>}(R)))$$

可以使用与(AND)将级联的选择操作合并成一个简单的选择操作，即

$$\sigma_{<cond1>}(\sigma_{<cond2>}(\sigma_{<cond3>}(R))) = \sigma_{<cond1>\ AND\ <cond2>\ AND\ <cond3>}(R)$$

2. 投影运算

投影运算用于从一个关系中选择某些列(属性)并丢弃掉其他列(属性)而得到一个新的关系。表示方法：

$$\pi_{<属性列表>}(R)$$

投影运算得到的结果关系仅包含<属性列表>中列出的属性，并且其顺序和属性列表的顺序一致。注意，如果属性列表只包含 R 的非键属性，那么结果关系中就有可能会出现重复的元组，这时投影运算将会消除结果中任何重复的元组，以保证得到的结果关系是一个有效的关系，这种做法称为重复消除。因此，投影运算得到的结果关系的元组数小于等于关系 R 的元组个数。

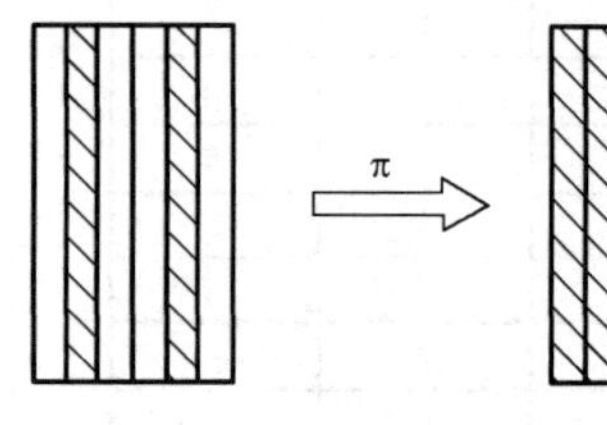

图 3-6　投影运算

投影运算主要是从列的角度进行运算，如图 3-6 所示。

投影运算是不可交换的：如果<list2>包含<list1>，则 $\pi_{<list1>}(\pi_{<list2>}(R)) = \pi_{<list1>}(R)$。

3. 连接运算

连接运算主要用于将两个有联系的关系关联起来，用于处理关系间的联系。$R(A_1, A_2, \cdots, A_n)$ 和 $S(B_1, B_2, \cdots, B_m)$ 的连接表示为

$$R \bowtie_{<连接条件>} S$$

连接运算是笛卡儿积运算的导出运算，其主要区别是：两个关系所有元组的组合都会出现在笛卡儿积的结果中，而只有符合连接条件的元组才会出现在连接结果中。

每一个条件都是一个逻辑表达式，如果逻辑表达式的形式为 $A_i\theta B_j$，则称为 θ 连接，其中 A_i 是关系 R 的一个属性，B_j 是关系 S 的一个属性，A_i 和 B_j 具有相同的域，θ 是一个比较运算符{=, <, ≤, >, ≥ ,≠ }。θ 为“=”的连接运算称为等值连接，等值连接是使用最广泛的一种连接。

如果两个有共通属性(同名属性)的关系进行同名属性间的等值连接，则可简化为自然连接，运算符为*。自然连接会将两个关系中同名的属性(组)自动设为相等并作为连接条件进行等值连接，同时将连接结果中同名的属性只保留一份。

4. 除运算

除(Division)运算的运算符为÷，其含义可以通过如下描述定义。

(1)关系 R 的属性为$(A_1,\cdots,A_k,B_1,\cdots,B_m)$，关系 S 的属性为$(B_1,\cdots,B_m,\ C_1,\cdots,C_n)$，与 R 和 S 相同的属性为$(B_1,\cdots,B_m)$。

(2)关系 S 的在属性$(B_1,\cdots,B_m)$上投影得到一个关系 S_B。

(3)R 中所有元组按属性$(A_1,\cdots,A_k)$取值相同进行分组(每组元组的 A_1 属性值均相同，A_2 属性值均相同…A_K 属性值均相同)。

(4)选取其中没有选取的一组，设其在属性$(A_1,\cdots,A_k)$上的取值为$(a_1,\cdots,a_k)$，投影该组属性$(B_1,\cdots,B_m)$得到一个关系 R_B。

(5)如果 $S_B\subseteq R_B$，则将$(a_1,\cdots,a_k)$添加为 $R\div S$ 的一个元组并转入下一步，否则直接转入下一步。

(6)如果所有组均选取完成则结束运算，否则回到第(4)步。

5. 选择、投影、连接、除运算示例

图 3-7 演示了关系 R 与关系 S、关系 K 之间的选择、投影、连接、除运算结果。

关系R

A	B	C	D
a	b	c	d
a	b	e	f
a	b	h	k
b	d	e	f
b	d	d	l
c	k	c	d
c	k	e	f

关系S

C	D
c	d
e	f

关系K

C	E
c	d
f	f

$\sigma_{A='a'}(R)$

A	B	C	D
a	b	c	d
a	b	e	f
a	b	h	k

$\pi_{A,C}(R)$

A	C
a	c
a	e
a	h
b	e
b	d
c	c
c	e

$\sigma_{A='b'\wedge C='d'}(R)$

A	B	C	D
b	d	d	l

$\pi_A(R)$

A
a
b
c

$R\bowtie_{R.B=S.D}S$

A	B	C	D	C	D
b	d	e	f	c	d
b	d	d	l	c	d

$R*K$

A	B	C	D	E
a	b	c	d	d
c	k	c	d	d

$R\div S$

A	B
a	b
c	k

图 3-7　选择、投影、连接、除运算示例

3.4.4 其他运算

1. 赋值运算

如果关系表达式的结果没有能够引用的名字，后面的运算则无法引用这个结果，为了后面的运算能够引用这个运算结果，需要指定一个关系名并将运算赋值给这个关系名，后续的进一步运算便可直接使用这个关系名代表运算结果关系，赋值运算符为←，表示方法为

$$\text{关系名} \leftarrow \text{关系代数表达式}$$

通过赋值运算还可以将运算结果的属性名进行修改，修改方式为

$$\text{关系名}_{<\text{属性名}1,\ \text{属性名}2,\cdots,\ \text{属性名}n>} \leftarrow \text{关系代数表达式}$$

注意：属性名的个数必须与关系代数表达式返回关系的属性个数相同。

2. 更名运算

更名运算和赋值运算一样，用于给关系代数表达式运算结果命名。更名运算符为ρ，表示方法为

$$\rho_{\text{关系名}}(\text{关系代数表达式})$$

通过更名运算也可以将运算结果的属性名进行修改，修改方式为

$$\rho_{\text{关系名}(\text{属性名}1,\ \text{属性名}2,\cdots,\ \text{属性名}n)}(\text{关系代数表达式})$$

3.5 小　　结

本章主要讨论了如何使用关系来表达现实世界和构建数据库(结构)、关系数据库应该满足的各类约束条件(约束)，以及针对关系的各种运算(操作)。

习　　题

一、选择题

1．下列说法正确的是(　　)。

A．表就是关系　　B．关系数据库中关系就是表

C．关系就是联系　　D．联系就是关系

2．一个关系只有一个(　　)。

A．候选码　　B．外码　　C．超码　　D．主码

3．下面关于外码的说法中，不正确的是(　　)。

A．外码用于表达关系间的联系

B．外码取值可以重复

C．外码是一个关系的码，而不是另一个关系的码

D．外码不可取空值

4．专门关系运算包括(　　)。

A．并、交、差、连接　　B．选择、投影、连接、除

C．选择、投影、连接、笛卡儿积　　D．并、交、差、笛卡儿积

5．自然连接是构成新关系的有效方法。一般情况下，当对关系 R 和 S 使用自然连接时，要求 R 和 S 含有一个或多个共通的(　　)。

A．元组　　B．行　　C．记录　　D．属性

二、填空题

1．关系数据模型中，二维表的列称为________，二维表的行称为________。

2．用户选作元组标识的一个候选码为________，其属性取值不能为________。

3．关系代数运算中，传统的集合运算有________、________、________和________。

4．关系代数运算中，基本运算是________、________、________、________和________。

第 4 章　关系数据库标准语言 SQL

【本章导读】

关系数据库有其标准语言 SQL，在学习不同的数据库时，SQL 会有一些细节上的不同。但是，掌握数据库维护的基本 SQL 语句，对灵活使用各种数据库是大有裨益的。

【学习目标】

(1) 了解 SQL 的概念与历史，熟悉常见 SQL 数据类型。
(2) 了解模式的定义，掌握基本表的创建、修改、删除。
(3) 掌握数据查询的方法，会使用单表查询、多表查询、嵌套查询等。
(4) 掌握数据的更新。
(5) 掌握视图的使用。
(6) 了解索引的使用。

4.1　SQL 概述

SQL 概述 1

SQL 是 Structured Query Language 的简写，即结构化查询语言，是用于访问和处理数据库的标准计算机语言。Stack Overflow 在 2017 年开展的一项共有 64000 名开发者参与的调查显示，SQL 是第二大编程语言，有 50%的开发者(包括 Web、桌面、运维、数据等方向)在使用 SQL。

4.1.1　SQL 的产生和发展

1974 年，SQL 的雏形最早由美国 IBM 公司的 Raymond F. Boyce 和 Donald D. Chamberlin 提出，Raymond F. Boyce 的重要成果有 BCNF(Boycee Codd Normal Form)，即修正的第三范式。

1975～1979 年，SQL 在 System R 上首次实现，由 IBM 的 San Jose 研究室研制，称为 SEQUEL。

1986 年推出了 SQL—86 标准，正式命名为“SQL: Structured Query Language”。

1989 年 ANSI / ISO 推出了 SQL—89 标准，它是数据库语言 SQL 的标准集合。

1992 年进一步推出了 SQL—92 标准，也称为 SQL2，是 SQL—89 的超集，增加了许多新特性，如新数据类型、更丰富的数据操作、更强的完整性支持等。原 SQL—89 被称为 entry-SQL，扩展后的被称为 Intermediate 级和 Full 级。

1999 年推出了 SQL—99 标准，也称为 SQL3，对面向对象的一些特征予以支持，支持抽象数据类型，支持行对象、列对象。但有些特征现有数据库厂商尚不能做到完全支持。

特别值得一提的是，2014 年 6 月在国际标准化组织的 SC32 北京全会上，批准了 4 项为大数据提供标准化支持的新工作项，其中 SQL 对 JSON（JavaScript Object Notation）的支持由中国专家担任编辑。

4.1.2　SQL 的特点

SQL 相对其他编程语言主要有以下特点。

（1）综合统一。

（2）高度非过程化。

（3）面向集合的操作方式。

（4）语言简捷，易学易用。

（5）以同一种语法结构提供两种使用方式：独立和嵌入。

独立使用方式又称为交互式，是指在 DBMS 提供的查询界面中输入 SQL 语句并执行，DBMS 向用户反馈 SQL 查询结果。嵌入是指在类似 C#、Java 等编程语言中使用 SQL 语句。

4.1.3　SQL 的基本概念

1. SQL 与 DBMS

DBMS 是一种操纵和管理数据库的大型软件，用于建立、使用和维护数据库。Oracle、MySQL、SQL Server 都是常见的 DBMS 产品，学习大多数 DBMS 的使用都要求掌握 SQL。

2. SQL 的方言问题

SQL 是一个关系数据库查询语言的标准，而 SQL 方言则是各种数据库管理系统在 SQL 标准上进行的扩展，如 SQL Server 的 T-SQL（Transact-SQL）和 Oracle 的 PL/SQL 都是常见的 SQL 方言。SQL 方言之间的差异，对于跨 DBMS 的学习和开发都是必须注意的。

3. SQL 的功能组件

标准 SQL 有三大功能组件，分别是 DML、DDL 及 DCL。各功能组件的用途如表 4-1 所示。

表 4-1　SQL 三大功能组件

简写	SQL 功能组件	用途
DML	数据操纵语言（Data Manipulation Language）	用于实现对数据库中数据的查询、增加、删除和修改
DDL	数据定义语言（Data Definition Language）	用于定义、删除和修改数据库中的对象
DCL	数据控制语言（Data Control Language）	用于控制用户对数据库的操作权限

4.1.4　SQL 基本数据类型

SQL 概述 2

要使用 SQL 创建表结构，或者进行某些 DML 操作，了解基本数据类型是非常重要的，下面介绍常见类型。

1. 数值类型

（1）精确型：指在计算机中能够精确存储的数据，如表 4-2 所示。

表 4-2　精确数值类型

数据类型	占用字节数	说明
tinyint	1 字节	0～255
int	4 字节	-2^{31}(-2147483648)～$2^{31}-1$(2147483647)
bigint	8 字节	-2^{63}(-9223372036854775808)～$2^{63}-1$(9223372036854775807)
bit	1 字节	可以取值为 1、0 或 NULL 的 integer 数据类型。如果表中的 bit 列为 8 列或更少，则这些列作为 1 字节存储。如果 bit 列为 9～16 列，则这些列作为 2 字节存储，以此类推
decimal	由精度确定	decimal[(*p*[,*s*])] *p*(精度)：最多可以存储的十进制数字的总位数，包括小数点左边和右边的位数。该精度必须是 1 到最大精度 38 之间的值，默认精度为 18 *s*(小数位数)：小数点右边可以存储的十进制数字的位数
numeric	由精度确定	decimal 和 numeric 是同义词，可互换使用
money	8 字节	money 和 smallmoney 数据类型精确到它们所代表的货币单位的万分之一。存储范围为-922337203685477.5808～922337203685477.5807
smallmoney	4 字节	存储范围为-214748.3648～214748.3647

(2) 近似型：指近似的数值数据类型，如表 4-3 所示。

表 4-3　近似数值类型

数据类型	占用字节数	说明
float	取决于 *n* 的值	float[(*n*)]，其中 *n* 为用于存储 float 数值尾数的位数(以科学计数法表示)，因此可以确定精度和存储大小。如果指定了 *n*，则它必须是 1～53 的某个值。*n* 的默认值为 53。SQL Server 将 *n* 视为下列两个可能值之一：如果 $1\leqslant n\leqslant 24$，将 *n* 视为 24；如果 $25\leqslant n\leqslant 53$，将 *n* 视为 53。取值范围：$-1.79\times10^{308}$～$-2.23\times10^{-308}$、0 以及 2.23×10^{-308}～1.79×10^{308}
real	4 字节	-3.40×10^{38}～-1.18×10^{-38}、0 以及 1.18×10^{-38}～3.40×10^{38}

2. 文本类型

SQL Server 中的文本类型数据根据字符编码标准的不同可分为普通字符文本及 Unicode 字符文本。

(1) 普通字符文本(每个英文字符占 1 字节存储空间，每个汉字占 2 字节存储空间)，如表 4-4 所示。

表 4-4　普通字符类型

数据类型	占用字节数	说明
char	*n* 决定	char[(*n*)]：固定长度，非 Unicode 字符串数据；*n* 用于定义字符串长度，并且它必须为 1～8000 的值；存储大小为 *n* 字节
varchar	*n* 决定	varchar[(*n*)]：可变长度，非 Unicode 字符串数据；*n* 用于定义字符串长度，并且它可以为 1～8000 的值
text		服务器代码页中长度可变的非 Unicode 数据，字符串最大长度为 $2^{31}-1$(2147483647)字节

(2) Unicode 字符文本(每个英文字符和汉字都占 2 字节存储空间)，如表 4-5 所示。

表 4-5　Unicode 字符类型

数据类型	占用字节数	说明
nchar	n 决定	nchar[(n)]：存储固定长度的 Unicode 字符串数据；n 用于定义字符串长度，并且它必须为 1～4000 的值；存储大小为 n 字节的两倍
nvarchar	n 决定	nvarchar[(n)]：存储可变长度的 Unicode 字符串数据；n 用于定义字符串长度，并且它可以为 1～4000 的值
ntext		长度可变的 Unicode 数据，字符串最大长度为 $2^{30}-1$(1073741823)字节；存储大小是所输入字符串长度的两倍(以字节为单位)

3. 日期时间类型

日期时间类型数据如表 4-6 所示。

表 4-6　日期时间类型

数据类型	占用字节数	说明
date	3 字节	0001-01-01～9999-12-31
time	5 字节	00:00:00.0000000～23:59:59.9999999
datetime	8 字节	1753 年 1 月 1 日～9999 年 12 月 31 日 00:00:00～23:59:59.997
smalldatetime	4 字节	1900-01-01～2079-06-06 00:00:00～23:59:59

4. 二进制类型

二进制类型数据可用来存放 Microsoft Word 文档、Microsoft Excel 电子表格、位图文件、图形交换格式(GIF)文件和联合图像专家组(JPEG)文件等任意二进制数据，如表 4-7 所示。

表 4-7　二进制类型

数据类型	占用字节数	说明
binary	n	binary[(n)]：长度为 n 字节的固定长度二进制数据，其中 n 是 1～8000 的值，存储大小为 n 字节
varbinary	n	varbinary[(n)]：可变长度二进制数据；n 的取值范围为 1～8000
image		长度可变的二进制数据，0～$2^{31}-1$(2147483647)字节

重要说明：SQL Server 的未来版本中将删除 ntext、text 和 image 数据类型。请避免在新开发工作中使用这些数据类型，并考虑修改当前使用这些数据类型的应用程序。请改用 nvarchar(max)、varchar(max)和 varbinary(max)。相应说明请参考微软官方文档：https://docs.microsoft.com/zh-cn/sql/t-sql/data-types/ntext-text-and-image-transact-sql?view=sql-server-2017。

4.2　学生选课数据库

模式的定义与删除

在本章后续的学习中，需要依赖在 SQL Server 中创建的 SelectCourse 数据库，下面对此数据库的表结构进行简单介绍，见表 4-8～表 4-11。读者可以从第 4 章的源代码中找到 SQL 脚本并执行。

表 4-8　Student 表的属性信息

属性	数据类型	是否为空/约束条件
Sno	char(10)	主键
Sname	char(20)	否
Ssex	char(2)	“男”“女”
Smajor	char(20)	否
Sdept	char(20)	否
Sage	tinyint	在 1～80 取值
Tel	char(15)	否
EMAIL	varchar(30)	否

表 4-9　Teacher 表的属性信息

属性	数据类型	是否为空/约束条件
Tno	char(10)	主键
Tname	char(20)	否
Tsex	char(2)	“男”“女”
Tdept	char(20)	否
Tage	tinyint	在 1～80 取值
Tprot	char(10)	“讲师”“教授”“副教授”
Tel	char(15)	否
EMAIL	varchar(30)	否

表 4-10　Course 表的属性信息

属性	数据类型	是否为空/约束条件
Cno	char(10)	主键
Cname	char(30)	否
Ccredit	tinyint	在 1～10 取值
XKLB	char(5)	“必修”“选修”

表 4-11　SC 表的属性信息

属性	数据类型	是否为空/约束条件
Sno	char(10)	主键，引用 Student 表的外码
Tno	char(10)	主键，引用 Teacher 表的外码
Cno	char(10)	主键，引用 Course 表的外码
Grade	numeric(3)	允许为空；若不为空，取值为 0~100

4.3　数据定义

本节主要介绍模式的定义与删除，以及基本表的定义、删除与修改。

4.3.1　模式的定义与删除

什么是数据库模式？数据库模式是一种逻辑分组对象，数据库模式是数据库对象的集合，这个集合包含了各种对象如表、视图、存储过程、索引等。可以想象一个模式作为对象的容器。数据库模式可以作为一个命名空间，能防止来自不同模式的对象名称冲突。模式有助于确定谁可以访问数据库对象，简化安全管理。

创建模式的语法为：

```
CREATE SCHEMA <模式名> AUTHORIZATION <用户名>
```

定义模式实际上是定义一个命名空间，在这个空间中可以进一步定义该模式包含的数据库对象，如基本表、视图、索引等。

【例 4-1】 用 sa 账户登录，创建一个名为 StudentDB 的数据库，然后创建名为 Sch1 的模式。

执行下面的语句：

```
CREATE DATABASE StudentDB
USE StudentDB
GO
CREATE SCHEMA SCH1 AUTHORIZATION Zhou1
```

执行会失败，对应的提示信息是：

```
消息 15151，级别 16，状态 1，第 1 行
无法对用户'Zhou1'执行查找，因为它不存在，或者您没有所需的权限。
消息 2759，级别 16，状态 0，第 1 行
由于前面的错误，CREATE SCHEMA 失败。
```

解决的办法是，需在数据库中，创建名为 Zhou1 的数据库用户名，代码如下：

```
CREATE LOGIN Zhou1 WITH Password = 'MyPassword123'
GO
CREATE USER Zhou1 FOR Login Zhou1
GO
```

在增加上述代码后，模式 Sch1 被成功创建。

在成功创建模式后，就可以在模式下创建对象。下面的代码演示了创建一张表并插入数据。

```
CREATE TABLE SCH1.Student
(
 Cno CHAR(12) NOT NULL,
 VNAME VARCHAR(10) NOT NULL
)
GO
INSERT INTO SCH1.Student VALUES('201731061234','张三')
GO
SELECT * FROM SCH1.Student
```

上述的代码能够在指定的模式中创建表，插入数据，然后显示数据。

【例 4-2】 删除在 StudentDB 数据库中创建的 Sch1 模式，再删除 StudentDB 数据库。

删除模式的语法：DROP SCHEMA <模式名>。

删除数据库的语法：DROP DATABASE 数据库名。

说明：要删除的模式不能包含任何对象。如果模式包含对象，则 DROP 语句将失败。

```
DROP TABLE SCH1.Student
GO
DROP SCHEMA SCH1
```

执行上述语句，先删除模式包含的对象，然后就可以删除模式了。使用“USE Master”转到 Master 数据库后，删除数据库的语句是：

```
DROP  DATABASE  StudentDB
```

基本表定义

4.3.2　基本表的定义、删除与修改

在 SQL 中，创建表的语法是非常重要的，很多程序员习惯自己创建库和创建表的代码。创建表的 SQL 语法的简化版是：

```
CREATE  TABLE  表名
(
  字段 1    数据类型 1(长度),
  字段 2    数据类型 2(长度),
  字段 3    数据类型 3(长度)
)
```

【例 4-3】 创建一张名为 Users 的表，包含用户名 vUserName 和密码 vPassword 两个字段。用户名最大允许长度 18 个字符，密码最大允许长度 20 个字符。

```
CREATE TABLE Users
(
 vUserName VARCHAR(18) NOT NULL,
 vPassword VARCHAR(20) NOT NULL
)
```

说明：数据类型选择用 VARCHAR 类型，NOT NULL 说明该字段不允许为空。

【例 4-4】 根据表 4-8 的说明创建学生表。指定学生的学号为主关键字，实现规定的约束。

```
CREATE TABLE Student
(
  Sno CHAR(10) NOT NULL CONSTRAINT PK_STU_NO PRIMARY KEY ,
  Sname CHAR(20) NOT NULL,
  Ssex CHAR(2) NOT NULL CONSTRAINT CK_STU_SEX CHECK(Ssex IN ('男','女')),
  Smajor CHAR(20) NOT NULL,
  Sdept CHAR(20) NOT NULL,
  Sage TINYINT  CONSTRAINT CK_STU_AGE CHECK(Sage BETWEEN 1 AND 80),
  Tel CHAR(15) NOT NULL,
  EMAIL VARCHAR(30) NOT NULL
)
```

说明：在字段的后面跟上“CONSTRAINT　约束名　PRIMARY KEY”将字段指定为主关键字。

使用“CONSTRAINT 约束名 CHECK(字段名 IN　枚举列表)”的方式可以指定 CHECK 约束，除了 IN，还可以用 BETWEEN… AND…及关系运算符等。如果要给字段指定默认值，则使用 DEFAULT 关键字，例如：

```
Sdept CHAR(20) NOT NULL DEFAULT '计算机'
```

【例 4-5】 修改学生表结构：删除 Sage 年龄字段，增加 dBirth 字段；另外将 Smajor 字段从目前的 char(20) 修改为 varchar(20)。

说明：修改表的结构，通常涉及删除字段、添加字段或修改数据类型、修改字段长度等。

删除原有字段：ALTER TABLE 表名 DROP COLUMN 字段名。

添加新的字段：ALTER TABLE 表名 ADD 字段名 数据类型。

修改数据类型或长度：ALTER TABLE 表名 ALTER COLUMN 字段名 数据类型(长度)。

根据上述语法，本例的 SQL 语句为：

```
ALTER TABLE Student DROP CONSTRAINT CK_STU_AGE  --删除 Sage 字段上的约束
ALTER TABLE Student DROP COLUMN SAGE
ALTER TABLE Student ADD dBirth DATETIME
ALTER TABLE Student ALTER COLUMN Smajor VARCHAR(20)
```

修改成功后的表结构如图 4-1 所示。

	Column_name	Type	Computed	Length
1	Sno	char	no	10
2	Sname	char	no	20
3	Ssex	char	no	2
4	Smajor	varchar	no	20
5	Sdept	char	no	20
6	Tel	char	no	15
7	EMAIL	varchar	no	30
8	dBirth	datetime	no	8

图 4-1　学生表的表结构修改之后

【例 4-6】 删除学生表。

删除表的语法为：DROP　TABLE　表名。

要删除上述学生表，执行下面语句即可：

```
DROP TABLE Student
```

4.4　数 据 查 询

单表查询 1

数据查询是对数据库最常见的核心操作。在学习 SQL 查询语句时，可先了解单表查询的基本语法，然后通过具体的例子进行巩固，有一定基础之后再学习多表查询。

4.4.1　查询语句的基本结构

```
SELECT select_list [ INTO new_table ]
[ FROM table_source ]
[ WHERE search_condition ]
```

```
[ GROUP BY group_by_expression ]
[ HAVING search_condition ]
[ ORDER BY order_expression [ ASC | DESC ] ]
```

说明：select_list 是要显示的字段列表，table_source 说明从哪张表检索数据，search_condition 说明检索条件。GROUP BY 和 HAVING 是比较高级的用法，先暂时注意在语法中的出现位置即可。order_expression 用来指定按照什么进行排序，ASC 代表升序，DESC 代表降序。

4.4.2 单表查询

单表查询语句是 SQL 中最常用的语法形式，需要牢固掌握。下面的所有例子，没有特别说明的，都是使用学生选课数据库。

【例 4-7】 检索 Student 表的所有行和列。

```
SELECT * FROM Student
```

说明：“SELECT * FROM 表名”的语法形式，可以让用户快速了解一张表的数据样式，如图 4-2 所示。

```
SELECT * FROM  Student
```

结果　消息

	Sno	Sname	Ssex	Smajor	Sdept	Sage	Tel	EMAIL
1	G2016001	李素素	女	行政管理	管理学院	22	15600000000	susu@sina.com
2	G2016002	朱萍	女	行政管理	管理学院	21	15300000000	zhuping@163.com
3	G2016003	叶家裕	男	财务管理	管理学院	20	15800000000	jiayu@126.com
4	G2016004	邓家如	女	财务管理	管理学院	20	15600000000	jiaru@sina.com
5	G2016005	高晓	女	财务管理	管理学院	21	15400000000	gaoxiao@163.com

图 4-2　学生表信息检索

【例 4-8】 从 Student 表检索学号、姓名、性别、年龄、专业这五列信息。

```
SELECT Sno,Sname,Ssex,Sage,Smajor FROM Student
```

说明：只显示部分的列，是在 SELECT 之后出现要显示的字段的列表，用逗号分隔开。检索结果如图 4-3 所示。

```
SELECT Sno, Sname, Ssex, Sage, Smajor FROM Student
```

结果　消息

	Sno	Sname	Ssex	Sage	Smajor
1	G2016001	李素素	女	22	行政管理
2	G2016002	朱萍	女	21	行政管理
3	G2016003	叶家裕	男	20	财务管理
4	G2016004	邓家如	女	20	财务管理
5	G2016005	高晓	女	21	财务管理
6	J2016001	杨华	男	20	计算机应用

图 4-3　检索部分字段

【例 4-9】 从 Student 表检索学号、姓名、性别、年龄、专业这五列信息，要求使用友好列标题。

```
SELECT Sno AS 学号,Sname AS 姓名,Ssex AS 性别,Sage AS 年龄 ,Smajor AS 专业 FROM Student
```

说明：在原始字段名之后跟上 AS，就可以为这一列指定一个友好列标题，便于用户理解。检索结果如图 4-4 所示。

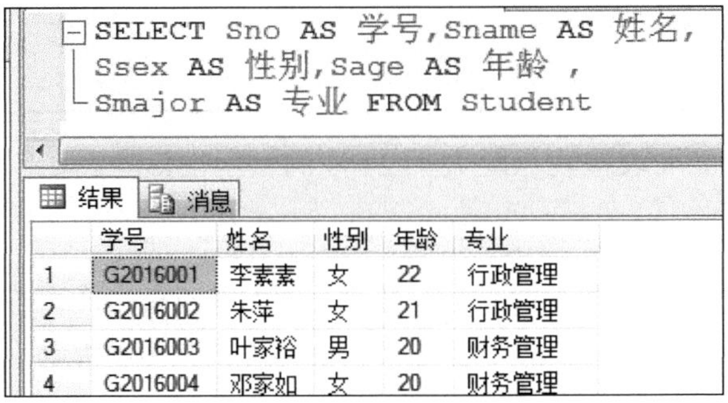

```
SELECT Sno AS 学号,Sname AS 姓名,
Ssex AS 性别,Sage AS 年龄 ,
Smajor AS 专业 FROM Student
```

结果 消息

	学号	姓名	性别	年龄	专业
1	G2016001	李素素	女	22	行政管理
2	G2016002	朱萍	女	21	行政管理
3	G2016003	叶家裕	男	20	财务管理
4	G2016004	邓家如	女	20	财务管理

图 4-4 友好列标题使用

【例 4-10】 从 Student 表检索前三行数据。

```
SELECT TOP  3  * FROM Student
```

说明：使用 TOP *n* 语法来说明只显示前 *n* 条数据。检索结果如图 4-5 所示。

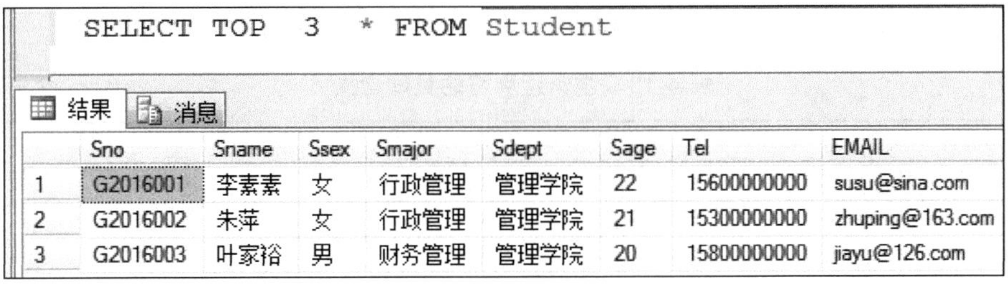

```
SELECT TOP  3  * FROM Student
```

结果 消息

	Sno	Sname	Ssex	Smajor	Sdept	Sage	Tel	EMAIL
1	G2016001	李素素	女	行政管理	管理学院	22	15600000000	susu@sina.com
2	G2016002	朱萍	女	行政管理	管理学院	21	15300000000	zhuping@163.com
3	G2016003	叶家裕	男	财务管理	管理学院	20	15800000000	jiayu@126.com

图 4-5 使用 TOP 关键字的检索

【例 4-11】 从 Student 表检索年龄为 20 岁的学生信息。

```
SELECT * FROM Student WHERE Sage=20
```

说明：用 WHERE 条件来实现行上的选择，此处需要使用比较运算符。检索结果如图 4-6 所示。

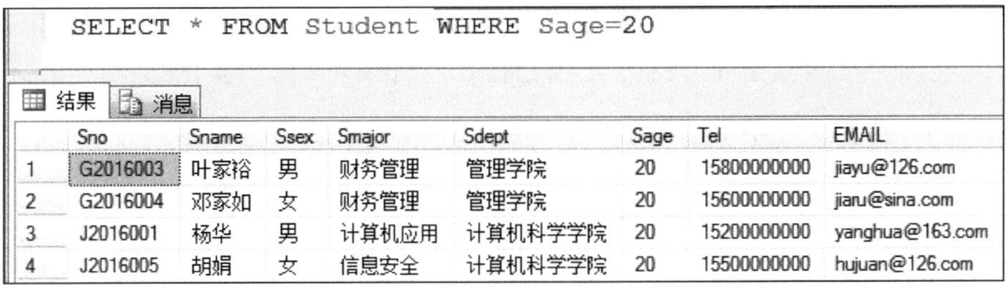

```
SELECT * FROM Student WHERE Sage=20
```

结果 消息

	Sno	Sname	Ssex	Smajor	Sdept	Sage	Tel	EMAIL
1	G2016003	叶家裕	男	财务管理	管理学院	20	15800000000	jiayu@126.com
2	G2016004	邓家如	女	财务管理	管理学院	20	15600000000	jiaru@sina.com
3	J2016001	杨华	男	计算机应用	计算机科学学院	20	15200000000	yanghua@163.com
4	J2016005	胡娟	女	信息安全	计算机科学学院	20	15500000000	hujuan@126.com

图 4-6 指定 WHERE 条件的检索

SQL 中标准的运算符及含义如表 4-12 所示。

表 4-12　标准的运算符及含义

运算符	含义
=	等于
>	大于
<	小于
>=	大于或等于
<=	小于或等于
<>	不等于

【例 4-12】 从 Student 表检索年龄大于 21 岁的女学生信息。

```
SELECT * FROM Student WHERE Ssex='女' AND Sage>21
```

说明：当要满足的条件有多个的时候，需要用 AND 或者 OR 来连接。AND 表示同时满足，OR 表示满足一个条件即可。检索结果如图 4-7 和图 4-8 所示。

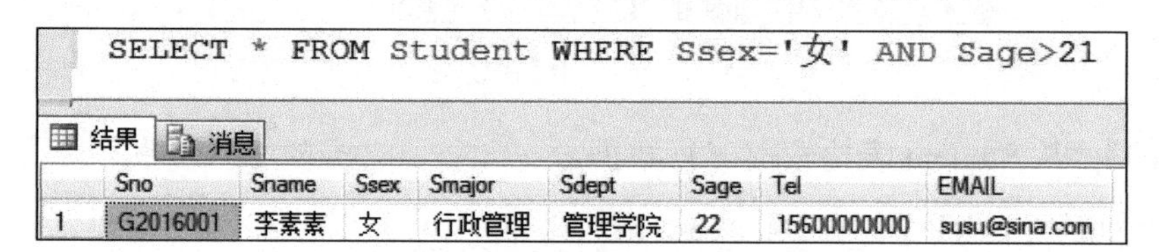

图 4-7　同时满足两个条件的检索

逻辑运算符的具体含义如表 4-13 所示。

表 4-13　逻辑运算符的具体含义

逻辑运算符	含义
ALL	如果一组的比较都为 TRUE，那么就为 TRUE
AND	如果两个布尔表达式都为 TRUE，那么就为 TRUE
ANY	如果一组的比较中任何一个为 TRUE，那么就为 TRUE
BETWEEN	如果操作数在某个范围之内，那么就为 TRUE
EXISTS	如果子查询包含一些行，那么就为 TRUE
IN	如果操作数等于表达式列表中的一个，那么就为 TRUE
LIKE	如果操作数与一种模式相匹配，那么就为 TRUE
NOT	对任何其他布尔运算符的值取反
OR	如果两个布尔表达式中的一个为 TRUE，那么就为 TRUE
SOME	如果在一组比较中，有些为 TRUE，那么就为 TRUE

【例 4-13】 从 Student 表检索专业是“计算机应用”或“石油工程”的学生。

单表查询 2

```
SELECT * FROM Student WHERE Smajor='计算机应用' OR Smajor='石油工程'
```

【例 4-14】 检索学号在 J2016001～J2016004 的学生信息，显示学号、姓名、性别、年龄。

```
SELECT Sno,Sname,Ssex,Sage FROM Student WHERE Sno BETWEEN 'J2016001'
AND 'J2016004'
```

```
SELECT * FROM Student WHERE
Smajor='计算机应用' OR Smajor='石油工程'
```

结果　消息

	Sno	Sname	Ssex	Smajor	Sdept	Sage	Tel	EMAIL
1	J2016001	杨华	男	计算机应用	计算机科学学院	20	15200000000	yanghua@163.com
2	J2016002	刘全珍	女	计算机应用	计算机科学学院	21	15300000000	liuqunz@163.com
3	S2016001	徐川	男	石油工程	石油工程学院	20	18000000000	xuchuan@126.com
4	S2016002	汤洪	男	石油工程	石油工程学院	21	18100000000	tanghong@sina.com

图 4-8　使用 OR 连接查询条件

说明：要比较的值是介于某个范围，并且包含边界值，则可以使用 BETWEEN…AND 语法。检索结果如图 4-9 所示。

```
SELECT Sno,Sname,Ssex,Sage FROM Student
WHERE Sno BETWEEN 'J2016001' AND 'J2016004'
```

结果　消息

	Sno	Sname	Ssex	Sage
1	J2016001	杨华	男	20
2	J2016002	刘全珍	女	21
3	J2016003	王国	男	21
4	J2016004	孙荣	男	21

图 4-9　使用 BETWEEN…AND 的检索

【例 4-15】 检索年龄不在 19～21 岁的学生信息，显示学号、姓名、性别、年龄。

```
SELECT Sno,Sname,Ssex,Sage FROM Student WHERE Sage NOT BETWEEN 19 AND 21
```

说明：可以在 BETWEEN…AND 语法之前使用 NOT 进行取反。检索结果如图 4-10 所示。

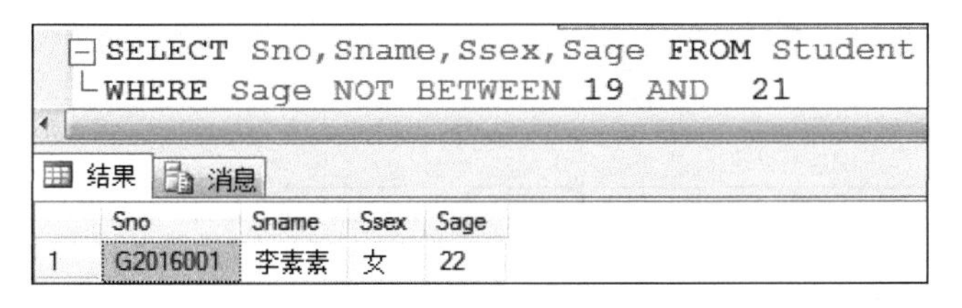

```
SELECT Sno,Sname,Ssex,Sage FROM Student
WHERE Sage NOT BETWEEN 19 AND 21
```

结果　消息

	Sno	Sname	Ssex	Sage
1	G2016001	李素素	女	22

图 4-10　使用 NOT BETWEEN…AND 的检索

【例 4-16】 从 Teacher 表中检索职称为教授或副教授的教师信息。

```
SELECT * FROM Teacher WHERE Tprot IN ('教授','副教授')
```

说明：要检索的信息是一系列取值列表，可以使用 IN。检索结果如图 4-11 所示。

```
SELECT * FROM Teacher WHERE Tprot IN ('教授','副教授')
```

结果　消息

	Tno	Tname	Tsex	Tdept	Tage	Tprot	Tel	EMAIL
1	2003001	刘建中	男	计算机科学学院	48	教授	15000000000	liujianzhong@163.com
2	2003002	周福	男	计算机科学学院	45	副教授	15200000000	zhoufu@163.com
3	2006002	汪琴仙	女	管理学院	46	副教授	15900000000	wqingxian@126.com
4	2008002	张连山	男	管理学院	47	教授	13100000000	zlianshan@126.com

图 4-11　使用 IN 的检索

【例 4-17】 显示 Teacher 表中有哪些职称，要求显示结果不能有重复数据。

```
SELECT DISTINCT Tprot FROM Teacher
```

说明：可以在字段名之前使用 DISTINCT 关键字，表示检索时显示不重复的信息。检索结果如图 4-12 所示。

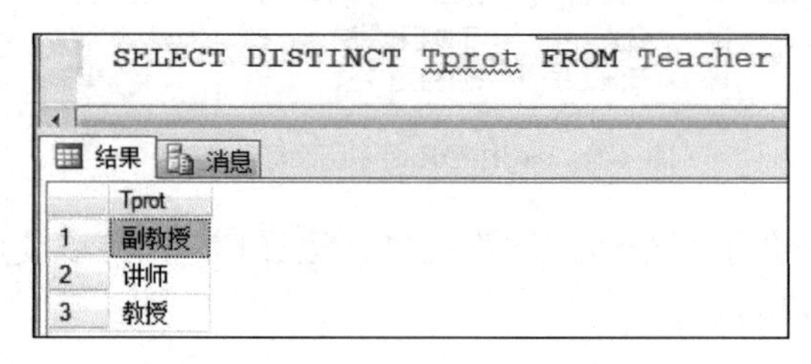

图 4-12　DISTINCT 关键字的使用

【例 4-18】 查询 Student 表中姓刘的学生信息。

```
SELECT * FROM Student WHERE Sname LIKE '刘%'
```

说明：可以使用 LIKE 关键字进行模糊查询。查询结果如图 4-13 所示。

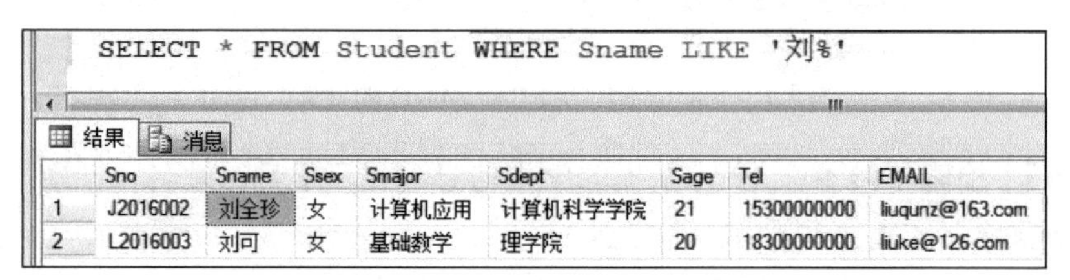

图 4-13　数据的模糊查询，一个%

使用 LIKE 时，需配合通配符使用，通配符含义如表 4-14 所示。

表 4-14　通配符含义

通配符	描述	示例
%	包含零个或多个字符的任意字符串	WHERE title LIKE '%computer%' 将查找在书名中任意位置包含单词"computer" 的所有书名
_	任何单个字符	WHERE au_fname LIKE '_ean' 将查找以 ean 结尾的所有 4 个字母的名字(Dean、Sean 等)
[ ]	指定范围([a-f]) 或集合([abcdef]) 中的任何单个字符	WHERE au_lname LIKE '[C-P]arsen' 将查找以 arsen 结尾并且以介于 C 与 P 之间的任何单个字符开始的作者姓氏，如 Carsen、Larsen、Karsen 等。在范围搜索中，范围包含的字符可能因排序规则而异
[^]	不属于指定范围([a-f]) 或集合([abcdef]) 的任何单个字符	WHERE au_lname LIKE 'de[^l]%' 将查找以 de 开始并且其后的字母不为 l 的所有作者的姓氏

【例 4-19】 查询 Student 表专业中含有“学”字的学生的姓名及专业。

```
SELECT Sname,Sdept FROM Student WHERE Sdept LIKE '%学%'
```

说明：只要在 Sdept 的任何位置，出现“学”字，就检索出来。检索结果如图 4-14 所示。

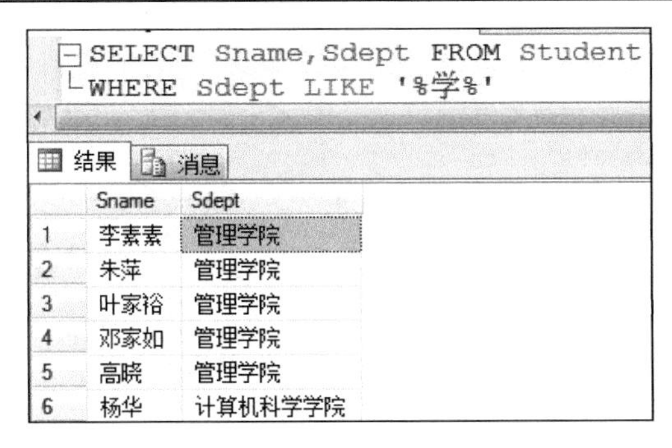

图 4-14 数据的模糊查询，两个%

【例 4-20】 查询 Student 表中邮箱地址满足在@左侧有且仅有四个字符的学生信息，结果显示姓名、院系、邮箱地址三列。

```
SELECT Sname,Sdept,EMAIL FROM Student WHERE EMAIL LIKE '____@%'
```

说明：@符号之前是四个紧密相连的下划线符号“_”，一个下划线代码与一个字符匹配。检索结果如图 4-15 所示。

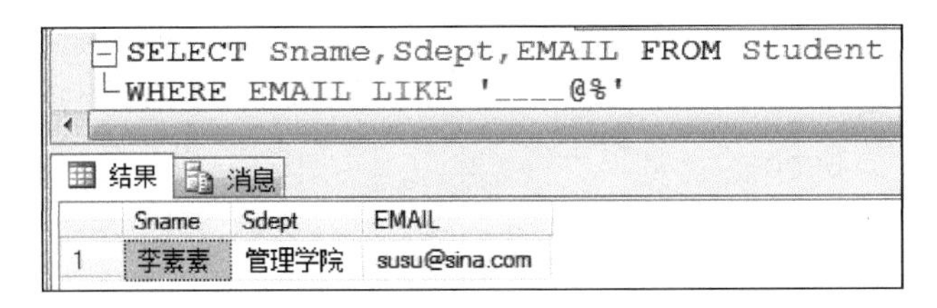

图 4-15 数据的模糊查询，使用下划线

单表查询 3

【例 4-21】 检索 Master 数据库中 spt_values 表里 low 字段为空的数据行。

```
SELECT * FROM spt_values WHERE low IS NULL
```

说明：执行此语句，需要先转到 Master 数据库。检索结果如图 4-16 所示。

```
SELECT * FROM spt_values
WHERE low IS NULL
```

结果 消息

	name	number	type	low	high	status
1	rpc	1	A	NULL	NULL	0
2	pub	2	A	NULL	NULL	0
3	sub	4	A	NULL	NULL	0
4	dist	8	A	NULL	NULL	0
5	dpub	16	A	NULL	NULL	0

图 4-16 使用 IS NULL 检索

如果表中的某个列是可选的，那么可以在不向该列添加值的情况下插入新记录或更新已有的记录。这意味着该字段将以 NULL 值保存。NULL 值的处理方式与其他值不同，NULL 用作未知的或不适用的值的占位符。数据库中无法使用比较运算符来测试 NULL 值，如=、<或<>，需使用 IS NULL 和 IS NOT NULL 操作符。

【例 4-22】 检索 Master 数据库中 spt_values 表里 high 字段不为空的数据行。

```
SELECT * FROM spt_values WHERE high IS NOT NULL
```

说明：IS NOT NULL 表示检索某列不为空的数据行。检索结果如图 4-17 所示。

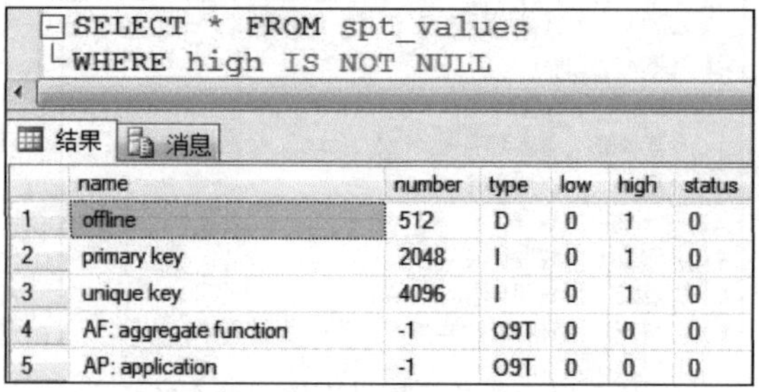

```
SELECT * FROM spt_values
WHERE high IS NOT NULL
```

结果　消息

	name	number	type	low	high	status
1	offline	512	D	0	1	0
2	primary key	2048	I	0	1	0
3	unique key	4096	I	0	1	0
4	AF: aggregate function	-1	O9T	0	0	0
5	AP: application	-1	O9T	0	0	0

图 4-17　使用 IS NOT NULL 检索

【例 4-23】 显示 Course 表的所有行，要求按照课程名称的降序显示。

```
SELECT * FROM Course ORDER BY Cname DESC
```

说明：使用 ORDER BY 对显示的数据进行排序。检索结果如图 4-18 所示。

ORDER BY 的完整语法是：

```
[ ORDER BY
    {
    order_by_expression
    [ ASC | DESC ]
    } [ ,...n ]
]
```

【例 4-24】 显示 Course 表的所有行，按照课程学分的降序排列，学分相同时再按照课程号的升序排列。

```
SELECT * FROM Course ORDER BY Ccredit DESC,Cno ASC
```

说明：可以用逗号隔开多个排序的列或表达式，升序排列时 ASC 可以省略。检索结果如图 4-19 所示。

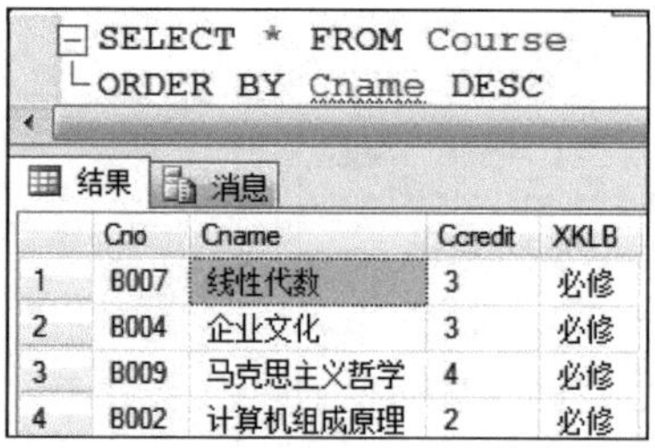

```
SELECT * FROM Course
ORDER BY Cname DESC
```

结果　消息

	Cno	Cname	Ccredit	XKLB
1	B007	线性代数	3	必修
2	B004	企业文化	3	必修
3	B009	马克思主义哲学	4	必修
4	B002	计算机组成原理	2	必修

图 4-18　使用 ORDER BY 排序

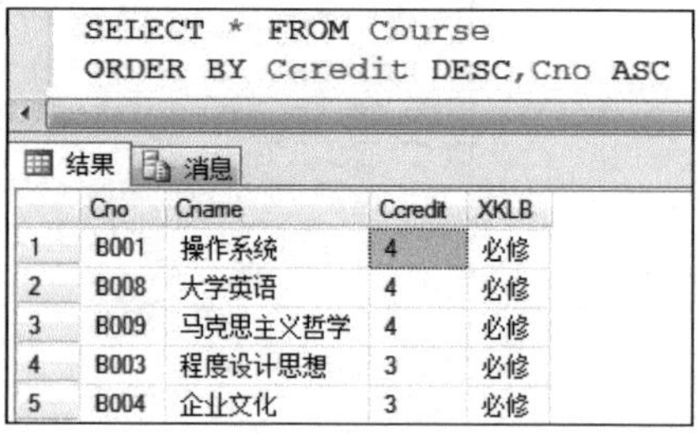

```
SELECT * FROM Course
ORDER BY Ccredit DESC,Cno ASC
```

结果　消息

	Cno	Cname	Ccredit	XKLB
1	B001	操作系统	4	必修
2	B008	大学英语	4	必修
3	B009	马克思主义哲学	4	必修
4	B003	程度设计思想	3	必修
5	B004	企业文化	3	必修

图 4-19　按照多个字段进行排序

【例 4-25】 计算 3 乘以 5 的结果，及根号 2 的值。

```
SELECT 3*5,SQRT(2)
```

说明：SELECT 语句之后，可以是算术表达式，或者是函数。检索结果如图 4-20 所示。

【例 4-26】 对 Course 表，显示课程号、课程名、学分，另外额外增加一列“学时”，学时等于学分乘以 16。

```
SELECT Cno,Cname,Ccredit, Ccredit*16 AS 学时 FROM Course
```

说明：从 Course 表中检索数据时，额外增加一个原来不存在的列，通过计算得到。检索结果如图 4-21 所示。

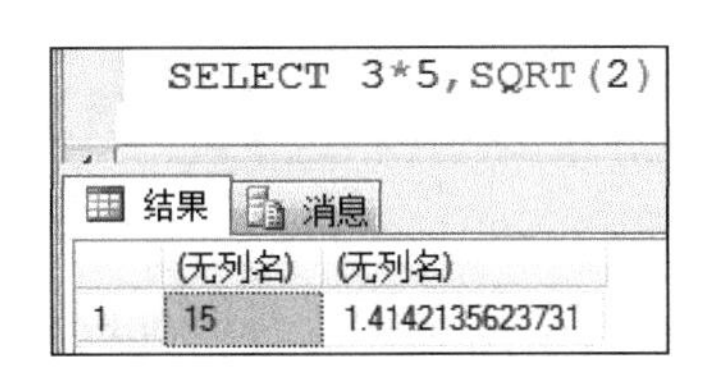

图 4-20　函数和运算表达式

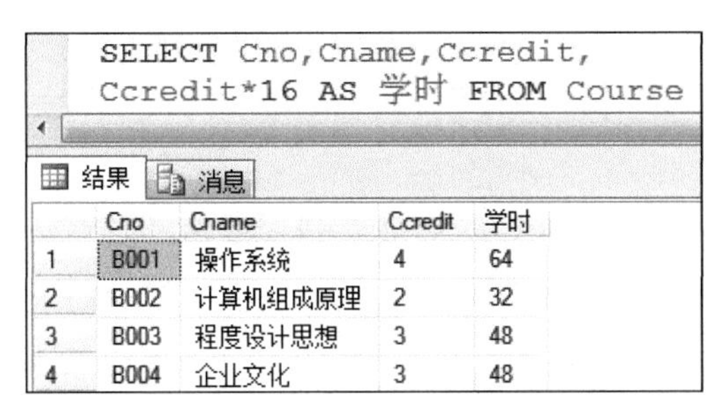

图 4-21　使用运算表达式的查询

单表查询 4

【例 4-27】 统计 Teacher 表中教授的数量。

```
SELECT COUNT(*) FROM Teacher WHERE Tprot='教授'
```

说明：COUNT()函数返回匹配指定条件的行数。COUNT(*)函数返回表中的记录数，COUNT(column_name)函数返回指定列的值的数目(NULL 不计入)。

```
COUNT ( { [ [ ALL | DISTINCT ] expression ] | * } )
```

检索结果如图 4-22 所示。

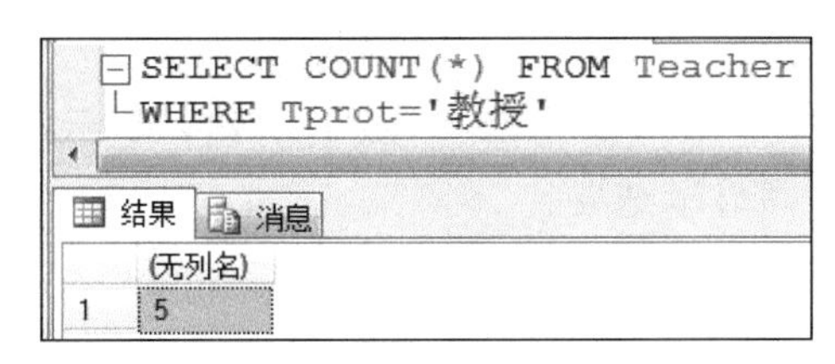

图 4-22　统计教师表教授数量

【例 4-28】 显示 Teacher 表中教师的最大、最小、平均年龄。

```
SELECT MAX(Tage),MIN(Tage),AVG(Tage) FROM Teacher
```

说明：集合函数 MAX、MIN、AVG 可以用来计算某个字段的最大值、最小值、平均值。检索结果如图 4-23 所示。

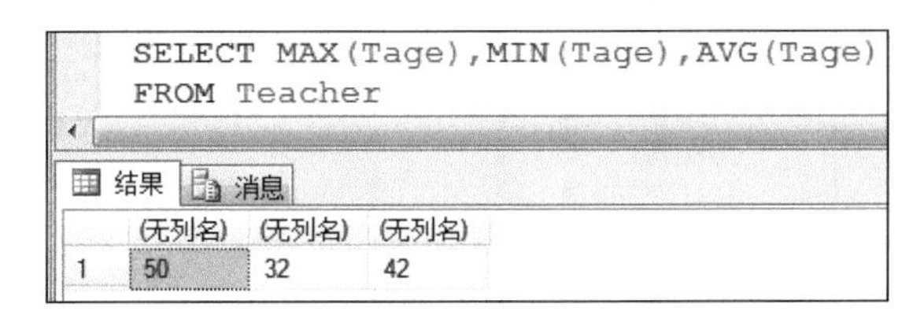

图 4-23　统计教师表中年龄的最大值、最小值、平均值

【例 4-29】 对 Course 表中的必修课的学分进行求和。

```
SELECT SUM(Ccredit) FROM Course WHERE XKLB='必修'
```

说明：SUM 函数用于求和。检索结果如图 4-24 所示。

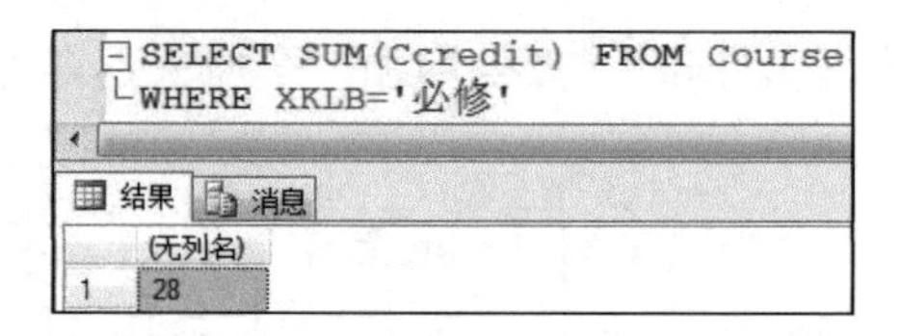

图 4-24　使用 SUM 函数求和

【例 4-30】 对 Course 表，按照必修和选修进行分类，统计每种类别的课程数量。

```
SELECT XKLB AS 类别,COUNT(Cname) AS 数量 FROM Course GROUP BY XKLB
```

说明："GROUP BY" 从字面意义上理解就是根据 BY 指定的规则对数据进行分组，分组就是将一个"数据集"划分成若干个"小区域"，然后针对若干个"小区域"进行数据处理。本例是根据课程属于必修还是选修进行分组，统计每组的课程数量。检索结果如图 4-25 所示。

	类别	数量
1	必修	9
2	选修	3

图 4-25　对数据进行分组

【例 4-31】 对 Student 表，按照专业和性别进行分组，显示每个专业、每种性别的学生数量。按照学生数量的降序显示结果。

```
SELECT Smajor,Ssex,COUNT(Sno) FROM Student
GROUP BY Smajor,Ssex ORDER BY COUNT(Sno) DESC
```

说明：在指定分组字段时，可以不止一个分组字段。检索结果如图 4-26 所示。

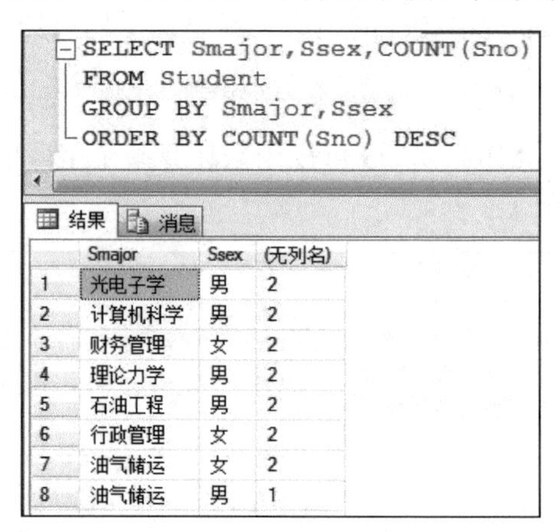

	Smajor	Ssex	(无列名)
1	光电子学	男	2
2	计算机科学	男	2
3	财务管理	女	2
4	理论力学	男	2
5	石油工程	男	2
6	行政管理	女	2
7	油气储运	女	2
8	油气储运	男	1

图 4-26　数据分组后按指定顺序输出

【例 4-32】 对 Teacher 表，显示职称及对应的人数，要求只有统计人数大于等于 5 人才显示。

说明：HAVING 短语用于对分组进行筛选。筛选语句 WHERE 与 HAVING 的区别是 WHERE 是对分组以前的原始数据进行筛选，而 HAVING 是对聚合(分组)后的数据进行筛选。

```
SELECT Tprot,COUNT(Tprot) FROM Teacher GROUP BY Tprot HAVING COUNT
(Tprot)>=5
```

检索结果如图 4-27 所示。

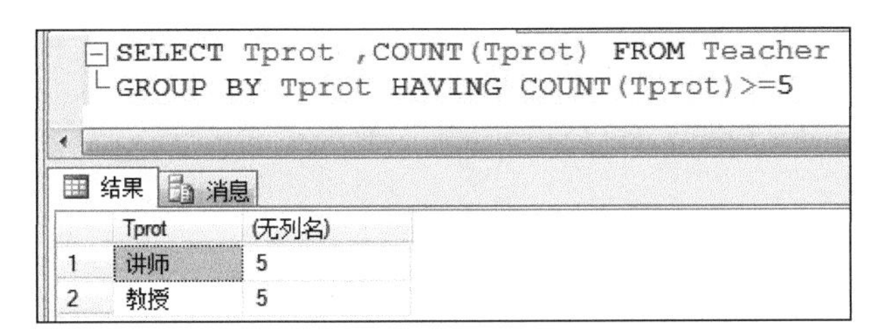

图 4-27　数据分组后再指定过滤条件

多表查询 1

4.4.3　多表连接查询

多表连接查询实际上是通过各个表之间共同列的关联性来查询数据的，它是关系数据库查询最主要的特征。连接查询可分为三大类，分别是内连接、外连接、交叉连接。

1. 内连接

内连接是最典型、最常用的连接查询，它根据表中共同的列来进行匹配，只有满足匹配条件的数据才能被查询出来。通常，两个表存在主外键关系时会使用到内连接查询。

内连接常使用“=”比较运算符来判断两列数据是否相等，通过使用 INNER JOIN 关键字进行表之间的关联。

2. 外连接

在内连接中，只有满足连接条件的元组才能作为结果输出。但有时希望输出那些不满足连接条件的元组信息，这就需要使用外连接。外连接可分为左外连接、右外连接、完全外连接。

1) 左外连接(LEFT JOIN 或 LEFT OUTER JOIN)

左外连接包含 LEFT JOIN 左表所有行，如果左表中某行在右表没有匹配，则结果中对应行右表的部分全部为空(NULL)。

2) 右外连接(RIGHT JOIN 或 RIGHT OUTER JOIN)

右外连接包含 RIGHT JOIN 右表所有行，如果右表中某行在左表没有匹配，则结果中对应左表的部分全部为空(NULL)。

3) 完全外连接 (FULL JOIN 或 FULL OUTER JOIN)

完全外连接包含 FULL JOIN 左右两表中所有的行，如果右表中某行在左表中没有匹配，则结果中对应行右表的部分全部为空(NULL)，如果左表中某行在右表中没有匹配，则结果中对应行右表的部分全部为空(NULL)。

3. 交叉连接

交叉连接就是表之间没有任何关联条件，查询将返回左表与右表逐个连接的所有行，就是左表的每一行与右表的所有行一一组合，相当于两个表相乘。没有 WHERE 子句的交叉连接将产生连接所涉及的表的笛卡儿积。第一个表的行数乘以第二个表的行数等于笛卡儿积结果集的大小。

下面通过一些例题来说明连接的具体使用。

【例 4-33】 对 SC 和 Student 表进行内连接，显示学生的学号、姓名、课程号、分数。

语法 1：

```
SELECT  Student.Sno,Student.Sname,SC.Cno,SC.Grade
FROM SC JOIN Student
ON SC.Sno=Student.Sno
```

语法 2：

```
SELECT  Student.Sno,Student.Sname,SC.Cno,SC.Grade
From SC,Student
WHERE SC.Sno=Student.Sno
```

分析：将 SC 和 Student 内连接起来，显示相应的信息，其实可以理解为，对 SC 表中的每一个学号，到 Student 表中根据学号查找到对应的姓名。

如果使用“表 1 JOIN 表 2”的语法，则连接条件跟在 ON 关键字之后。如果直接用逗号分隔开数据来源表，则在 WHERE 语句中给出连接条件。

检索结果如图 4-28 所示。

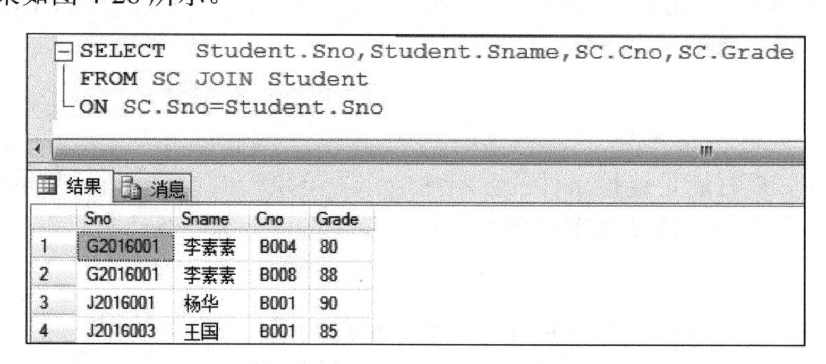

图 4-28　连接两张表检索数据

【例 4-34】 显示学生的学号、姓名、课程名、考试分数。

语法 1：

```
SELECT  Student.Sno,Student.Sname,Course.Cname ,SC.Grade
FROM SC JOIN Student
ON SC.Sno=Student.Sno
JOIN Course
ON SC.Cno=Course.Cno
```

语法 2：

```
SELECT  Student.Sno,Student.Sname,Course.Cname ,SC.Grade
FROM SC,Student,Course
WHERE  SC.Sno=Student.Sno AND SC.Cno=Course.Cno
```

分析：本质就是对 SC 表，将其中的一些编号翻译成对应的含义。将学号翻译为学生的姓名，将课程号翻译为课程名。三张表的连接需要两个连接条件。结果如图 4-29 所示。

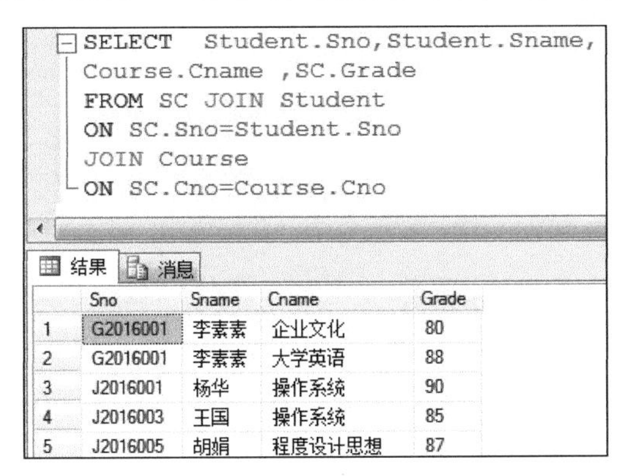

```
SELECT  Student.Sno,Student.Sname,
Course.Cname ,SC.Grade
FROM SC JOIN Student
ON SC.Sno=Student.Sno
JOIN Course
ON SC.Cno=Course.Cno
```

结果　消息

	Sno	Sname	Cname	Grade
1	G2016001	李素素	企业文化	80
2	G2016001	李素素	大学英语	88
3	J2016001	杨华	操作系统	90
4	J2016003	王国	操作系统	85
5	J2016005	胡娟	程度设计思想	87

图 4-29　连接三张表检索数据

【例 4-35】 让 Student 表和 SC 表进行左外连接，即不管学生是否选修课程，该学生的信息都会显示出来。

多表查询 2

```
SELECT  Student.Sno,Student.Sname,SC.Sno ,SC.Grade
FROM Student LEFT OUTER JOIN SC
ON Student.Sno =SC.Sno
```

分析：即使某个学生不曾选修任何课程，该生的学号没有在 SC 表中出现过，最终的检索结果中，也会包含该学生的信息，如图 4-30 所示。

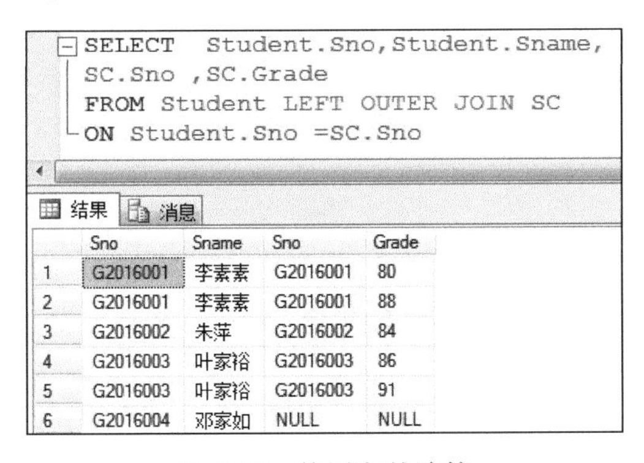

```
SELECT  Student.Sno,Student.Sname,
SC.Sno ,SC.Grade
FROM Student LEFT OUTER JOIN SC
ON Student.Sno =SC.Sno
```

结果　消息

	Sno	Sname	Sno	Grade
1	G2016001	李素素	G2016001	80
2	G2016001	李素素	G2016001	88
3	G2016002	朱萍	G2016002	84
4	G2016003	叶家裕	G2016003	86
5	G2016003	叶家裕	G2016003	91
6	G2016004	邓家如	NULL	NULL

图 4-30　使用左外连接

【例 4-36】 让 SC 表和 Teacher 表进行右外连接，显示教师编号、教师姓名、教师讲授的课程号。

```
SELECT  Teacher.Tno,Teacher.Tname,SC.Cno
FROM SC RIGHT OUTER JOIN Teacher
ON SC.Tno=Teacher.Tno
```

分析：右外连接，即使某教师没有讲授过任何一门课程，他的信息也会出现在检索结果中，如图 4-31 所示。

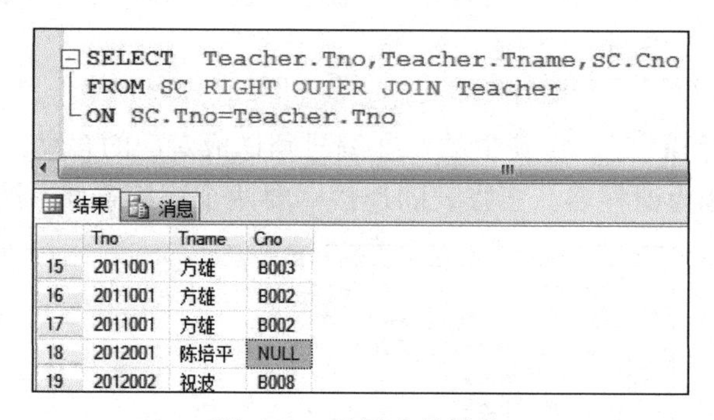

SELECT Teacher.Tno,Teacher.Tname,SC.Cno
FROM SC RIGHT OUTER JOIN Teacher
ON SC.Tno=Teacher.Tno
结果
消息
Tno
Tname
Cno
15 2011001 方雄 B003
16 2011001 方雄 B002
17 2011001 方雄 B002
18 2012001 陈培平 NULL
19 2012002 祝波 B008

图 4-31　使用右外连接

【例 4-37】 让 SC 表和 Teacher 表进行完全外连接，显示教师编号、教师姓名、教师讲授的课程号。

```
SELECT  Teacher.Tno,teacher.Tname,SC.Cno
FROM SC FULL OUTER JOIN Teacher
ON SC.Tno=Teacher.Tno
```

结果如图 4-32 所示。

```
SELECT  Teacher.Tno,Teacher.Tname,SC.Cno
FROM SC FULL OUTER JOIN Teacher
ON SC.Tno=Teacher.Tno
```

结果　消息

	Tno	Tname	Cno
7	2003001	刘建中	B001
8	2011001	方雄	B002
9	NULL	NULL	B001
10	2003002	周福	B008
11	2011001	方雄	B002

图 4-32　使用完全外连接

【例 4-38】 对学生和课程两张表进行交叉连接。

```
SELECT * FROM
Student CROSS JOIN Course
```

分析：学生表中有 21 条记录，课程表中有 14 条记录，则交叉连接返回的记录数是：21×14。结果如图 4-33 所示。

```
SELECT * FROM
Student CROSS JOIN Course
```

结果　消息

	Sno	Sname	Ssex	Smajor	Sdept	Sage	Tel	EMAIL	Cno	Cname
1	G2016001	李素素	女	行政管理	管理学院	22	15600000000	susu@sina.com	B001	操作系统
2	G2016002	朱萍	女	行政管理	管理学院	21	15300000000	zhuping@163.com	B001	操作系统
3	G2016003	叶家裕	男	财务管理	管理学院	20	15800000000	jiayu@126.com	B001	操作系统
4	G2016004	邓家如	女	财务管理	管理学院	20	15600000000	jiaru@sina.com	B001	操作系统
5	G2016005	高晓	女	财务管理	管理学院	21	15400000000	gaoxiao@163.com	B001	操作系统
6	J2016001	杨华	男	计算机应用	计算机科学学院	20	15200000000	yanghua@163.com	B001	操作系统

图 4-33　交叉连接

4.4.4　嵌套查询

嵌套查询

1. 使用 IN 的子查询

通过 IN(或 NOT IN)引入的子查询结果是包含零个值或多个值的列表。子查询返回结果之后，外部查询将利用这些结果。

2. 用 ANY、SOME 或 ALL 修改的比较运算符

可以用 ALL 或 ANY 关键字修改引入子查询的比较运算符。SOME 是与 ANY 等效的 ISO 标准。

以“>”比较运算符为例，>ALL 表示大于每一个值。换句话说，它表示大于最大值。例如，>ALL(1,2,3) 表示大于 3。>ANY 表示至少大于一个值，即大于最小值。因此>ANY(1,2,3)表示大于 1。

若要使带有>ALL 的子查询中的行满足外部查询中指定的条件，引入子查询的列中的值必须大于子查询返回的值列表中的每个值。

同样，>ANY 表示要使某一行满足外部查询中指定的条件，引入子查询的列中的值必须至少大于子查询返回的值列表中的一个值。

3. 使用 EXISTS 的子查询

使用 EXISTS 关键字引入子查询后，子查询的作用就相当于进行存在测试。外部查询的 WHERE 子句测试子查询返回的行是否存在。子查询实际上不产生任何数据，它只返回 TRUE 或 FALSE 值。

注意，使用 EXISTS 引入的子查询在下列方面与其他子查询略有不同：

EXISTS 关键字前面没有列名、常量或其他表达式。

由 EXISTS 引入的子查询的选择列表通常几乎都是由星号(*)组成的。由于只是测试是否存在符合子查询中指定条件的行，因此不必列出列名。

【例 4-39】 查询有某科目考试分数为 48 分的学生信息。

```
SELECT * FROM Student
WHERE Sno = (SELECT Sno  FROM SC WHERE Grade=48)
```

查询结果如图 4-34 所示。

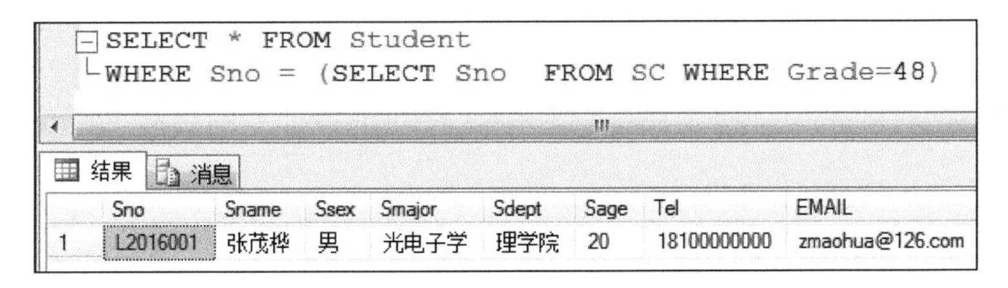

图 4-34　嵌套查询，用等号

说明：WHERE 字句部分“WHERE Sno =”，使用的是等号，这就意味着，如果有两个学生都有考 48 分的科目，则查询会错误。例如，下面的代码，执行就会出错：

```
SELECT * FROM Student
WHERE Sno = (SELECT Sno FROM SC WHERE Grade=87)
```

错误提示为：

```
消息 512，级别 16，状态 1，第 1 行
```

子查询返回的值不止一个。当子查询跟随在=、!=、<、<=、>、>= 之后，或子查询用作表达式时，这种情况是不允许的。

【例 4-40】 查询在 SC 表中选修了课程的学生信息。

```
SELECT * FROM Student
WHERE Sno IN (SELECT DISTINCT Sno FROM SC)
```

说明：子查询得到学生的学号，外部查询根据学号找到学生。查询结果如图 4-35 所示。

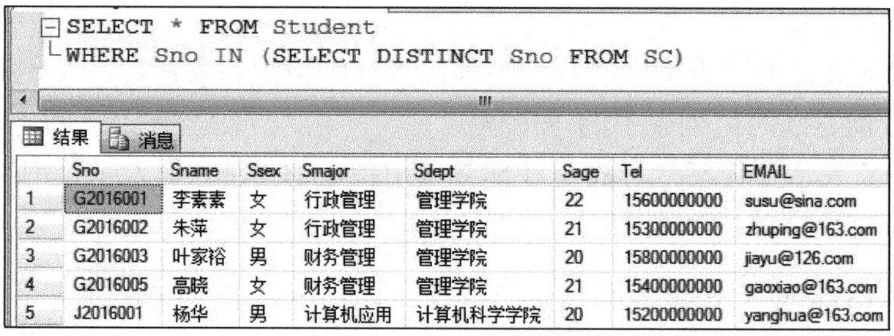

```
SELECT * FROM Student
WHERE Sno IN (SELECT DISTINCT Sno FROM SC)
```

结果　消息

	Sno	Sname	Ssex	Smajor	Sdept	Sage	Tel	EMAIL
1	G2016001	李素素	女	行政管理	管理学院	22	15600000000	susu@sina.com
2	G2016002	朱萍	女	行政管理	管理学院	21	15300000000	zhuping@163.com
3	G2016003	叶家裕	男	财务管理	管理学院	20	15800000000	jiayu@126.com
4	G2016005	高晓	女	财务管理	管理学院	21	15400000000	gaoxiao@163.com
5	J2016001	杨华	男	计算机应用	计算机科学学院	20	15200000000	yanghua@163.com

图 4-35　嵌套查询，用 IN

【例 4-41】 查询没有选修过任何课程的学生的信息。

```
SELECT * FROM Student
WHERE Sno NOT IN (SELECT DISTINCT Sno FROM SC)
```

说明：NOT IN 表示字段的值不在后面的子查询返回结果中。查询结果如图 4-36 所示。

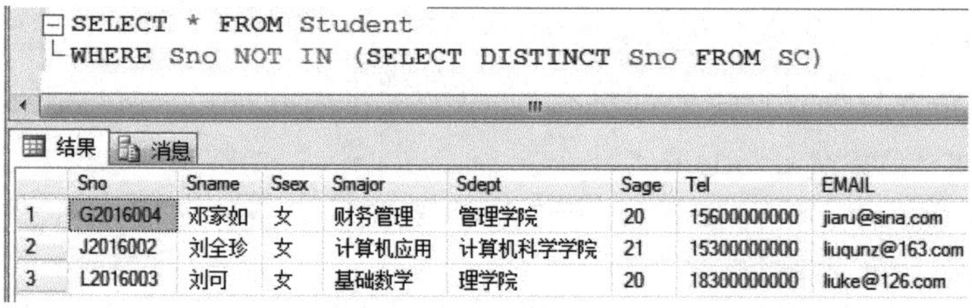

```
SELECT * FROM Student
WHERE Sno NOT IN (SELECT DISTINCT Sno FROM SC)
```

结果　消息

	Sno	Sname	Ssex	Smajor	Sdept	Sage	Tel	EMAIL
1	G2016004	邓家如	女	财务管理	管理学院	20	15600000000	jiaru@sina.com
2	J2016002	刘全珍	女	计算机应用	计算机科学学院	21	15300000000	liuqunz@163.com
3	L2016003	刘可	女	基础数学	理学院	20	18300000000	liuke@126.com

图 4-36　嵌套查询，用 NOT IN

【例 4-42】 在教师表中，检索比任何一个女教师年龄都大的男教师的信息。

```
SELECT * FROM Teacher
WHERE Tsex ='男' AND
Tage > ALL(SELECT Tage FROM Teacher  WHERE Tsex='女')
```

分析：子查询得到每一位女教师的年龄，外层查询使用“>ALL”的语法，即比集合中最大值还大。查询结果如图 4-37 所示。

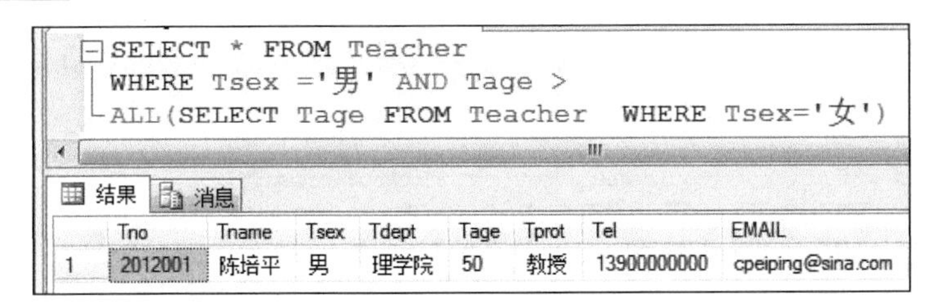

```
SELECT * FROM Teacher
WHERE Tsex ='男' AND Tage >
ALL(SELECT Tage FROM Teacher  WHERE Tsex='女')
```

结果　消息

	Tno	Tname	Tsex	Tdept	Tage	Tprot	Tel	EMAIL
1	2012001	陈培平	男	理学院	50	教授	13900000000	cpeiping@sina.com

图 4-37　>ALL 的使用

【例 4-43】 查询选修了 B004 课程的学生的基本信息。

```
SELECT * FROM Student
WHERE EXISTS
(SELECT * FROM SC WHERE
Sno=Student.Sno AND Cno='B004')
```

查询结果如图 4-38 所示。

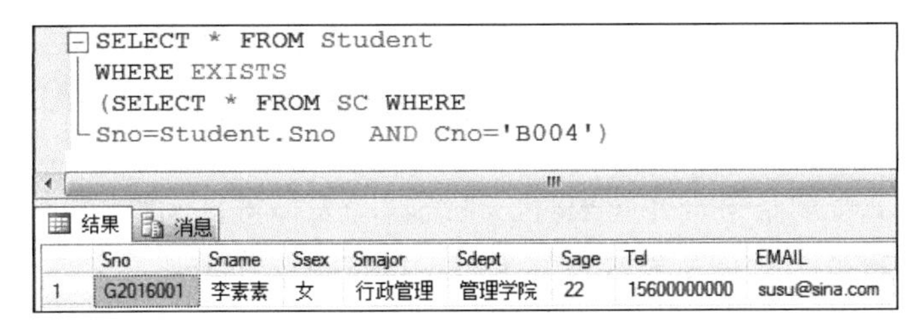

```
SELECT * FROM Student
WHERE EXISTS
(SELECT * FROM SC WHERE
Sno=Student.Sno  AND Cno='B004')
```

结果　消息

	Sno	Sname	Ssex	Smajor	Sdept	Sage	Tel	EMAIL
1	G2016001	李素素	女	行政管理	管理学院	22	15600000000	susu@sina.com

图 4-38　使用 EXISTS 的查询

【例 4-44】 查询没有选修 X001 课程的学生的基本信息。

```
SELECT * FROM Student
WHERE NOT EXISTS
(SELECT * From SC WHERE
Sno=Student.Sno AND Cno='X001')
```

查询结果如图 4-39 所示。

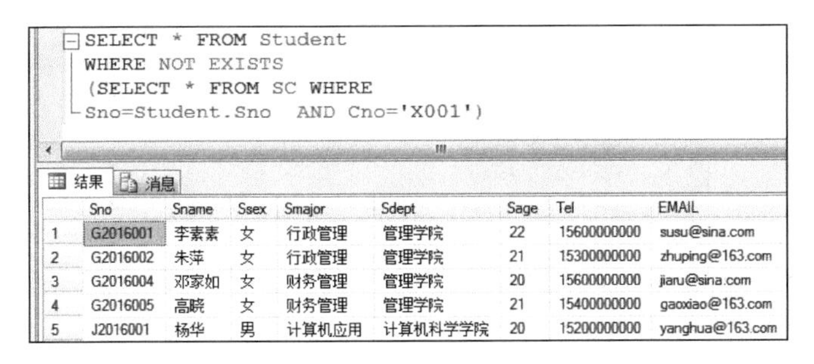

```
SELECT * FROM Student
WHERE NOT EXISTS
(SELECT * FROM SC WHERE
Sno=Student.Sno  AND Cno='X001')
```

结果　消息

	Sno	Sname	Ssex	Smajor	Sdept	Sage	Tel	EMAIL
1	G2016001	李素素	女	行政管理	管理学院	22	15600000000	susu@sina.com
2	G2016002	朱萍	女	行政管理	管理学院	21	15300000000	zhuping@163.com
3	G2016004	邓家如	女	财务管理	管理学院	20	15600000000	jiaru@sina.com
4	G2016005	高晓	女	财务管理	管理学院	21	15400000000	gaoxiao@163.com
5	J2016001	杨华	男	计算机应用	计算机科学学院	20	15200000000	yanghua@163.com

图 4-39　使用 NOT EXISTS 的查询

【例 4-45】 查询与王国在同一个专业学习的所有学生的基本信息。

```
SELECT Sno,Sname,Smajor FROM Student S1
WHERE EXISTS
(SELECT * FROM Student S2 WHERE S1.Smajor =S2.Smajor
AND S2.Sname='王国')
```

说明：此需求可以用 EXISTS 来实现，也可以用其他方式来实现。查询结果如图 4-40 所示。

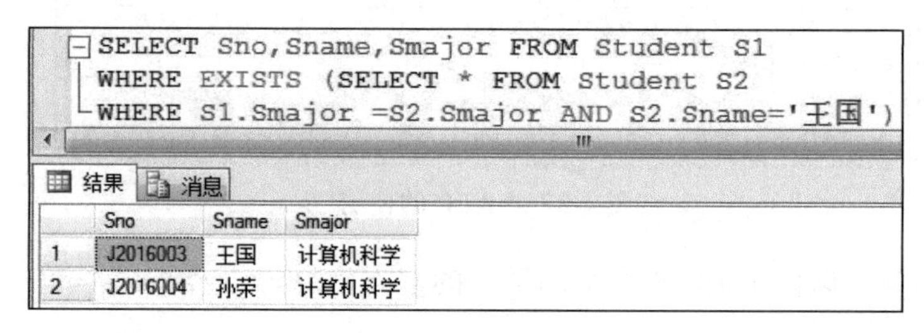

	Sno	Sname	Smajor
1	J2016003	王国	计算机科学
2	J2016004	孙荣	计算机科学

图 4-40　EXISTS 的灵活运用

4.4.5　集合查询

集合查询

SELECT 语句查询的结果是元组的集合，所以多个 SELECT 语句的查询结果可进行集合操作，包括并(UNION)、交(INTERSECT)、差(EXCEPT)。这三种运算能够进行的前提是 SELECT 语句必须拥有相同数量的列，且类型兼容。注意并运算有 UNION 和 UNION ALL 两种用法。

UNION：将多个查询结果合并起来时，系统自动去掉重复元组。

UNION ALL：将多个查询结果合并起来时，保留重复元组。

【例 4-46】 将学生的学号、姓名与教师的教工号、姓名，在一个检索结果中显示出来。

```
SELECT Sno,Sname FROM Student
UNION
SELECT Tno ,Tname FROM Teacher
```

查询结果如图 4-41 所示。

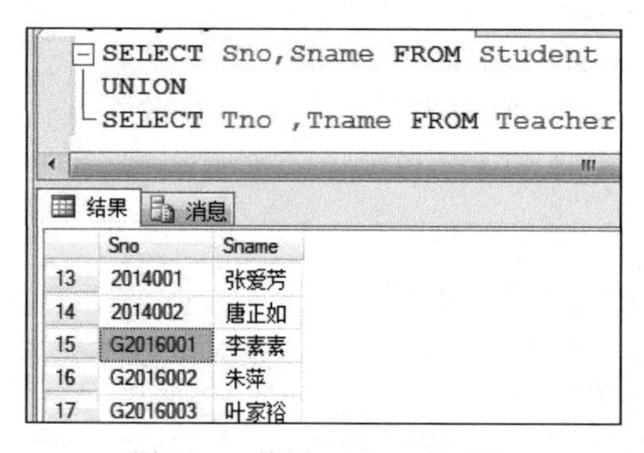

	Sno	Sname
13	2014001	张爱芳
14	2014002	唐正如
15	G2016001	李素素
16	G2016002	朱萍
17	G2016003	叶家裕

图 4-41　使用 UNION 的查询

【例 4-47】 对专业名以计算机开头的学生及年龄是 21 岁的学生，用交运算求两者的交集。

```
SELECT Sno,Sname,Sage ,Smajor FROM Student
WHERE Smajor LIKE '计算机%'
INTERSECT
SELECT Sno,Sname,Sage ,Smajor FROM Student
WHERE Sage=21
```

说明：虽然此代码演示了 INTERSECT 关键字的使用，但在实际应用中却很少这样使用。如果要检索的数据来自两张不同的表，并且要执行交运算，这个语法才更加适用。查询结果如图 4-42 所示。

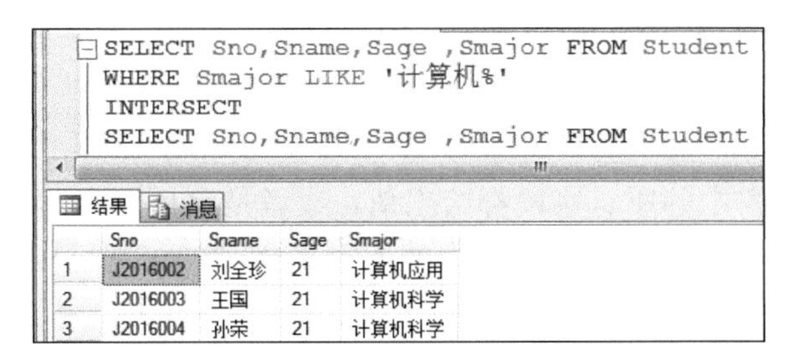

图 4-42　使用 INTERSECT 交运算的查询

【例 4-48】 查询专业名以计算机开头，但不包括年龄是 21 岁的学生。

```
SELECT Sno,Sname,Sage ,Smajor FROM Student
WHERE Smajor LIKE '计算机%'
EXCEPT
SELECT Sno,Sname,Sage ,Smajor FROM Student
WHERE Sage=21
```

查询结果如图 4-43 所示。

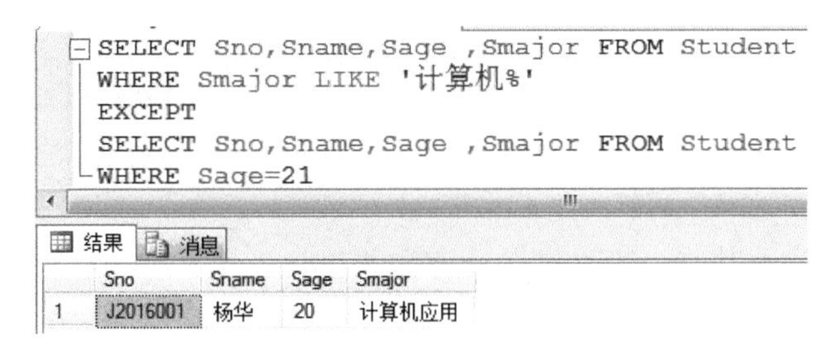

图 4-43　使用 EXCEPT 的查询

4.5　数 据 更 新

数据库的基本 SQL 操作包括增、删、改、查。此前已经介绍了查询的 SELECT 语句，此处开始介绍 INSERT、DELETE、UPDATE 语句。

4.5.1　插入数据

插入数据分为插入单个元组、插入子查询结果及直接从查询结果创建新表。

(1) 插入数据(插入单个元组)，语法为：

```
INSERT [INTO] table_or_view [(column_list)] data_values
```

(2) 插入数据(插入子查询结果)。

INSERT 语句中的 SELECT 子查询可用于将一个或多个表或视图中的值添加到另一个表中。使用 SELECT 子查询还可以同时插入多行。

(3)插入数据(直接从查询结果创建表)。

SELECT INTO 语句用于创建一个新表，并用 SELECT 语句的结果集填充该表。SELECT INTO 可将几个表或视图中的数据组合成一个表。

【例 4-49】 在 Course 中插入一行数据，四项数据为('X004','计算机前沿',2,'选修')。

```
INSERT INTO Course(Cno,Cname,Ccredit,XKLB)
VALUES('X004','计算机前沿',2,'选修')
```

说明：如果不是对表中的所有字段都给出值，或者是要更改列出现的顺序，则必须在表名后面出现字段名的列表。如果要对表中的所有字段赋值，则可以省略字段名。

【例 4-50】 将学生表中的学号、姓名、性别、院系、年龄、电话、邮箱抽取出来，插入 Teacher 表，所有新插入的数据，职称为讲师。

```
INSERT INTO Teacher(Tno ,Tname,Tsex,Tdept,Tage,
Tprot ,Tel ,EMAIL)
SELECT Sno ,Sname,Ssex,Sdept,
sage,'讲师',TEL,EMAIL FROM Student
```

说明：在 INSERT INTO 语句后面跟上 SELECT 语句。

【例 4-51】 将 Teacher 中职称为教授的信息，存入一张目前还不存在的 Experts 表中。

```
SELECT * INTO EXPERTS FROM Teacher
WHERE Tprot='教授'
```

说明：语法是“SELECT　选择列表　INTO 新表名　FROM 原始表”。

4.5.2　更新数据

更新数据也称为修改数据。修改数据分为修改符合一定条件元组的值、修改所有元组的值及带子查询的修改。

(1)修改符合一定条件元组的值，语法为：

```
UPDATE table_or_view SET column=data_values WHERE search_condition
```

(2)修改数据(修改所有元组的值)，不指定 WHERE 子句即可。

(3)带子查询的修改。

【例 4-52】 将 Course 表中编号是 B002 的课程，学分修改为 3 分。

```
UPDATE Course SET Ccredit=3
WHERE Cno='B002'
```

说明：通过 WHERE 字句限定行，通过“SET 字段名=新值”进行数据修改。

【例 4-53】 将 Course 表中所有课程的学分，都增加 1 分。

```
UPDATE Course SET Ccredit=Ccredit+1
```

说明：不加 WHERE 条件，则针对所有行进行更新操作。

【例 4-54】 对学生表，将现有的专业字段用来存放该学生选修的第一门课程的编号。

```
UPDATE Student
SET Smajor=
```

```
(SELECT TOP 1 Cno FROM SC WHERE SC.Sno=Student.Sno)
```

说明：要能成功执行，Smajor 必须允许非空。

4.5.3　删除数据

删除数据分为删除符合一定条件的元组、删除所有元组及带子查询的删除。

(1) 删除符合一定条件的元组，语法为：

```
DELETE table_or_view
FROM table_sources
WHERE search_condition
```

(2) 删除所有元组。使用不带 WHERE 子句的 DELETE，语法：DELETE FROM 表名。

(3) 带子查询的删除。

【例 4-55】 删除 Course 表中编号为 B009 的记录。

```
DELETE FROM Course
WHERE Cno='B009'
```

说明：根据主关键字，找到特定的行，并进行删除。如果该课程在其他表中被引用，则删除会失败，如执行下面的语句：

```
DELETE FROM Course
WHERE Cno='X001'
```

会看到显示的提示信息：DELETE 语句与 REFERENCE 约束"Course_constraint"冲突。该冲突发生于数据库"SELECTCourse"，表"dbo.SC", column 'Cno'。

【例 4-56】 删除 SC 表中的所有数据。

```
DELETE FROM SC
```

说明：不加 WHERE 条件，则删除表中的所有数据。为了不破坏用于训练的数据库，建议在执行删除训练前，导出数据到新表，针对新表来操作。

【例 4-57】 对 Course 表中，没有任何学生选修过的课程，执行删除操作。

```
DELETE FROM Course
WHERE Cno NOT IN
(SELECT Cno FROM SC)
```

说明：使用了嵌套查询。

4.6　视　　图

视图

在数据查询中，可以看到数据表设计过程中考虑到数据的低冗余度、数据一致性等问题，通常对数据表的设计要满足范式的要求，因此也会造成一个实体的所有信息保存在多个表中。当检索数据时，往往在一个表中不能够得到想要的所有信息。为了解决这种矛盾，在 SQL Server 中提供了视图。视图的概念如下。

(1) 视图是一种数据库对象，是从一个或者多个数据表或视图中导出的虚表，视图的结构和数据是对数据表进行查询的结果。

(2) 只存放视图的定义，不存放视图对应的数据。

(3) 基表中的数据发生变化，从视图中查询出的数据也随之改变。

视图的特点如下。

(1) 视图能够简化用户的操作，从而简化查询语句。

(2) 视图使用户能以多种角度看待同一数据，增加可读性。

(3) 视图对重构数据库提供了一定程度的逻辑独立性。

(4) 视图能够对机密数据提供安全保护。

(5) 适当地利用视图可以更清晰地表达查询。

使用视图的注意事项如下。

(1) 只能在当前数据库中创建视图。

(2) 视图的命名必须遵循标识符命名规则，不可与表同名。

(3) 如果视图中某一列是函数、数学表达式、常量，或者来自多个表的相同列名，则必须为列定义名称。

(4) 当视图引用基表或视图被删除时，该视图也不能再被使用。不能在视图上创建全文索引，不能在规则、默认的定义中引用视图。

(5) 一个视图最多可以引用 1024 个列。

(6) 视图最多可以嵌套 32 层。

4.6.1　定义视图

利用 CREATE VIEW 语句可以创建视图，该命令的基本语法如下：

```
CREATE VIEW [ schema_name . ] view_name
[ (column [ ,...n ] ) ]
[ WITH ENCRYPTION ]
AS SELECT_statement
[ WITH CHECK OPTION ]
```

参数说明：schema_name 为视图所属架构名；view_name 为视图名；column 为视图中所使用的列名。WITH ENCRYPTION：加密视图。WITH CHECK OPTION：指出在视图上所进行的修改都要符合查询语句所指定的限制条件，这样可以确保数据修改后仍可通过视图看到修改的数据。

用来创建视图的 SELECT 语句，有以下的限制。

(1) 定义视图的用户必须对所参照的表或视图有查询权限，即可执行 SELECT 语句。

(2) 不能使用 COMPUTE 或 COMPUTE BY 子句。

(3) 不能使用 ORDER BY 子句。

(4) 不能使用 INTO 子句。

(5) 不能在临时表或表变量上创建视图

【例 4-58】 创建一个名为 vwScs 的视图，将学生表中院系是计算机科学学院的学生的学号、姓名、性别、专业四个字段显示出来。

```
CREATE VIEW vwScs
AS
SELECT Sno,Sname,Ssex,Tel,EMAIL FROM Student
WHERE Sdept='计算机科学学院'
```

说明：对单表创建视图，可以隐藏部分行或部分列，或者指定友好列标题。

【例 4-59】 创建名为 vwScore 的视图，显示学生的学号、姓名、课程号、考试分数。

```
CREATE VIEW vwScore
AS
SELECT Student.Sno,Student.Sname,SC.Cno,SC.Grade
FROM SC,Student
WHERE SC.Sno=Student.Sno
```

说明：要检索的信息来自两张表，创建视图后，有利于简化后续的查询。

4.6.2 更新视图

更新视图有以下三条规则。

(1) 若视图是基于多个表使用连接操作导出的，那么对这个视图执行更新操作时，每次只能影响其中的一个表。

(2) 若视图导出时包含分组和聚合操作，则不允许对这个视图执行更新操作。

(3) 若视图是从一个表经选择、投影而导出的，并在视图中包含了表的主键字或某个候选键，这类视图称为“行列子集视图”，对这类视图可执行更新操作。

【例 4-60】 通过 vwScs 视图进行数据更新，将杨华的电话修改为 13966667777。

```
UPDATE vwScs
SET TEL='13966667777'
WHERE Sname='杨华'
```

说明：对数据来源于单张原始表的视图，更新操作非常简单，和修改原始表的语法一样。

【例 4-61】 使用 vwScore 视图进行数据修改，将 SC 基本表中学号是 G2016001、课程号是 B004 的记录，考试分数修改为 85 分。

```
UPDATE vwScore
SET Grade=85
WHERE Sno='G2016001' AND Cno='B004'
```

说明：通过多表连接产生的视图，每次只能修改来自其中一张表的数据。

4.6.3 查询视图

视图建立完成后，就可以像访问表一样访问视图了。

例如，针对先前创建的视图，可以执行下面的 SQL 语句：

```
SELECT * FROM vwScore
SELECT * FROM vwScore WHERE Grade <85
```

4.6.4　视图的作用

使用视图有如下好处。

(1) 视图隐藏了底层的表结构，简化了数据访问操作。

(2) 因为隐藏了底层的表结构，所以大大加强了安全性，用户只能看到视图提供的数据。

(3) 使用视图，方便了权限管理，让用户对视图有权限而不是对底层表有权限进一步加强了安全性。

(4) 视图提供了一个用户访问的接口，当底层表改变后，改变视图的语句来进行适应，使已经建立在这个视图上的客户端程序不受影响。

4.6.5　视图修改与加密

对于已经创建的视图，要修改封装在其中的 SQL 代码，使用“ALTER VIEW 视图名 AS…”的语法即可。例如，要修改之前创建的 vwScs 视图，将检索字段中的 EMAIL 去掉，语句为：

```
ALTER VIEW vwScs
AS
SELECT Sno,Sname,Ssex,Tel FROM Student
WHERE Sdept='计算机科学学院'
```

视图要进行加密，只需要在创建视图的时候，在视图名称之后使用“WITH ENCRYPTION”即可。定义视图时通过添加 WITH ENCRYPTION 关键字实现视图定义语句的加密后，将不可查看该视图定义或修改该视图。

【例 4-62】 创建名为 vwScore2 的视图，能显示学生的学号、姓名、课程名、分数。要求创建视图的源代码要加密。

```
CREATE VIEW vwScore2
WITH ENCRYPTION AS
SELECT Student.Sno,Student.Sname,Course.Cname ,SC.Grade
FROM SC,Student,Course
WHERE SC.Sno=Student.Sno AND SC.Cno=Course.Cno
```

说明：视图名称后跟上 WITH ENCRYPTION 之后，其他人在查看数据库对象时，无法查看视图的创建源代码。

图 4-44 是通过 SP_HELPTEXT 尝试获取视图源代码时的执行情况。

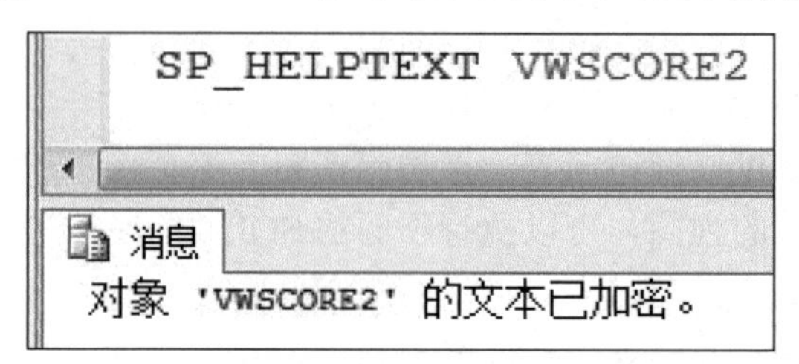

图 4-44　验证视图已经加密

对于已经创建的没有加密的视图，也可以使用“ALTER VIEW 视图名 WITH ENCRYPTION AS…”的方式，将视图修改为加密方式。

```
ALTER VIEW vwScs
WITH ENCRYPTION
AS
SELECT Sno,Sname,Ssex,Tel FROM Student
WHERE Sdept='计算机科学学院'
```

4.7 索　　引

索引

索引是数据库表的一个附加表，存储库中建立了索引列的值和对应的记录地址。查询数据时，首先在索引中根据查询的条件值找到相关记录的地址，然后根据该地址在表中存取对应的记录，以便能加快查询速度。

4.7.1 索引概述

在关系数据库中，索引是一种单独的、物理的对数据库表中一列或多列的值进行排序的存储结构，它是某个表中一列或若干列值的集合和相应的指向表中物理标识这些值的数据页的逻辑指针清单。索引的作用相当于图书的目录，可以根据目录中的页码快速找到所需的内容。

建立索引的一般原则如下。

(1) 如果某属性或属性组经常出现在查询条件中，则考虑为该属性或属性组建立索引。

(2) 如果某属性经常作为分组的依据列，则考虑为该属性建立索引。

(3) 如果某属性和属性组经常出现在连接操作的连接条件中，则考虑为该属性或属性组建立索引。

但是同时需要注意的是，索引并非定义得越多越好。因为首先索引本身要占用存储空间，同时需要系统进行维护，特别是对于更新频繁的表，索引不能定义太多，因为每更新一个关系时，必须对这个关系上相关的索引均进行相应的修改；其次，查询索引本身也要付出代价。

因此，在决定是否建立索引时，需要权衡数据库的操作，对于经常执行插入、删除、修改操作或记录数较少的关系，应尽量避免建立索引。

索引的分类：索引就类似于中文字典前面的目录，按照拼音或部首都可以很快地定位到所要查找的字。

(1) 主键索引：当创建表时指定的主键列，会自动创建主键索引，并且拥有唯一的特性。

(2) 唯一(Unique)索引：每一行的索引值都是唯一的(创建了唯一约束，系统将自动创建唯一索引)。

(3) 聚集(Clustered)索引：聚集索引就相当于使用字典的拼音查找，因为聚集索引存储记录是物理上连续存在的，即拼音 a 后面肯定是 b 一样。

(4) 非聚集(Nonclustered)索引：非聚集索引就相当于使用字典的部首查找，非聚集索引是逻辑上的连续，物理存储并不连续。

注意：聚集索引一个表只能有一个，而非聚集索引一个表可以存在多个。

4.7.2　建立与删除索引

为了便于演示创建索引，下面先创建一张与课程表结构一样的表，名为 Course2。

```
CREATE TABLE Course2(
Cno CHAR(10) NOT NULL,
Cname CHAR(30) NOT NULL,
Ccredit TINYINT NOT NULL,
XKLB CHAR(5) NOT NULL)
```

以下的索引创建，是基于 Course2 表进行的。

【例 4-63】 对 Course2 表，将 Cno 字段设置为聚集索引和主关键字字段。

```
ALTER TABLE Course2
 ADD CONSTRAINT PK_Course2_Cno PRIMARY KEY CLUSTERED (Cno )
```

说明：通过修改表结构的语句，来指定主关键字的字段名称。

【例 4-64】 对 Course2 表，将 Cname 字段设置为唯一索引。

```
CREATE UNIQUE INDEX idxCourseName
ON Course2(Cname)
```

说明：在 CREATE 和 INDEX 之间使用 UNIQUE 关键字。

【例 4-65】 对 Course2 表，删除创建的索引 idxCourseName。

```
DROP INDEX idxCourseName ON Course2
DROP INDEX Course2.idxCourseName
```

说明：使用上述两种方法之一，都可以删除对应的索引。基于主关键字(PRIMARY KEY)的索引不能用 DROP INDEX 进行删除。

4.8　小　　结

本章先对 SQL 进行了简要介绍，接下来介绍了后续例题要使用的 SelectCourse 数据库。然后依次介绍了数据定义、数据查询、数据更新的 SQL 语句，以及视图和索引。对数据库表的增、删、改、查的 SQL 语句是读者要掌握的基本技能。视图是一种非常有用的机制，要学会使用。索引有助于提高查询效率，在真实的系统中应当合理应用。

习　　题

利用本章定义的学生表、教师表、课程表和选课表的表结构写出 SQL 语句完成如下操作。

1. 查询学生表有多少行记录。
2. 查询在管理学院的女学生。

3．查询姓名中第二个汉字和第三个汉字相同的学生。

4．查询与黄一秋年龄相同的所有人的信息。

5．检索显示 SC 表的所有行和列，将学号替换为姓名，课程号替换为课程名后显示。

6．使用第 5 题的语句，创建一个 vwScore 的视图。

7．根据院系、专业进行数据分组，统计每一个专业的学生人数。

8．根据院系、专业进行数据分组，统计每一个专业的学生人数。只有该专业人数大于等于 3 人时才显示。

9．查询不及格的学生，显示学号、姓名、分数，按照分数的降序显示。

10．往学生表增加一行记录，每个数据都要提供，可以随意给定一些值。

11．修改学号为 G2016001 的学生的电话为 13912345678。

12．删除 Student 表中学号最后两位为 06 的学生。如果不能删除，应该怎么办？

第 5 章　关系数据库设计理论

【本章导读】

什么样的数据库设计才是一个好的设计？如何用规范化的方法检验数据库设计？关系数据库设计中怎样对表进行分解？将表分得越细越好还是越大越好？本章将回答上面几个问题。本章首先介绍数据依赖的基本概念，然后介绍关系数据库中的几个基本范式，通过范式检验和规范化关系数据库设计，最后介绍反规范化的概念和方法。

【学习目标】

(1) 理解数据依赖的概念。
(2) 理解数据依赖对关系模式的影响。
(3) 掌握关系模式的规范化方法。
(4) 掌握关系模式的反规范化方法

数据依赖 1

5.1 数 据 依 赖

数据依赖是通过属性间值的相等与否体现出来的数据间的相互关系，数据依赖是现实世界属性间相互联系的抽象，属于数据内在的性质。在计算机科学中，最重要的数据依赖是函数依赖和多值依赖。

5.1.1 关系模式中的函数依赖

函数依赖：设 X、Y 是关系 R 的两个属性集合，当任何时刻 R 中的任意两个元组中的 X 属性值相同时，它们的 Y 属性值也相同，则称 X 函数决定 Y，或 Y 函数依赖于 X，记为 $X\rightarrow Y$。

平凡函数依赖：当关系中属性集合 Y 是属性集合 X 的子集时（$Y\subseteq X$），存在函数依赖 $X\rightarrow Y$，即一组属性函数决定它的所有子集，这种函数依赖称为平凡函数依赖。

非平凡函数依赖：当关系中属性集合 Y 不是属性集合 X 的子集时，存在函数依赖 $X\rightarrow Y$，则称这种函数依赖为非平凡函数依赖。

完全函数依赖：设 X、Y 是关系 R 的两个属性集合，存在 $X\rightarrow Y$，但 Y 不函数依赖于 X 的任何真子集，则称 Y 完全函数依赖于 X。

部分函数依赖：设 X、Y 是关系 R 的两个属性集合，存在 $X\rightarrow Y$，若 X' 是 X 的真子集，存在 $X'\rightarrow Y$，则称 Y 部分函数依赖于 X。

传递函数依赖：设 X、Y、Z 是关系 R 中互不相同的属性集合，存在 $X\rightarrow Y$，X 不函数依赖于 Y，$Y\rightarrow Z$，则称 Z 传递函数依赖于 X。

【例 5-1】 假设有如下学生选课关系模式：R(学号，姓名，课程号，课程名，成绩，院系号，院系名)，其中(学号，课程号)为主码，则存在如下函数依赖：

(学号)→(姓名)：非平凡函数依赖；

(学号，姓名)→(姓名)：平凡函数依赖；

(学号，课程号)→(成绩)：完全函数依赖；

(学号，课程号)→(课程名)：部分函数依赖，课程名只依赖于课程号；

(学号)→(院系名)：传递函数依赖，(学号)→(院系号)，(院系号)→(院系名)。

5.1.2　关系模式中的多值依赖

多值依赖：设 $R(U)$ 是属性集 U 上的一个关系模式。X、Y、Z 是 U 的子集，并且 $Z=U-X-Y$。关系模式 $R(U)$ 中多值依赖 $X\rightarrow\rightarrow Y$ 成立，当且仅当对 $R(U)$ 的任一关系 r，给定的一对在属性 X 和 Z 上的取值(x, z)，得到一组在属性 Y 上的值，这组值仅仅决定于 x 值而与 z 值无关。

若 Z 为空集，则称其为平凡的多值依赖。

若 Z 不为空，则称其为非平凡的多值依赖。

【例 5-2】 假设有如下学生选课关系模式：R(学号，姓名，性别)，其中(学号)为主码，则存在如下多值依赖：

(学号)→→(姓名，性别)：平凡的多值依赖；

(学号)→→(性别)：非平凡的多值依赖。

注：上面两个多值依赖也是函数依赖。

【例 5-3】 假设有如下学生协会关系模式：R(协会，姓名，电话)，一个协会有多名成员，有多个电话，每个成员都可以使用所有的电话，每个电话也可以被所有成员使用，上面关系 R 中所有属性共同做主码，即全码，则存在如下的多值依赖：

(协会)→→(姓名，电话)：平凡的多值依赖；

(协会)→→(电话)：非平凡的多值依赖。

注：上面两个多值依赖不是函数依赖。

5.1.3　数据依赖对关系模式的影响

数据依赖 2

一个关系模式中如果存在部分函数依赖、传递函数依赖及多值依赖等数据依赖，可能会产生数据冗余太大、更新异常、插入异常、删除异常等问题。

1. 部分函数依赖对关系模式的影响

【例 5-4】 假设有如下学生关系模式：R(学号，姓名，课程号，课程名，成绩)，其中(学号，课程号)为主码。(学号，课程号)→(成绩)，(学号)→(姓名)，(课程号)→(课程名)。这个关系模式有部分函数依赖，存在 4 个问题。

(1) 数据冗余太大：每一个学生姓名重复出现，重复次数与该学生所选课程数相同；每一门课程名重复出现，重复次数与选修该课程的学生数相同，这将消耗不必要的存储空间。

(2) 更新异常：学生修改姓名或课程修改课程名后，必须修改系统中所有选课有关的元组，如果某一个元组没有修改，将会导致数据不一致。

(3) 插入异常：如果新开一门课程，还没有学生选，就无法把这个课程的信息存入数据库。

(4) 删除异常：如果学生全部毕业了，在删除学生信息的同时，把课程信息也丢掉了。

若将上面的关系模式分解为 R_1(学号，姓名)、R_2(课程号，课程名)，R_3(学号，课程号，成绩) 就不会出现上面的问题了。

2. 传递函数依赖对关系模式的影响

【例 5-5】 假设有如下学生关系模式：R(学号，姓名，院系号，院系名，办公地)，其中(学号)为主码。(学号)→(院系号)，(院系号)→(院系名)，(院系号)→(办公地)。这个关系模式有传递函数依赖，存在 4 个问题。

(1) 数据冗余太大：每一个院系名和办公地重复出现，重复次数与该系所有学生数相同，这将消耗不必要的存储空间。

(2) 更新异常：某院系更换办公地后，系统必须修改与该院系学生有关的每一个元组，如果某一个元组没有更换，将会导致数据不一致。

(3) 插入异常：如果一个院系刚成立，没有学生，就无法把这个院系的信息存入数据库。

(4) 删除异常：如果某个系的学生全部毕业了，在删除该系最后一个学生信息的同时，把这个院系的信息也丢掉了。

若将上面的关系模式分解为 R_1(学号，姓名，院系号) 和 R_2(院系号，院系名，办公地) 就不会出现上面的问题了。

3. 多值依赖对关系模式的影响

【例 5-6】 假设有如下学生协会关系模式：R(协会，姓名，电话)，一个协会有多名成员，有多个电话，每个成员都可以使用所有的电话，每个电话也可以被所有成员使用，上面关系 R 中所有属性共同做主码，即全码。则存在如下的多值依赖：(协会)→→(姓名)，(协会)→→(电话)，这个关系模式有非平凡且非函数依赖的多值依赖，存在 4 个问题。

(1) 数据冗余太大：每一个协会成员姓名和协会电话重复出现，成员姓名重复次数与该协会电话数相同，协会电话重复次数与该协会成员数相同，这将消耗不必要的存储空间。

(2) 更新异常：修改成员姓名或电话后，必须修改系统中所有有关的元组，如果某一个元组没有修改，将会导致数据不一致。

(3) 插入异常：因为关系模式是全码，只有当一个协会同时具有成员和电话时才能将这个协会添加到系统中，如果一个协会刚成立，没有电话或没有成员，则无法将其插入。

(4) 删除异常：如果某个协会的成员全部毕业了，在删除该协会最后一个成员信息的同时，把这个协会的信息也丢掉了。

若将上面的关系模式分解为 R_1(协会，姓名) 和 R_2(协会，电话) 就不会出现上面的问题了。

所以含有部分函数依赖、传递函数依赖和多值依赖的关系模式不是一个好的模式。规范化理论正是用来改造关系模式的，通过分解关系模式来消除其中不合适的数据依赖，以解决插入异常、删除异常、更新异常和数据冗余问题。

5.1.4　有关概念

主属性：包含在任何一个候选码中的属性。

非主属性：不包含在任何一个候选码中的属性。

【例 5-7】 假设有如下学生选课关系模式：R_1(学号，身份证号，姓名，院系号)和 R_2(院系号，院系名，办公地)。则：R_1 中(学号)，(身份证号)为候选码，是主属性；R_1 中(院系号)在 R_2 中做主码，(院系号)是 R_1 的外码；R_1 中(姓名)，(院系号) 是非主属性；R_2 中(院系号)是主码，主属性；R_2 中(院系名)，(办公地) 是非主属性。

5.2　范　　式

范式

范式指规范的表达形式，在关系数据库中指符合某一种级别的关系模式的集合。目前主要有 6 种范式：第一范式、第二范式、第三范式、BC 范式、第四范式、第五范式。满足最低要求的称为第一范式，简称为 1NF，在第一范式基础上进一步满足一些要求的为第二范式，简称为 2NF，其余以此类推。显然各种范式之间存在如下联系：

$$1NF \supset 2NF \supset 3NF \supset BCNF \supset 4NF \supset 5NF$$

5.2.1　第一范式

第一范式是指一个关系模式的所有属性都是不可分的基本数据项。

【例 5-8】 关系模式 R(学号，姓名，获奖)，其中(学号)是主码，R 不满足第一范式，因为一个学生可能获得多个奖项。为了使 R 满足第一范式，有两种处理方式。

(1) 如果知道一个学生的获奖不超过 3 项，可以分解为 R(学号，姓名，获奖 1，获奖 2，获奖 3)。这种处理方式使 R 满足第一范式，但当大部分学生获奖较少时，数据库中将产生大量的空值，同时可扩展性较差。

(2) 将 R 分解为 R_1(学号，姓名)和 R_2(学号，获奖)两个关系模式。R_1 中(学号)做主码，R_2 中(学号)为外码，R_2 中(学号，获奖)做主码，这样避免了方式(1)的缺陷并使 R_1 和 R_2 均满足第一范式。

5.2.2　第二范式

如果一个关系模式满足第一范式，并且每个非主属性完全函数依赖于码，则称其满足第二范式。

【例 5-9】 关系模式 R(学号，姓名，课程号，课程名，成绩)，其中(学号，课程号)是主码，R 满足第一范式，但不满足第二范式，因为(学号)→(姓名)，(课程号)→(课程名)，(学号，课程号)→(成绩)。为了使 R 满足第二范式，可将每一个部分函数依赖与完全函数依赖分离成单独的关系模式，上面的关系可分解为 3 个关系模式：

R_1(学号，姓名)，(学号)为主码；

R_2(课程号，课程名)，(课程号)为主码；

R_3(学号，课程号，成绩)，(学号，课程号)为主码。

上面 3 个关系模式均满足第二范式。

5.2.3　第三范式

如果关系模式满足第二范式，并且不存在非主属性传递函数依赖于码，则称其满足第三范式。简而言之，第三范式就是属性不依赖于其他非主属性。

【例 5-10】 关系模式 R(学号，姓名，院系号，院系名)，其中(学号)是主码，R 满足第二范式，但不满足第三范式，因为(学号)→(院系号)，(院系号)→(院系名)。为了使 R 满足第三范式，可将每一个传递依赖分解成单独的关系模式，上面的关系分解为两个关系模式：

R_1(学号，姓名，院系号)，(学号)为主码；

R_2(院系号，院系名)，(院系号)为主码。

上面两个关系模式均满足第三范式。

5.2.4　BC 范式

如果关系模式满足第三范式，并且不存在主属性对非所在码(不包含本主属性的码)的传递依赖和部分依赖，则称其满足 BC 范式。

【例 5-11】 设有一个仓库管理关系模式 R(仓库号，物品号，管理员号，数量)，一个管理员只在一个仓库工作；一个仓库可以存储多种物品，一个物品可能存放在不同的仓库中，这里的(数量)指的是物品在某一仓库中的数量。

(仓库号，物品号)和(物品号，管理员号)均为候选码，上面的关系是满足第三范式的，但不满足 BC 范式，因为(管理员号)→(仓库号)。为了使 R 满足 BC 范式，可将每一个传递函数依赖和部分函数依赖分解成单独的关系模式，上面的关系分解为两个关系模式：

R_1(仓库号，物品号，数量)，(仓库号，物品号)为主码；

R_2(仓库号，管理员号)，(管理员号)为主码。

上面两个关系模式均满足 BC 范式。

5.2.5　第四范式

如果关系模式满足 BC 范式，并且属性值之间没有非平凡且非函数依赖的多值依赖，则称其满足第四范式。

【例 5-12】 假设有如下学生协会关系模式：R(协会，姓名，电话)，一个协会有多名成员，有多个电话，每个成员都可以使用所有的电话，每个电话也可以被所有成员使用，上面关系所有属性共同做主码，即全码。

上面的关系是满足 BC 范式的，但不满足第四范式，因为存在如下非平凡的多值依赖：

(协会)→→(电话)

(协会)→→(姓名)

为了使 R 满足第四范式，可将每一个非平凡且非函数依赖的多值依赖分解成单独的关系模式，上面的关系分解为两个关系模式：

R_1(协会，电话)，(协会，电话)为主码；

R_2(协会，姓名)，(协会，姓名)为主码。

上面两个关系模式均满足第四范式。

5.3 关系模式的规范化

规范化与
反规范化

5.3.1 关系模式规范化的步骤

规范化的基本思想是逐步消除数据依赖中不合适的部分，使模式中的各关系模式达到某种程度的“分离”，即采用“一事一地”的模式设计原则，让一个关系描述一个概念、一个实体或者实体间的一种联系。若多于一个概念就把它“分离”出去。因此规范化实质上是概念的单一化。

关系模式规范化的基本步骤如下。

(1) 对满足 1NF 的关系进行投影，消除原关系中非主属性对码的部分函数依赖，将满足 1NF 的关系转换为若干个满足 2NF 的关系。

(2) 对满足 2NF 的关系进行投影，消除原关系中非主属性对码的传递函数依赖，将满足 2NF 的关系转换为若干个满足 3NF 的关系。

(3) 对满足 3NF 的关系进行投影，消除原关系中主属性对码的部分函数依赖和传递函数依赖，将满足 3NF 的关系转换为若干个满足 BCNF 的关系。

以上三步也可以合并为一步：对原关系进行投影，消除决定属性不是候选码的任何函数依赖。

(4) 对满足 BCNF 的关系进行投影，消除原关系中非平凡且非函数依赖的多值依赖，得到一组满足 4NF 的关系。

规范化程度过低的关系可能会存在插入异常、删除异常、修改复杂、数据冗余等问题，需要对其进行规范化，转换成高级范式。但这并不意味着规范化程度越高的关系模式就越好。在设计数据库模式结构时，必须对现实世界的情况和用户应用需求进行进一步分析，确定一个合适的、能够反映现实世界的模式。这也就是说，上面的规范化步骤可以在其中任何一步终止。

5.3.2 关系模式的分解

关系模式的规范化过程是通过对关系模式的分解来实现的，但是把低一级的关系模式分解为若干个高一级的关系模式的方法并不是唯一的。在这些分解方法中，只有能够保证分解后的关系模式与原关系模式等价的方法才有意义。

关系模式分解的目的是减少冗余，消除更新、插入和删除异常。分解的过程是消除部分函数依赖、传递函数依赖和多值依赖，而不是消除一切数据依赖，否则可能导致数据间的联系丢失。

5.4 反 规 范 化

关系型数据库规范化的目标是减少冗余和提高表设计的灵活性，但同时增加了查询数据时连接的难度。如果系统对查询的频率和性能要求很高，那么就不得不在效率和冗余上权衡，得到一个折中的解决方法。而折中的方式就是引入受控冗余来降低规范化程度。在关系数据库中，反规范化是指在数据库规范化后，为了提高数据检索性能，在某些局部降低规范化标准，引入适当的冗余的方法。反规范化数据库不应该和从未进行过规范化的数据库相混淆，反规范化引入的冗余是一种受控的冗余。反规范化常用的方法是合并 1∶1 联系的表，合并 1∶*n* 联系的表，复制 1∶*n* 联系 1 端表中数据到 *n* 端，复制 *m*∶*n* 联系中 *m* 端和 *n* 端数据到新产生的联系表中。

1. 合并 1 : 1 联系

如图 5-1 所示的关系，“学生基本信息”关系保存每个学生都有的基本信息，“学生其他信息”关系保存只有少部分学生才有的信息，显然，这两个关系是 1∶1 联系，并且，这样设计可以减少数据库中的空值，是合理的。但是，如果系统经常需要查询学生的曾用名和特长，且对系统来说，存储空间不是主要问题，效率是关键，那么可以将这两个关系合并成图 5-2 所示的一个关系，这是使用空间换取效率的方式，不会导致插入、删除和修改异常。

学生基本信息
学号
姓名
性别
出生日期
学生其他信息
学号(FK)
曾用名
特长

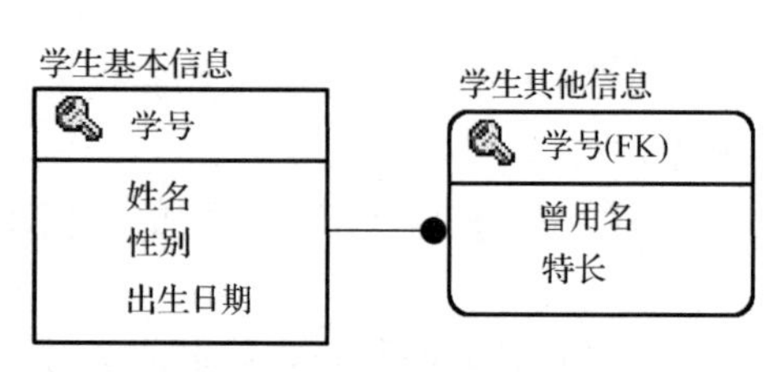

图 5-1　合并前的 1∶1 联系

学生基本信息
学号
姓名
性别
出生日期
曾用名
特长

图 5-2　合并后的 1∶1 联系

2. 合并 1 : *n* 联系

如图 5-3 所示的关系，“社团”关系保存每个社团都有的基本信息，“社团电话”关系保存社团电话信息，假设一个社团有 1～3 部电话。显然，这两个关系是 1∶*n* 联系，并且这样设计可以减少数据库中的空值，是合理的。但是，如果系统经常需要查询社团的电话，且对系统来说，存储空间不是主要问题，效率是关键，那么为了减少关系间连接带来的效率开销，可以将这两个关系合并成如图 5-4 所示的一个关系，和合并 1∶1 联系一样，这也是使用空间换取效率的方式，也不会导致插入、删除和修改异常。

社团
社团编号
社团名称
社团地址
负责人
社团电话
电话
社团编号(FK)

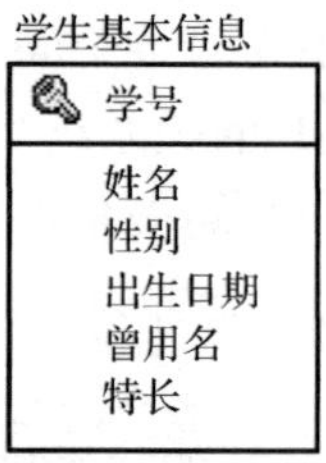

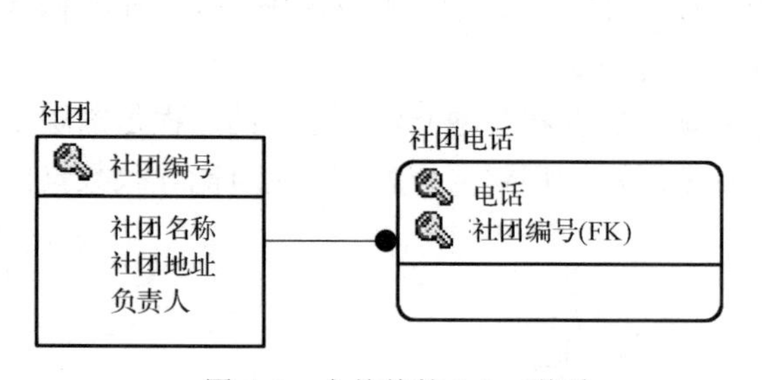

图 5-3　合并前的 1∶*n* 联系

社团
社团编号
社团名称
社团地址
负责人
电话1
电话2
电话3

图 5-4　合并后的 1∶*n* 联系

3. 复制 1 : *n* 联系 1 端表中数据到 *n* 端

为了减少或消除经常性的查询连接，我们可以考虑对于一个 1∶*n* 联系的两个关系添

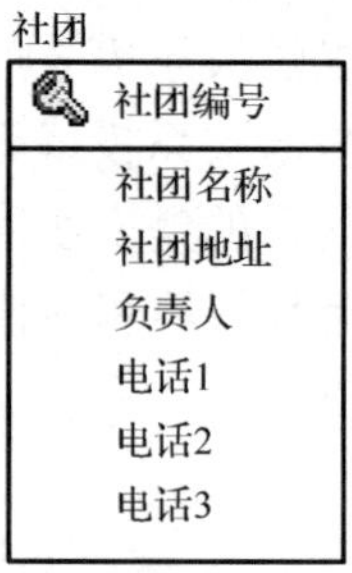

加冗余项，其实际操作是在 1 端关系中选取出经常被 n 端关系连接访问的属性，添加到 n 端关系中。

如图 5-5 所示的关系，“学生”关系保存每个学生的基本信息，“院系”关系保存院系号、院系名和院长等信息。显然，这两个关系是 1∶n 联系，并且满足第三范式的要求，这样设计是合理的。但是，如果系统经常需要查询学生的基本信息及其所在院系的院系名，且对系统来说，存储空间不是主要问题，效率是关键，那么为了减少关系间连接带来的效率开销，可以将院系关系中的院系名属性复制到学生关系，如图 5-6 所示。

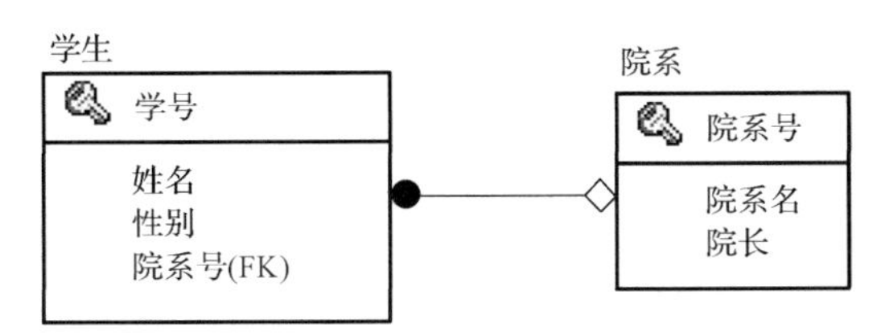

图 5-5　复制属性前的 1∶n 联系

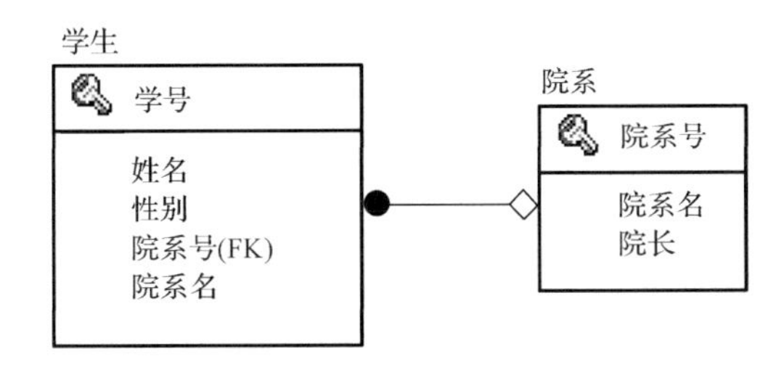

图 5-6　复制属性后的 1∶n 联系

显然，复制后的关系不但出现了数据冗余(院系名同时在“学生”关系和“院系”关系里面出现)，而且在“学生”关系里面出现了传递函数依赖(学号→院系号，院系号→院系名)，“学生”关系不再满足第三范式，系统可能发生插入、删除和修改异常，因此，必须采取其他措施防止插入、删除和修改异常的发生，常用的措施是使用触发器和事务来进行控制。

4. 复制 m∶n 联系中 m 端和 n 端数据到新产生的联系表中

多对多联系，在数据库中会产生一个联系关系，为了减少经常性的查询连接，我们可以考虑对于一个 m∶n 联系的联系关系添加冗余项，其实际操作是在 m 和 n 端关系中选取出经常被联系关系连接访问的属性，直接冗余添加到联系关系中。

如图 5-7 所示的关系，“学生”关系保存每个学生的学号、姓名、性别等基本信息，“课程”关系保存课程号、课程名和学分等信息，一个学生可以选修多门课程，一门课程也可以被多个学生选修，显然，这两个关系是 m∶n 联系，并且满足第三范式的要求，这样设计是合理的。

如果系统经常需要查询学生的姓名及其所选的课程名和成绩，且对系统来说，存储空间不是主要问题，效率是关键，那么为了减少关系间连接带来的效率开销，可以将“学生”关系中的姓名属性复制到“选课”关系，同时将“课程”关系的课程名属性复制到“选课”关系，如图 5-8 所示。

图 5-7　复制属性前的 $m:n$ 联系

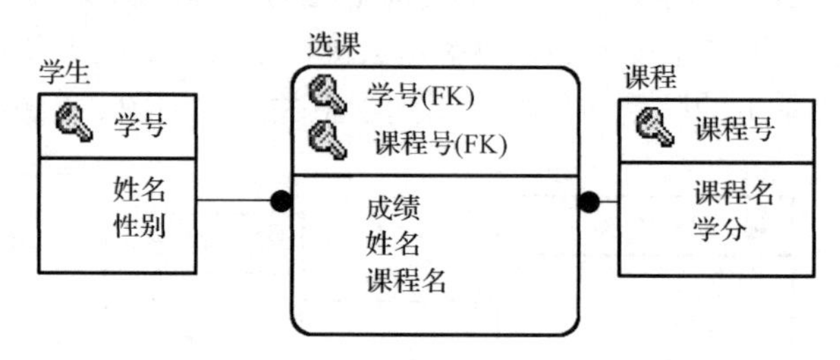

图 5-8　复制属性后的 $m:n$ 联系

显然，复制后的关系不但出现了数据冗余(姓名同时在“学生”关系和“选课”关系中出现，课程名同时在“课程”关系和“选课”关系中出现)，而且在“选课”关系里面出现了部分函数依赖(学号→姓名，课程号→课程名)，选课关系不再满足第二范式，系统可能发生插入、删除和修改异常，因此，必须采取其他措施防止插入、删除和修改异常的发生，和前面复制 $1:n$ 联系 1 端表中数据到 n 端一样，常用的措施是使用触发器和事务来进行控制。

反规范化加重了数据库维护数据完整性的代价，为了很好地保证数据库数据的一致性，常常使用触发器和事务来防止这种情况的发生。

5.5　小　　结

本章首先介绍了数据依赖的概念及其对关系数据库设计的影响；接下来介绍了如何使用范式规范化关系模式的设计；最后介绍了平衡效率与冗余的反规范化概念及技术。

习　　题

一、选择题

1．第二范式是在第一范式基础上消除了非主属性对码的(　　)。
A．多值依赖　　B．传递函数依赖
C．部分函数依赖　　D．数据依赖

2．第三范式是在第二范式基础上消除了非主属性对码的(　　)。
A．多值依赖　　B．传递函数依赖
C．部分函数依赖　　D．数据依赖

3．BC 范式是在第三范式基础上消除了主属性对码的(　　)。
A．多值依赖　　B．传递函数依赖
C．部分函数依赖　　D．数据依赖

4．第四范式是在 BC 范式基础上消除了（　　）。

A．平凡的多值依赖　　B．函数依赖

C．非平凡的多值依赖　　D．非平凡且非函数依赖的多值依赖

5．数据依赖除了导致数据冗余以外还会可能导致哪些异常（　　）。

A．插入异常　B．删除异常　C．修改异常　D．查询异常

二、简答题

1．关系模式的规范化程度越高越好吗？

2．常用的反规范化技术有哪些？

第6章　数据库设计

【本章导读】

数据库技术是研究如何对数据进行统一、有效的组织、管理和加工处理的计算机技术，该技术已应用于社会的方方面面，大到一个国家的信息中心，小到个体私人企业，都会利用数据库技术对数据进行有效的管理，以提高生产效率和决策水平。数据库已经成为现代信息系统的基础和核心部分，而数据库设计(Database Design)的好坏将直接影响到整个系统的效率和质量。

本章全面介绍数据库设计的特点、方法，以及各个阶段的主要任务，并以百度外卖系统为例分析讨论数据库的具体设计过程。其中概念结构设计和逻辑结构设计是本章的重点，也是掌握本章的难点所在。

【学习目标】

(1) 了解数据库设计的基本特点与方法。
(2) 理解需求分析阶段的任务、方法与提交文档。
(3) 掌握概念结构设计阶段 E-R 模型的设计。
(4) 掌握逻辑设计阶段 E-R 模型向关系模型转换的方法。
(5) 理解物理结构设计阶段数据库存取方式的选择和存储结构的确定。
(6) 了解数据库的运行和维护。

数据库设计概述

6.1　数据库设计概述

对于数据库应用开发人员来说，数据库设计就是对一个给定的实际应用环境，如何利用数据库管理系统、系统软件和相关的硬件系统，将用户的需求转化成有效的数据库模式，并使该数据库模式易于适应用户新的数据需求的过程。

从数据库理论的抽象角度看，数据库设计是指对于一个给定的应用环境，构造出某种数据库管理系统支持的优化的数据库模式，并据此建立数据库及其应用系统，使之能够有效地存储数据，满足各种用户的应用需求(包括信息管理要求和数据处理要求)。

6.1.1　数据库设计的特点

数据库设计既是一项涉及多学科的综合性技术，又是一项庞大的工程项目。它既和一般软件系统的设计、开发、运行与维护有许多相同之处，又有其自身的一些特点。

1. 三分技术，七分管理，十二分基础数据

“三分技术，七分管理，十二分基础数据”是数据库设计的基本规律。

技术与管理的界面(称为“干件”)十分重要。数据库设计是硬件、软件和干件的结合。在数据库建设中不仅涉及技术，还涉及管理。要建设好一个数据库应用系统，开发技术固然重要，但相比之下管理更加重要。这里的管理不仅包括数据库建设作为一个大型的工程项目本身的管理，而且包括该企业(即应用部门)的业务管理。

“十二分基础数据”则强调了数据的收集、整理、组织和不断更新是数据库设计中的重要环节。人们往往忽视基础数据在数据库建设中的地位和作用。

基础数据的收集、入库是数据库建立初期工作量最大、最烦琐和最细致的工作。在以后数据库运行过程中更需要不断把新的数据加到数据库中，使数据库成为一个“活库”，否则就成了“死库”，系统也相应地失去应用价值。

2. 结构(数据)设计和行为(处理)设计的结合

数据库设计应该与应用系统设计相结合，也就是说，整个设计过程中要把结构设计和行为设计密切结合起来。所以，数据库设计包含两方面的内容：一是结构特性的设计；二是行为特性的设计。

结构特性的设计是指设计数据库框架和数据结构，是静态的。设计数据库应用系统，首先应该进行结构特性的设计。它是对用户所关心的模式的汇总和抽象，反映了现实世界实体及实体之间的联系。

行为特性的设计是指确定数据库用户的行为和动作，即设计应用程序、事务处理等，它是动态的。用户的行为和动作是通过应用程序对数据库进行的操作，所以总是使数据库的内容发生改变。

结构特性一旦确定之后，该数据的结构就是稳定的、永久的。因此，结构特性的设计是否合理，直接影响到系统中各个处理过程的质量。所以，在数据库设计中结构特性的设计是至关重要的，也是数据库设计方法与设计理论关注的焦点。只有在完成结构特性设计的基础上才能最后完成用户应用程序的设计。如图 6-1 所示，结构设计和行为设计是各自并行展开，同时又紧密结合在一起的。

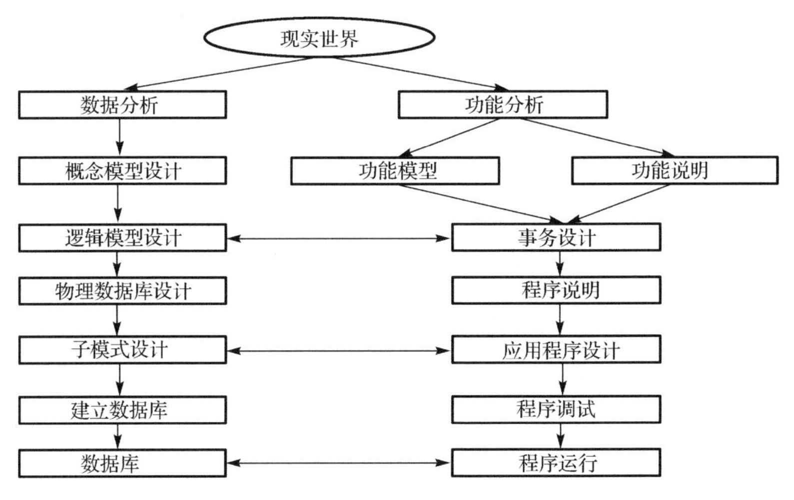

图 6-1　结构与行为设计结合示意图

6.1.2　数据库设计的方法

一个好的数据库设计方法应该能在合理的期限内，以合理的工作量产生一个有合理利用价值的数据结构。

由于信息结构复杂，应用环境多样，在相当长的一段时期内，数据库设计主要采用手工试凑法。使用这种方法与设计人员的经验和水平有直接关系，这使数据库设计成为一种技艺而不是工程技术，缺乏科学理论和工程方法的支持，工程的质量难以保证，常常是数据库运行一段时间后就会发现各种问题，增加了系统维护的代价。

多年来，人们努力探索，运用软件工程的思想和方法，使设计过程工程化，提出了各种设计准则和规程，形成了一些规范化设计方法。其中，比较著名的有新奥尔良(New Orleans)方法。它将数据库设计分为 4 个阶段：需求分析、概念结构设计、逻辑结构设计和物理结构设计，并采用一些辅助手段实现这一过程。它运用软件工程的思想，按一定的设计规程用工程化方法设计数据库。其后，S.B.Yao 等又将数据库设计分为 5 个步骤。目前大多数设计方法都起源于新奥尔良法。

在数据库设计的每个阶段都有各自不同的实现技术和方法。例如，基于 E-R 模型的数据库设计方法是在需求分析的基础上，用 E-R 模型来设计数据库的概念模型，是数据库概念设计阶段广泛采用的方法；基于 3NF 的设计方法以关系数据库理论为指导来设计数据库的逻辑模型，是设计关系数据库时在逻辑设计阶段可采用的一种有效方法。当然，除了上述方法以外，还有基于抽象语法规范的设计方法、基于视图的设计方法等，这里不再一一介绍。

6.1.3　数据库设计的基本步骤

按规范设计法可将数据库设计分为系统需求分析、概念结构设计、逻辑结构设计和物理结构设计 4 个阶段，而一个完整的数据库系统的开发还需增加数据库实施和数据库运行与维护两个阶段。因此，数据库的设计过程一般可以分为以下 6 个阶段：需求分析、概念结构设计、逻辑结构设计、物理结构设计、数据库实施、数据库运行与维护。其中，前两个阶段面向用户的应用要求，面向具体的问题；中间两个阶段面向数据库管理系统；最后两个阶段面向具体的实现方法。前 4 个阶段可统称为“分析和设计阶段”，后面两个阶段统称为“实现和运行阶段”。各阶段的主要工作如下。

1. 需求分析阶段

需求分析阶段主要是收集数据并进行分析和整理，为后续的各个阶段提供充足的信息。它是整个设计过程的基础，也是最困难、最耗费时间的一步。作为地基的需求分析是否做得充分与准确，直接决定了在其上构建数据库的速度与质量。

2. 概念结构设计阶段

概念结构设计是整个数据库设计的关键，它通过对用户需求进行综合、归纳与抽象，形成一个独立于具体 DBMS 的概念模型。

3. 逻辑结构设计阶段

逻辑结构设计是将概念结构设计的结果转换为某个 DBMS 所支持的数据模型，并对其进行优化。

4. 物理结构设计阶段

物理结构设计是为逻辑数据模型选取一个最适合应用环境的物理结构(包括存储结构和存取方法)。

5. 数据库实施阶段

在数据库实施阶段，设计人员运用 DBMS 提供的数据语言及其宿主语言，根据逻辑设计和物理设计的结果建立数据库，编制与调试应用程序，组织数据入库，并进行试运行。

6. 数据库运行与维护阶段

数据库应用系统经过试运行后即可投入正式运行。在数据库系统运行过程中必须不断地对其进行完善与修改。

设计一个数据库不可能一蹴而就，它往往是上述各个阶段的不断反复。以上 6 个阶段是数据库也是应用系统的设计过程。因此，在设计过程中，应把数据库设计和对数据库中数据处理的设计紧密结合起来，把数据和处理的需求收集、分析、抽象、设计和实现，在各个阶段同时进行、相互参照、相互补充，以完善两个方面的设计。按照这个原则，数据库各个阶段的设计描述见表 6-1。

表 6-1　数据库各个阶段的设计描述

设计阶段	设计描述	
	数据	处理
需求分析	数据字典、数据项、数据流、数据存储的描述	数据流图和判定表(或判定树)、数据字典中处理过程的描述
概念结构设计	概念模型(E-R 图)	系统说明书(包括系统要求、方案、概图)
逻辑结构设计	某种数据模型(如关系模型)	系统结构图(如模块结构图)
物理结构设计	存储安排、存取方式选择、存取路径建立	模块设计
数据库实施	编写模块、装入数据、数据库试运行	程序编码、编译链接、测试
数据库运行与维护	性能测试、转储/恢复数据库、数据库重组和重构	新旧系统转换、运行、维护

在表 6-1 有关处理特性的描述中，采用的设计方法和工具在软件工程与管理信息系统等课程中已有详细介绍，本书不再讨论。这里将重点介绍数据特性的设计描述以及在整个设计过程中参照处理特性的设计来完善数据模型设计的问题。

6.2　需 求 分 析

需求分析

只有真正满足用户的需求，才有希望成为好的软件产品。因此，需求分析是数据库设计的基础和起点。它的结果是否准确，将直接影响以后各个阶段的设计以及最终数据库的稳定性和可靠性。

需求分析是整个数据库设计最重要的一步，同时也是最困难的一步，尤其是大型数据库设计。这是因为要准确了解、分析和表达客观世界并非易事。首先，大部分用户缺少计算机知识，不能准确地表达自己的需求；其次，数据库设计人员往往缺少用户的专业知识，不易理解用户的真正需求，甚至误解用户的需求；另外，用户的需求可能经常发生变化。因此，为了获取全面、准确、稳定的用户需求，在进行调研前必须进行一些必要的准备工作，成立项目领导小组，包括客户项目组和开发项目组。

6.2.1 需求分析的任务

需求分析阶段的主要任务就是通过详细调查现实世界要处理的对象(组织、部门、企业等)，充分了解原系统(手工系统或计算机系统)的工作概况，收集支持新系统的基础数据并对其进行处理，明确用户需求，在此基础上确定新系统的功能。它仅需确定系统必须完成哪些工作，而不需要确定系统怎样完成它的工作。

调查的重点是“数据(信息)”和“处理”。“数据(信息)”是数据库设计的依据，“处理”是系统处理要求的依据。用户对数据库的需求主要有以下几个方面。

1. 信息需求

信息需求指用户需要从数据库中获得信息的内容与性质。通过信息要求可以明确在数据库中需要存储哪些数据。

2. 处理需求

处理需求指用户要完成什么处理功能，处理的对象是什么，对处理的响应时间有什么要求，采用批处理还是联机处理方式等。

3. 安全性和完整性需求

安全性和完整性需求是指防范非法用户、非法操作以及不合语义的数据存在。

6.2.2 需求分析的方法

调查了解是需求分析的主要方法，通过调查了解确定用户的实际需求和业务处理模式。需求分析阶段必须了解以下内容。

1. 组织机构情况

它包括部门组成情况、各部门的职责、应用程序的使用权限等，在此基础上形成系统功能权限的划分。

2. 各部门的业务活动情况

它包括各部门输入和使用哪些数据、如何加工处理这些数据、处理数据需要什么具体的算法、产生什么信息、这些输出信息提供到什么部门、输出结果的格式是什么，在此基础上形成数据流图和数据字典。

3. 用户对系统的功能要求

在熟悉业务活动的基础上，协助用户明确对系统的各种要求，包括信息要求、处理要求、安全性与完整性要求。

根据调查结果，进行初步分析后，确定系统功能。确定哪些功能由计算机完成或将来准备让计算机完成，哪些功能由人工完成。后续的设计过程既要考虑如何实现计算机完成的功能，又要为以后实现的功能预留接口。

调查过程中可以根据不同的问题和条件，使用不同的调查方法。常用的调查方法有以下几种。

(1) 跟班作业。

(2) 开调查会。

(3) 请专人介绍。

(4) 设计调查表请用户填写。

(5) 查阅原系统有关记录。

进行需求调查时，往往需要同时采用上述多种方法。但无论使用哪种调查方法，都必须有用户的积极参与和配合。

6.2.3 需求分析的成果

需求分析阶段生成的结果主要包括数据和处理两个方面。数据方面包含数据字典、全系统中的数据项、数据流、数据存储的描述等；处理方面包含数据流图和判定表、数据字典中处理过程的描述等。

该阶段结束应该编写提交系统需求分析说明书，分析报告中的内容包括以下几点。

(1) 系统概况，系统的目标、范围、背景、历史和现状。

(2) 系统的原理和技术，对原系统的改善。

(3) 系统总体结构和子系统结构说明。

(4) 系统功能说明。

(5) 数据处理概要、工程体制和设计阶段划分。

(6) 系统方案及技术、经济、功能和操作上的可行性。

同时，随系统分析报告提供的附件还包括以下内容。

(1) 系统的硬件、软件支持环境的选择及规格要求。

(2) 组织机构图、组织之间联系图和各机构功能业务一览图。

(3) 数据流程图、功能模块图和数据字典等图表。

上述文档的具体内容在软件工程课程里有专门介绍，此处不再详述。

6.3 概念结构设计

将需求分析得到的用户需求抽象为信息结构(即概念模型)的过程就是概念结构设计。它以便于用户理解的形式表达信息，从而使用户能够将注意力更好地集中在最重要的信息组织结构和处理模式上。这种表达与数据库系统的具体细节无关，它所涉及的数据及其表达独立于 DBMS 和计算机硬件，可以在任何 DBMS 和计算机硬件系统中实现。故概念模型可以看成现实世界到机器世界的一个过渡的中间层次。

6.3.1 概念结构的特点

概念模型作为概念设计的表达工具，为数据库提供一个说明性结构，是设计数据库逻辑结构即逻辑模型的基础。因此，概念模型应该具备以下特点。

1. 语义表达能力丰富，反映现实

能准确、客观地反映现实世界，包括事物及事物之间的联系，能满足用户对数据的处理要求，是现实世界的一个真实模型，要求具有较强的表达能力。

2. 易于理解

概念模型不仅要让设计人员能够理解，开发人员也要能够理解，不熟悉计算机的用户也要能理解，所以要求简洁、清晰和无歧义。

3. 易于修改

当应用需求和应用环境改变时，容易对概念模型进行更改和扩充。

4. 易于转换

能比较方便地向机器世界的各种数据模型，如层次模型、网状模型、关系模型转换，主要是关系模型。

人们提出了许多概念模型，其中最著名、最实用的一种是 E-R 模型，它将现实世界的信息结构统一用属性、实体以及它们之间的联系来描述。有关 E-R 模型的基本概念已在前面介绍过，下面将用它来描述概念结构。

6.3.2 概念结构设计的方法

概念结构设计通常有以下 4 种方法。

1. 自顶向下策略

自顶向下策略（Top-Down Strategy）首先定义全局概念结构的框架，然后逐步细化。例如，可以先确定几个高级实体类型，然后在确定其属性时，把这些实体类型分裂为更低一层的实体类型和联系。

2. 自底向上策略

自底向上策略（Bottom-Up Strategy）首先定义各局部应用的概念结构，然后将它们集成起来，得到全局概念结构。这是经常采用的一种策略。

3. 由内向外策略

由内向外策略（Inside-Out Strategy）首先定义最重要的核心概念结构，然后向外扩充，考虑已存在概念附近的新概念，使建模过程向外扩展。使用该策略，可以先确定模式中比较明显的一些实体类型，然后继续添加其他相关的实体类型。

4. 混合策略

混合策略(Mixed Strategy)将自顶向下和自底向上相结合，用自顶向下策略设计一个全局概念结构的框架，以它为骨架集成自底向上策略中设计的各局部概念结构。

在对数据库的具体设计过程中，通常采用自底向上方法分步设计产生每个局部的 E-R 模型，然后综合各局部 E-R 模型，逐层向上回到顶部，最终产生全局 E-R 模型，如图 6-2 所示。

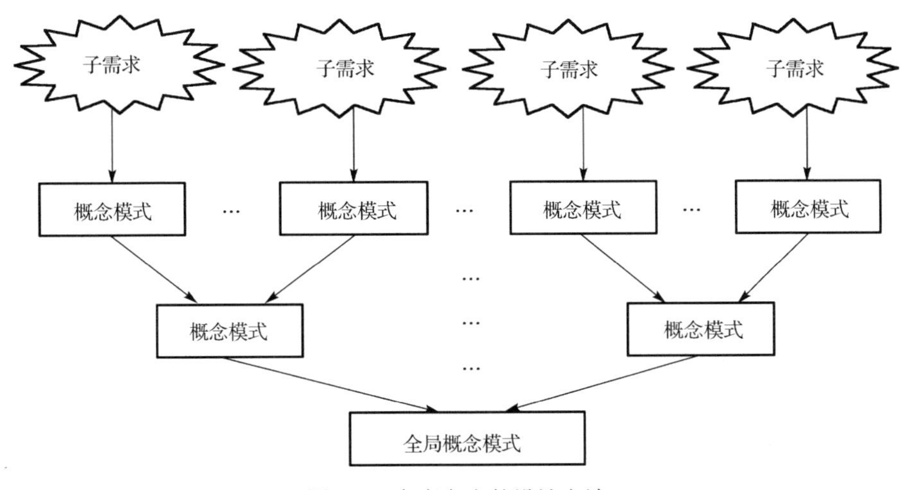

图 6-2 自底向上的设计方法

6.3.3 自底向上的概念结构设计步骤

采用 E-R 模型方法的概念结构设计通常可分为三步：第一步是抽象数据，并设计局部 E-R 图；第二步是集成局部 E-R 图，得到全局的概念结构；第三步是优化全局 E-R 模型。

概念结构局部 E-R 图设计

1. 数据抽象与局部 E-R 图设计

概念结构是对现实世界的一种抽象。抽象，是对实际的人、物、事和概念进行人为处理，抽取所关心的共同特性，忽略非本质的细节，并把这些特性用各种概念精确地加以描述。

利用数据抽象方法可以对现实世界进行抽象，得出概念模型的实体集与属性。

建立局部 E-R 模型，就是根据系统的具体情况，针对各个局部应用逐一设计 E-R 图，进行实体的确定与定义、联系的确定与定义、属性的确定等工作。

设计局部 E-R 模型的关键就在于正确划分实体和属性。实体和属性在形式上并无可以明显区分的界限，通常是按照现实世界中事物的自然划分来定义实体和属性。二者是相对而言的，往往需要根据实际情况进行必要的调整。在调整时通常遵守以下原则。

(1) 为了简化 E-R 图的处置，现实世界中的事物凡是能够作为属性对待的，应尽量作为属性。

(2) 只考虑系统范围内的属性。

(3) 能作为属性的事物必须满足：①属性不能再具有需要描述的性质，即属性必须是不可分的数据项，不能再由其他属性组成；②属性不能与其他实体具有联系，联系只应该发生在实体之间。

下面以百度外卖系统为例说明局部 E-R 图的设计(此处为避免过多细节影响对主体设计过程的理解，对于餐厅的资质证明和图片展示信息暂不考虑)。

【例 6-1】 经对百度外卖系统涉及数据信息的分析与抽象，现有如下实体。

餐厅：餐厅名，所属区域，坐标 x，坐标 y，地址，接单说明，起送价，配送费。

区域：区域编号，区域名，坐标 x，坐标 y。

菜品：菜品号，菜品名，所属餐厅，价格，图片路径。

顾客：顾客号，姓名，地址，手机号码。

订单：订单号，总价，下单时间，支付状态，送餐状态，送餐地址，联系电话，接餐时间。

送餐员：员工号，姓名，手机号码。

上述实体之间经分析存在以下联系：一个区域有多家餐厅，一家餐厅一定位于某一确定区域；一家餐厅经营多种不同菜品，一种菜品专属于某一餐厅；一份订单可以订购多种菜品，一种菜品也可以被多份订单所订购；一位顾客可下多份不同订单，一份订单一定由某一确定顾客所下；一位送餐员可以对多份不同订单进行送餐，而一份订单由一位指定送餐员进行派送；顾客订餐交易完成后可对所下订单的服务质量进行评价。

根据上述内容，可以分别得到餐厅基本信息管理、顾客下单点餐和送餐员送餐管理的局部 E-R 图，如图 6-3～图 6-5 所示。

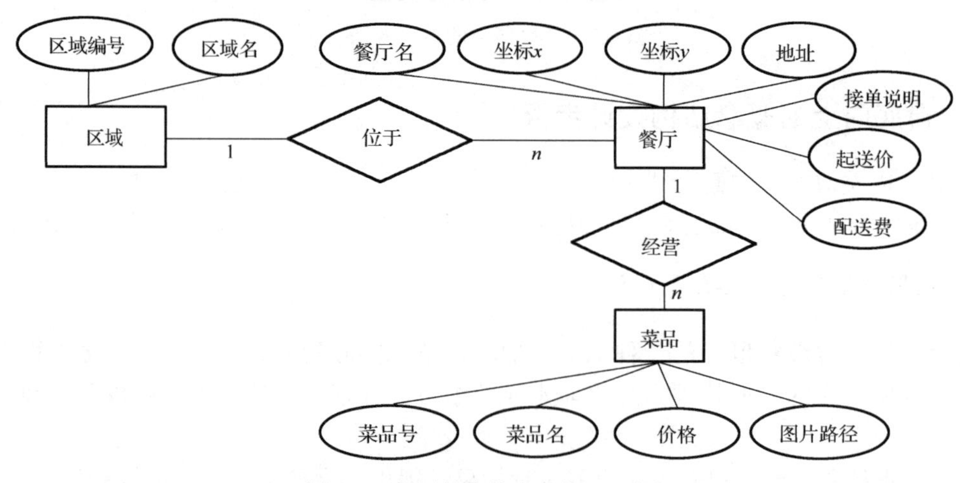

图 6-3　餐厅基本信息局部 E-R 图

全局 E-R 图设计

2. 全局 E-R 模型设计

各子系统的分 E-R 图设计好以后，下一步就是要将所有的分 E-R 图综合成一个系统的全局 E-R 图。集成的方法可以用一次集成或逐步集成。

一次集成即一次将所有的局部 E-R 图综合，形成总的 E-R 图。这种方法比较复杂，难度比较大，通常用于局部视图比较简单的情况。

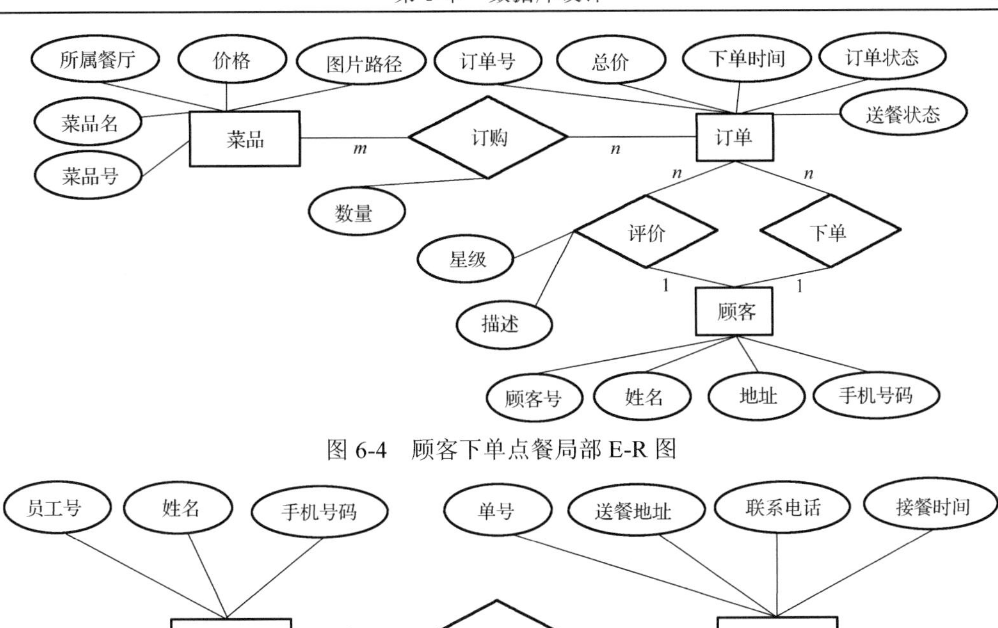

图 6-4　顾客下单点餐局部 E-R 图

图 6-5　送餐员送餐局部 E-R 图

逐步集成即用累加的方式一次集成两个局部 E-R 图(通常是比较关键的两个局部视图)，逐步累加，最后形成总的 E-R 图。这种方法的难度相对较小。

当将局部 E-R 模型集成为全局 E-R 模型时，需要消除各个分 E-R 模型合并时产生的各种冲突。解决冲突是该阶段的主要工作。

在局部 E-R 模型的合并过程中，主要会产生以下 3 种冲突。

1) 属性冲突

属性冲突主要包括属性域的冲突和属性值单位的冲突。

(1) 属性域的冲突，即属性值的类型、取值范围、取值集合不同。例如，学生的学号属性有的定义为字符型，有的定义为整数型，二者的类型定义冲突；又如，学号属性都定义为整数型，但是一个取值范围为 0000~9999，另一个取值范围为 00000~99999，二者的取值范围冲突。

(2) 属性值单位的冲突。例如，人的身高单位有的用米，有的用厘米。

属性冲突通常采用讨论、协商等行政手段来加以解决。

2) 命名冲突

命名冲突主要包括同名异义或异名同义。

(1) 同名异义：相同的实体名称或属性名称，而意义不同。

(2) 异名同义：相同的实体或属性使用了不同的名称。在合并局部 E-R 图时，应消除实体命名和属性命名方面不一致的地方。

处理命名冲突通常也像处理属性冲突一样，通过讨论、协商等行政手段来加以解决。

3) 结构冲突

结构冲突的表现主要有以下 3 种情况。

(1) 同一对象在不同的局部 E-R 图中具有不同的抽象，有的作为实体，有的作为属性。例如，“课程”在某一局部应用中被当作实体，而在另一局部应用中被当作属性。解决方法通常是把属性变换为实体或把实体变换为属性，使同一对象具有相同的抽象。变换时要遵循前面讲述的两个准则进行认真分析。

(2) 同一实体在不同的局部 E-R 图中其属性组成不同，包括属件个数、顺序等。这是很常见的一类冲突，产生的原因是不同的局部应用关心的是该实体的不同侧面。解决方法是使该实体的属性取各分 E-R 图中属性的并集，再适当调整属性的次序。

(3) 实体间的联系在不同的局部 E-R 图中类型不同。例如，实体 A 与 B 在某一局部应用中是多对多联系，而在另一局部应用中是一对多联系；又如，在某一局部应用中 A 与 B 发生联系，而在另一局部应用中 A、B、C 三者之间有联系。解决方法是根据应用的语义对实体联系的类型进行综合或调整。

【例 6-2】 将例 6-1 中的局部 E-R 图合并生成初步全局 E-R 图。

解： 首先找到例 6-1 中三个局部 E-R 图中的公共实体，然后以它们作为连接点进行合并。其中图 6-4 中的“订单”实体与图 6-5 中的“派送单”实体都是指的订单，二者异名同义，现将其统一命名为“订单”。同时“菜品”实体与“订单”实体在不同局部 E-R 图中的属性组成不同，即存在结构冲突，合并后将其统一为取各局部 E-R 图中同名实体属性的并集。得到如图 6-6 所示的初步全局 E-R 图。

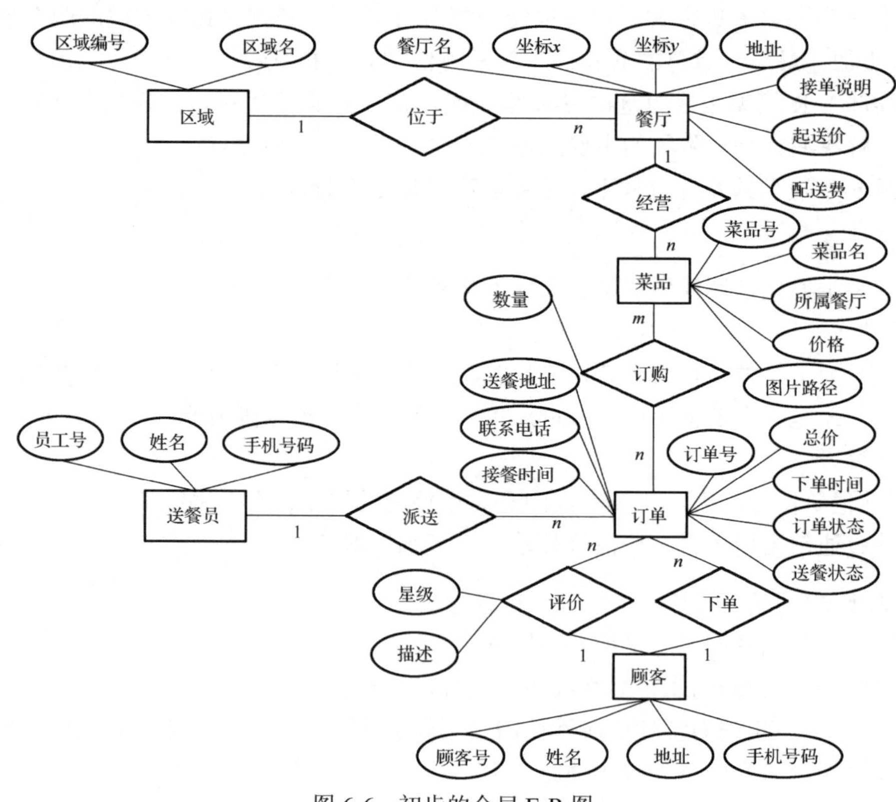

图 6-6　初步的全局 E-R 图

优化全局
E-R 图

3. 优化全局 E-R 模型

一个好的 E-R 模型除了能反映用户需求，还应满足如下条件。

(1) 实体个数尽可能少。

(2) 实体所包含的属性尽可能少。

(3) 实体之间联系无冗余。

优化目的就是使 E-R 模型满足以上 3 个条件，简单来说就是尽量避免冗余。

在初步 E-R 图中，经常可能存在冗余的数据和实体间冗余的联系。冗余的数据是指可由基本数据导出的数据，冗余的联系是指可由其他联系导出的联系，冗余数据和冗余联系容易破坏数据库的完整性，给数据库的维护增加困难。

常见的消除冗余的方法有以下几种。

(1) 实体类型的合并。一般把具有相同主键的实体进行合并，另外还可以考虑将 1∶1 联系的两个实体合并为一个实体。

(2) 冗余联系的消除。

(3) 冗余属性的消除。

但并不是所有的冗余数据和冗余联系都必须加以消除，有时为了提高效率，不得不以冗余信息作为代价。

【例 6-3】 对例 6-2 中的初步全局 E-R 图进行优化。

解：例 6-2 中的初步全局 E-R 图中，“菜品”实体中的属性“所属餐厅”可由“餐厅”和“菜品”实体之间的“经营”联系导出；“订单”实体中的“总价”可由“订购”联系中的属性“数量”与各个菜品的“单价”计算得到。因此上述冗余属性可以消除，得到如图 6-7 所示的优化 E-R 图。

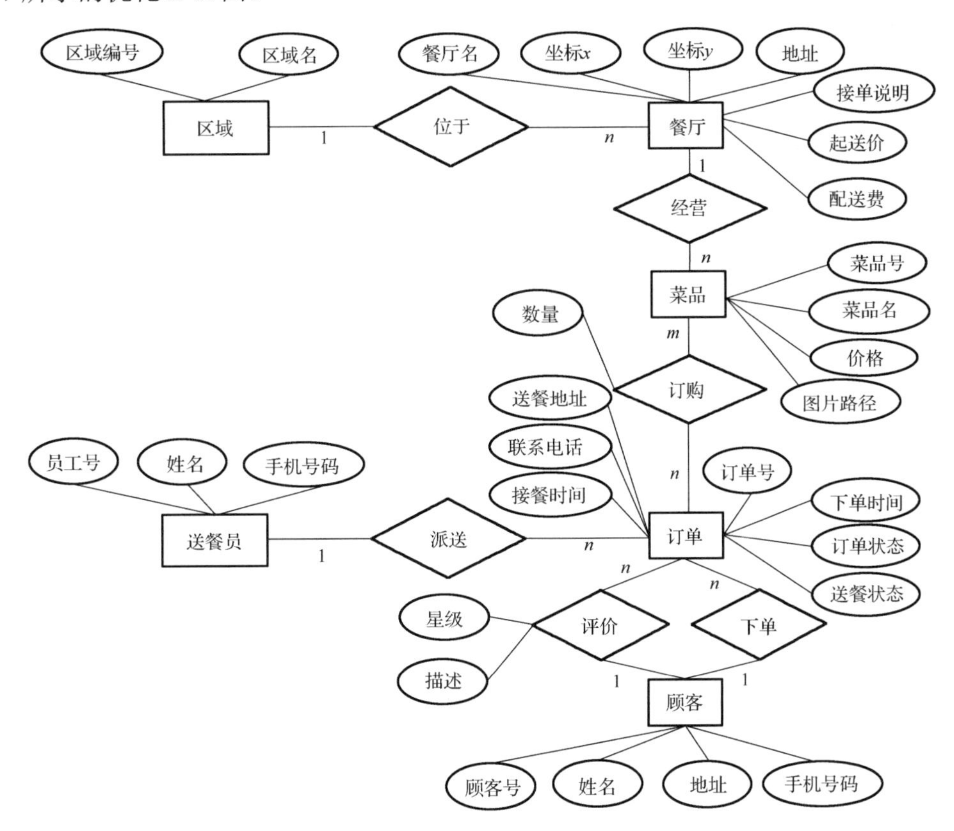

图 6-7　优化后的全局 E-R 图

逻辑结构设计

6.4 逻辑结构设计

逻辑结构设计的任务是将概念结构设计阶段得到的 E-R 图转化为选用的 DBMS 所支持的数据模型相符的逻辑结构(包括数据库模式和外模式)，形成逻辑模型。

特定 DBMS 可以支持的数据模型包括层次模型、网状模型、关系模型和面向对象模型等。本节以关系数据模型为例讲解逻辑结构设计。

基于关系数据模型的逻辑结构的设计一般分为 3 个步骤。

(1) 概念模型转换为关系数据模型。

(2) 数据模型的优化。

(3) 设计用户外模式。

6.4.1 概念模型(E-R 图)转换为关系数据模型

概念模型向关系数据模型的转换就是将用 E-R 图表示的实体、实体属性和实体联系转换为关系模式。具体而言，就是将其转换为选定的 DBMS 支持的数据库对象。这种转换一般遵循如下原则。

(1) 每个实体类型转换成一个关系模式。实体的属性就是关系模式的属性，实体的码就是关系的主码。

(2) 实体之间的联系转换，根据不同的情况进行不同的处理。

① 一个 1∶1 的联系可以转换为一个独立的关系模式，也可以与任意一端的关系模式合并。若独立转换为一个关系模式，那么两端实体的码及联系的属性作为该关系的属性，且两端实体的码均可作为该关系模式的候选码；若与某一端的关系合并，那么将另一端实体的码及联系的属性合并到该关系模式中。

第一种方法由于要为联系建立新的关系，从简便的角度考虑一般不采用。

② 一个 1∶n 的联系可转换为一个独立的关系模式，也可以与 n 端实体对应的关系模式合并。若独立转换为一个关系模式，那么两端对应实体的码及联系的属性作为该关系模式的属性，而 n 端实体的码为该关系的码；若与 n 端实体对应的关系模式合并，则需要在该关系模式中加入 1 端实体的码以及联系本身的属性。

③ 一个 m∶n 的联系必须转换为一个关系模式。与该联系相连的各个实体的码以及联系本身的属性均转换为此关系模式的属性，且关系模式的主码包含各实体的码，再根据情况加上联系本身的某些属性。

④ 三个或三个以上实体间的一个多元联系可转换为一个关系模式。与该多元联系相连的各实体的码以及联系本身的属性均转换为此关系模式的属性，而此关系模式的主码包含各实体的码，再根据情况加上联系本身的某些属性。

⑤ 具有相同主码的关系模式可以合并，目的是减少系统中的关系个数。合并方法是：将其中一个关系模式的全部属性加入另一个关系模式中，然后去掉其中的同义属性(可能同名也可能不同名)，并适当调整属性的次序。

下面根据转换规则完成百度外卖系统的关系数据模型设计。

【例 6-4】 请根据例 6-3 中的 E-R 图设计关系数据模型。

解： 首先将每个实体类型转换成一个关系模式(带下划线的是主码)：

区域(<u>区域编号</u>，区域名)

餐厅(<u>餐厅名</u>，坐标 x，坐标 y，地址，接单说明，起送价，配送费)

菜品(<u>菜品号</u>，菜品名，价格，图片路径)

订单(<u>订单号</u>，下单时间，订单状态，送餐状态，送餐地址，联系电话，接餐时间)

顾客(<u>顾客号</u>，姓名，地址，手机号码)

送餐员(<u>员工号</u>，姓名，手机号码)

然后将 5 个 1∶n 的联系分别与 n 端实体对应的关系模式合并：

餐厅(<u>餐厅名</u>，区域编号，坐标 x，坐标 y，地址，接单说明，起送价，配送费)

菜品(<u>菜品号</u>，餐厅名，菜品名，价格，图片路径)

订单(<u>订单号</u>，员工号，顾客号，下单时间，订单状态，送餐状态，送餐地址，联系电话，接餐时间，星级，描述)

最后将“菜品”与“订单”实体之间的 m∶n 联系转换为一个独立关系模式：

订购(<u>订单号，菜品号</u>，数量)

6.4.2　数据模型的优化

数据库逻辑设计的结果不是唯一的。为了进一步提高数据库应用系统的性能，还应该根据应用需要适当地修改、调整数据模型的结构，也就是对数据库模型进行优化。关系模型的优化通常是以规范化理论为基础，并结合考虑系统的性能。具体方法如下。

(1) 确定数据依赖，按需求分析阶段所得到的语义，分别写出每个关系模式内部各属性之间的数据依赖以及不同关系模式属性之间的数据依赖。

(2) 对于各个关系模式之间的数据依赖进行极小化处理，消除冗余的联系。

(3) 按照数据依赖的理论对关系模式逐一进行分析，考察是否存在部分函数依赖、传递函数依赖、多值依赖等，确定各关系模式分别属于第几范式。

(4) 按照需求分析阶段得到的各种应用对数据处理的要求，分析这些模式是否适用于这样的应用环境，确定是否需要对它们进行合并或分解。

必须注意的是，并不是规范化程度越高的关系就越好。例如，当查询经常涉及两个或多个关系模式的属性时，系统就经常需要进行连接运算。连接运算的代价是相当高的，可以说关系模型低效主要就是连接运算引起的。这时可以考虑将这几个关系合并为一个关系。因此，在这种情况下，第二范式甚至第一范式也许是合适的。

又如，非 BCNF 的关系模式虽然从理论上分析会存在不同程度的更新异常或冗余，但如果在实际应用中对此关系模式只是查询，并不执行更新操作，就不会产生实际影响。所以，对于一个具体应用来说，到底规范化到什么程度，需要权衡响应时间和潜在问题两者的利弊决定。

(5) 对关系模式进行必要的分解，以提高数据操作的效率和存储空间的利用率。常用的分解方式是水平分解和垂直分解。

水平分解是把(基本)关系的元组分为若干子集合，定义每个子集合为一个子关系，以提高系统的操作效率。因为根据“80/20 原则”，一个大关系中经常使用的数据只是关系的一部分，大约为 20%，因此可以把经常使用的数据分解出来，形成一个子关系。如果关系

R 上具有 m 个事务，而且多数事务存取的数据互不相交，则 R 可分解为少于或等于 m 个子关系，使每个事务存取的数据对应一个关系。

垂直分解是把关系模式 R 的属性分解为若干子集合，形成若干子关系模式。垂直分解的原则是，把经常在一起使用的属性从 R 中分解出来形成一个子关系模式。垂直分解可以提高某些事务的效率，但也可能使另一些事务不得不执行连接操作，从而降低效率。因此，是否进行垂直分解取决于分解后 R 上的所有事务的总效率是否得到提高。

【例 6-5】 在例 6-4 中，“订单”关系模式如下所示：

订单(订单号，员工号，顾客号，下单时间，订单状态，送餐状态，送餐地址，联系电话，接餐时间，星级，描述)

其中不仅包含了顾客下单信息，还包含了顾客评价和送餐员送餐信息，内容过多。而实际应用中，顾客下单、评价和送餐员送餐通常是各自独立进行的，且只关心对应子范围内的数据信息，因此可将评价信息和送餐信息从原关系模式中垂直分解出来，得到如下 3 个关系模式：

订单(订单号，顾客号，下单时间，订单状态，送餐状态)

评价(订单号，顾客号，星级，描述)

派送(订单号，员工号，送餐地址，联系电话，接餐时间)

6.4.3　设计用户外模式

将概念模型转换为全局逻辑模型后，还应该根据局部应用需求，结合具体 DBMS，设计用户的外模式。

目前关系数据库管理系统都提供了视图，可以利用这些功能来设计满足用户需求的外模式。

定义数据库的模式主要是从系统的时间效率、空间效率、易维护等角度出发。外模式与模式是相互独立的，因此在定义用户外模式时可以从满足不同用户的需求出发，同时考虑数据的安全与用户的操作方便，主要考虑以下问题。

1. 使用更符合用户习惯的别名

合并各分 E-R 图时曾做了消除命名冲突的工作，以使数据库系统中同一关系和属性具有唯一的名字。这在设计数据库整体结构时是非常必要的。

但对于某些局部应用，由于改用了不符合用户习惯的属性名，可能会使他们感到不方便，因此在设计用户的子模式时可以重新定义某些属性名，使其与用户习惯一致，方便使用。

例如，负责教师人事档案的用户习惯于称教师模式的教师号为职工号。因此可以定义视图，在视图中将教师号重新定义为职工号。

2. 针对不同级别的用户定义不同的外模式，以满足系统对安全性的要求

例如，假设有关系模式：产品(产品号，产品名，规格，单价，生产车间，生产负责人，产品成本，产品合格率，质量等级)。

可以在此关系模式上建立两个视图。

为一般顾客建立视图：产品 1(产品号，产品名，规格，单价)。

为产品销售部门建立视图：产品 2(产品号，产品名，规格，单价，车间，生产负责人)。

这样就可以防止用户非法访问本来不允许他们查询的数据，保证了系统的安全性。

3. 简化用户对系统的使用

如果某些局部应用中经常要使用某些很复杂的查询，为了方便用户，可以将这些复杂查询定义为视图。这样用户每次只需直接对定义好的视图进行查询，不必再编写复杂的查询语句，从而简化了用户对系统的使用。

6.5　物理结构设计

物理结构设计

数据库最终要存储在物理设备上。对于给定的逻辑数据模型，选取一个最适合应用环境的物理结构的过程，称为数据库物理结构设计。物理结构设计的任务是有效地实现逻辑模式，确定所采取的存储策略。此阶段以逻辑设计的结果作为输入，结合具体 DBMS 的特点与存储设备特性进行设计，选定数据库在物理设备上的存储结构和存取方法。

由于不同的 DBMS 提供的硬件环境和存储结构、存取方法不同，提供给数据库设计者的系统参数以及变化范围也不同，因此物理结构设计一般没有一个通用的准则，它只能提供一个技术和方法参考。

通常来说，数据库的物理结构设计可分为两步。

(1) 确定物理结构，在关系数据库中主要指存取方法和存储结构。

(2) 评价物理结构，评价的重点是时间和空间效率。

6.5.1　物理结构设计的内容

通常，对于关系数据库的物理结构设计主要包括以下内容。

(1) 确定数据的存取方法。

(2) 确定数据的物理存储结构。

1. 确定数据的存取方法

由于数据库系统是多用户共享的系统，为了满足用户快速存取的要求，必须选择有效的存取方法。数据库管理系统一般都提供了多种存取方法，主要有索引方法、聚簇方法和 Hash 方法。

1) 索引

索引是数据库表的一个附加表，存储库中建立了索引列的值和对应的记录地址。查询数据时，首先在索引中根据查询的条件值找到相关记录的地址，然后根据该地址在表中存取对应的记录，以便能加快查询速度。

建立索引的一般原则如下。

(1) 如果某属性或属性组经常出现在查询条件中，则考虑为该属性或属性组建立索引。

(2) 如果某属性经常作为分组的依据列，则考虑为该属性建立索引。

(3) 如果某属性和属性组经常出现在连接操作的连接条件中，则考虑为该属性或属性组建立索引。

但是同时需要注意的是，索引并非定义得越多越好。因为首先索引本身要占用存储空间，同时需要系统进行维护，特别是对于更新频繁的表，索引不能定义太多，因为每更新一个关系，必须对这个关系上相关的索引均做出相应的修改；其次，查询索引本身也要付出代价。

因此，在决定是否建立索引时，需要权衡数据库的操作，对于经常执行插入、删除、修改操作或记录数较少的关系，应尽量避免建立索引。

2）聚簇

为了提高某个属性或属性组的查询速度，把这个属性或属性组上具有相同值的元组集中存放在连续的物理块上的处理称为聚簇，这个属性或属性组称为聚簇码。

一个数据库可以建立多个聚簇，但一个关系只能加入一个聚簇。选择聚簇的存取方法就是确定需要建立多少个聚簇，确定每个聚簇包括哪些关系。它的一般原则如下。

(1) 如果一个关系中的某个或某组属性值经常出现在比较条件中，那么可以将该关系按照对应属性的值来聚簇存放，并建立聚簇索引。

(2) 对于不同关系，经常在一起进行连接操作的可以建立聚簇。关系数据库中经常通过一个关系与另一个关系的关联属性找到另一个关系的需求记录信息，此时如果把有关的两个关系在物理位置上靠近存放，如存放在同一个柱面上，就可以大大提高相关检索的效率。

(3) 如果关系的主要应用是通过聚簇码进行访问或连接，而通过其他属性访问关系的操作很少，可以使用聚簇。尤其当SQL语句中也含有与聚簇有关的ORDER DY、GROUP BY、UNION、DISTINCT等子句或短语时，使用聚簇特别有利，可以省去对结果集的排序操作。反之，当关系较少利用聚簇码时，最好不要使用聚簇。

值得注意的是，当一个元组的聚簇码值改变时，该元组的存储位置也要进行相应移动，所以聚簇码值应相对稳定，以减少修改聚簇码值所引起的开销。聚簇虽然能提高某些应用性能，但是建立与维护聚簇的开销也是相当大的，所以应该适当地建立聚簇。

3）Hash

有些数据库管理系统提供了Hash存取方法。Hash存取方法的主要原理是根据查询条件的值，按Hash函数计算查询记录的地址，从而减少了数据存取的I/O次数，加快了存取速度。

2. 确定数据的物理存储结构

确定数据库物理结构主要是指确定数据的存放位置和存储结构，包括确定关系、索引、聚簇、日志和备份等的存储安排和存储结构，确定系统配置等。

确定数据的存放位置和存储结构要综合考虑存取时间、存储空间利用率和维护代价3个方面的因素，这3个方面常常是相互矛盾的，因此需要进行权衡，选择一个折中方案。

通常，为了提高系统性能，应该根据应用情况将数据的易变部分与稳定部分、经常存取部分和存取频率较低部分分开存放。

DBMS产品一般都提供了大量的系统配置参数，供数据库设计人员和DBA进行数据库的物理结构设计和优化。例如，用户数、缓冲区、内存分配和物理块的大小等。一般在建立数据库时，系统都提供了默认参数，但是默认参数不一定适合每一个应用环境，要进行适当的调整。此外，在物理结构设计阶段设计的参数只是初步的，要在系统运行阶段根据实际情况进一步进行调整和优化，以期切实改进系统性能，使系统性能最佳。

6.5.2　评价物理结构

在数据库物理设计过程中，需要对时间效率、空间效率、维护代价和各种用户要求进行权衡，其可以产生多种方案，数据库设计人员必须对这些方案进行细致的评价，从中选择一个较优的方案作为数据库的物理结构。

评价物理数据库的方法完全依赖于所选用的 DBMS，主要是从定量估算各种方案的存储空间、存取时间和维护代价入手，对估算结果进行权衡、比较，选出一个比较合理的物理结构。如果评价结果满足原设计要求，则可进入物理实施阶段，否则就需要重新设计或修改物理结构，有时甚至需要返回逻辑设计阶段修改数据模型。

6.6　数据库实施

完成数据库的物理设计之后，设计人员就要用 DBMS 提供的数据定义语言和其他实用程序将数据库逻辑设计和物理设计结果严格描述出来，成为 DBMS 可以接受的源代码，再经过调试产生目标模式。然后就可以组织数据入库了，这就是数据库实施阶段。

数据库实施阶段包括两项重要的工作：一项是数据的载入，另一项是应用程序的编码和调试。

6.6.1　数据的载入

一般数据库系统中，数据量都很大，而且数据来源于部门中各个不同的单位，数据的组织方式、结构和格式都与新设计的数据库系统有较大差距。组织数据录入就是要将各类源数据从各个局部应用中抽取出来，输入计算机，再分类转换，最后综合成符合新设计的数据库结构的形式，输入数据库。因此，这样的数据转换、组织入库的工作是相当费力费时的。

由于各个不同的应用环境差异很大，不可能有通用的转换器，DBMS 产品也不提供通用的转换工具，因此为了提高数据输入工作的效率和质量，通常应该针对具体的应用环境设计一个数据录入子系统，由计算机来帮助完成数据入库的任务。

为了保证数据库中数据的正确无误，必须十分重视数据的校验工作。在将数据录入系统的过程中，应该采用多种方法对它们进行校验，以防止不正确的数据入库。

数据库应用程序的设计应该与数据库设计同时进行。因此，在组织数据入库的同时还要调试应用程序。应用程序的设计、编码和调试的方法、步骤在软件工程等课程中有详细讲解，这里就不再介绍了。

6.6.2　数据库试运行

原有系统的数据有一小部分输入数据库后，就可以开始对数据库系统进行联合调试了，这个过程又称为数据库的试运行。

这一阶段要实际运行数据库应用程序，执行对数据库的各种操作，测试应用程序的功能是否满足设计要求，如果不满足，就需要对应用程序部分修改、调整，直至达到设计要求为止。

在数据库试运行时，还要测试系统的性能指标，分析其是否达到设计目标。在对数据库进行物理设计时，已初步确定了系统的物理参数值。但一般情况下，设计时的考虑在许多方面只是近似估计，与实际系统运行总有一定的差距。因此，必须在试运行阶段实际测量和评价系统性能指标。事实上，有些参数的最佳值往往是经过运行调试后找到的。如果测试的结果与设计目标不符，则要返回物理设计阶段，重新调整物理结构，修改系统参数，某些情况下甚至要返回逻辑设计阶段，修改逻辑结构。

这里特别要强调两点。第一，前面已经讲过组织数据入库是十分费时费力的事，如果试运行后还要修改数据库的设计，则要重新组织数据入库。因此，应分期分批地组织数据入库，先输入小批量数据用来调试。待试运行基本合格后，再大批量输入数据，逐步增加数据量，逐步完成运行评价。第二，在数据库试运行阶段，由于系统还不稳定，硬、软件故障随时都可能发生。而系统的操作人员对新系统还不熟悉，误操作也不可避免。因此，应首先调试运行 DBMS 的恢复功能，做好数据库的转储和恢复工作。一旦发生故障，能使数据库尽快恢复，尽量减少对数据库的破坏。

6.7　数据库运行与维护

数据库试运行合格后，数据库开发工作就基本完成了，即可投入正式运行了。但是，由于应用环境在不断变化，数据库运行过程中物理存储也会不断变化，所以，对数据库设计进行评价、调整、修改等维护工作是一个长期的任务。只要数据库存在，维护工作就将持续。

在数据库运行阶段，对数据库经常性的维护工作主要是由 DBA 完成的，它主要包括以下内容。

1. 数据库的备份和恢复

数据库的备份和恢复是系统正式运行后最重要的维护工作之一。DBA 要针对不同的应用要求制定不同的备份计划，以保证一旦发生故障能尽快将数据库恢复到某种一致的状态，并尽可能减少对数据库的破坏。

2. 数据库的安全性和完整性控制

在数据库运行过程中，由于应用环境的变化，对安全性和完整性的要求也会发生变化。例如，有的数据原来是机密的，现在是可以公开查询的，而新加入的数据又可能是机密的。系统中用户的权限等级也会改变。这些都需要 DBA 根据实际情况修改原有的安全性控制。

3. 数据库性能的监督、分析和调整

在数据库运行过程中，监督系统运行，对监测数据进行分析，找出改进系统性能的方法是 DBA 的又一重要任务。目前有些 DBMS 产品提供了监测系统性能参数的工具，DBA

可以利用这些工具方便地得到系统运行过程中一系列性能参数的值，进行分析判断，从而对数据库进行调整。

4. 数据库的重组

数据库运行一段时间后，记录不断增、删、改，会使数据库的物理存储情况变坏，降低了数据的存取效率，导致数据库性能下降。这时 DBA 就需要对数据库进行重组。在重组的过程中，按原设计要求重新安排存储位置、回收垃圾、减少指针链等，以提高系统性能。

值得注意的是，数据库的重组，并不修改原设计的逻辑结构。

5. 数据库的重构

数据库的重构是指部分修改数据库的模式和内模式。由于数据库应用环境发生变化，增加了新的应用或新的实体，取消了某些应用，有的实体与实体间的联系也发生了变化等，从而导致原有的数据库设计不能满足新的需求，需要调整数据库的模式和内模式。例如，在表中增加或删除某些数据项、改变数据项的类型、增加或删除某个表等。当然数据库的重构也是有限的，只能进行部分修改。如果应用变化太大，重构也无济于事，就说明此数据库应用系统的生命周期已经结束，应该设计新的数据库应用系统了。

6.8 小　结

本章主要讨论了数据库设计的方法和步骤，结合百度外卖系统及其他相关实例，介绍数据库系统设计的需求分析、概念结构设计、逻辑结构设计、物理结构设计、实施、运行与维护各个阶段的目标、方法以及注意事项等。其中，着重讨论了概念结构设计和逻辑结构设计，这也是数据库设计过程中最重要的两个环节。

学习本章，主要应掌握书中所讨论的基本方法和一般原则，并以其为指导，能在实际应用系统开发和数据库设计过程中加以灵活运用，设计出符合实际需求的数据库。

习　题

一、选择题

1. 数据流图是数据库设计中(　　)阶段的工具。
   A. 概要设计　　B. 可行性分析　　C. 程序编码　　D. 需求分析
2. 在数据库设计中，将 E-R 图转换成关系数据模型的过程属于(　　)阶段。
   A. 需求分析　　B. 逻辑结构设计
   C. 概念结构设计　　D. 物理结构设计
3. 表达概念结构的常用方法和描述工具是(　　)。
   A. 层次分析法和层次结构图　　B. 数据流程分析法和数据流图
   C. 实体联系方法和 E-R 图　　D. 结构分析法和模块结构图

4．在关系数据库设计中，设计关系模式是(　　)阶段的任务。

A．逻辑结构设计　　B．概念结构设计

C．物理结构设计　　D．需求分析

5．数据库设计可划分为 6 个阶段，每个阶段都有自己的设计内容，“为哪些关系在哪些属性上建什么样的索引”这一设计内容应该属于(　　)阶段。

A．需求分析　　B．概念结构设计

C．逻辑结构设计　　D．物理结构设计

6．从 E-R 图导出关系模型时，如果实体间的联系是 m∶n，则正确的转换方法是(　　)。

A．将 n 端的码和联系的属性加入 m 端

B．将 m 端的码和联系的属性加入 n 端

C．用一个关系模式表示联系，其中纳入 m 端和 n 端的码

D．在 m 端和 n 端增加一个表示级别的属性

7．设 E-R 图由 3 个实体和 3 个 m∶n 联系构成，则根据 E-R 图向关系模型转换的规则，转换得到的关系模型应包含(　　)个关系模式。

A．4　　B．5　　C．6　　D．7

8．数据库设计人员和用户之间沟通信息的桥梁是(　　)。

A．程序流程图　　B．实体联系图　　C．模块结构图　　D．数据结构图

9．在 E-R 模型转换成关系模型的过程中，下列叙述不正确的是(　　)。

A．每个实体类型转换成一个关系模式

B．每个联系类型转换成一个关系模式

C．每个 m∶n 的联系类型转换成一个关系模式

D．在处理 1∶1 和 1∶n 的联系类型时，通常不产生新的关系模式

10．如果同一个实体集内部的实体之间存在 1∶n 的联系，则根据 E-R 图向关系模型转换的规则，转换得到的关系模型应包含(　　)个关系模式。

A．1　　B．2　　C．3　　D．4

11．如果同一个实体集内部的实体之间存在 m∶n 的联系，则根据 E-R 图向关系模型转换的规则，转换得到的关系模型应包含(　　)个关系模式。

A．1　　B．2　　C．3　　D．4

二、填空题

1．数据库设计的 6 个主要阶段是________、________、________以及________、________、________。

2．概念结构设计的任务分________、________、________3 步完成。

3．E-R 方法的三要素是________、________、________。

4．两个实体之间的联系有________、________、________3 种。

5．如果采用关系数据库来实现应用，则在数据库的逻辑设计阶段需将________转化为关系模型。

6．概念设计的结果是得到一个与________无关的概念模式。

7．所谓概念模型，是指________。

8．实体集读者与图书之间具有________联系。

9．实体集父亲与子女之间具有________联系。

10．对于较复杂的系统，概念结构设计阶段的主要任务是，首先根据系统的各个局部应用设计出各自对应的________，然后进行综合和集成，设计出________。

11．各分 E-R 图之间的冲突主要有 3 类，即________、________、________。

12．数据库运行阶段的日常维护任务主要由________完成。

三、简答题

1．简述数据库的设计过程。

2．需求分析阶段的任务是什么?调查的内容是什么?调查方法有哪些?

3．概念结构设计的目的是什么?有哪些方法?

4．如何将 E-R 图转换为关系数据模型?

5．在图书管理系统中，一个读者可以借阅多本书，一本书也可以借给多个读者，一个作者可以写多本书，但一本书的作者只有一个(只存储第一作者信息)。图书应有总编号、书名、出版社、单价等属性；读者应有借阅证号、读者姓名、地址等属性；作者应有作者姓名、作者性别、工作单位等属性(设作者不重名)。借阅时要登记借阅日期。

(1)画出相应的 E-R 图；

(2)将所画的 E-R 图转换为关系模型。

6．简述数据库物理结构设计的内容和步骤。

7．什么是数据库的重组和重构?

第7章　数据库保护

【本章导读】

在数据库运行过程中，数据库管理系统需要对数据库进行保护管理，以保证数据的正确性与一致性，避免数据丢失、泄露或遭到破坏。数据库保护主要是通过并发控制、数据恢复、安全性控制和完整性控制4个方面实现的。并发控制是为了防止多个用户同时存取同一数据而造成数据不一致；数据恢复是把数据库从错误状态恢复到某一正确状态；安全性控制是保护数据库，以防止因非法使用数据库而造成的数据泄露、更改或破坏；完整性控制是保护数据库中数据的正确性、有效性和相容性，防止错误数据进入数据库造成无效操作。

安全性控制和完整性控制技术在本书其他章节已有详细介绍，本章主要讨论事务的基本概念与特性，并围绕如何保证事务的ACID(即原子性、一致性、隔离性、持久性)特性详细阐述并发控制技术，同时简单介绍数据恢复基本原理和技术。在本书的第11章会结合SQL Server 2017的具体环境进一步介绍如何实现数据库的备份和恢复。

【学习目标】

(1) 理解事务的基本概念与ACID特性。
(2) 理解共享锁与排他锁的含义及相容关系。
(3) 掌握三级封锁协议内容及其在解决并发操作问题中所起的作用。
(4) 理解死锁概念，了解死锁的预防与解除方法。
(5) 了解并发调度的可串行化与两段锁协议。
(6) 了解数据库故障的分类与特征。
(7) 了解数据库恢复的基本原理和技术。

事务

7.1　事　　务

事务是一系列的数据库操作，是数据库应用程序的最小逻辑工作单位。事务处理技术主要包括数据库恢复技术和并发控制技术，它是恢复和并发控制的基本单位。在讨论并发控制技术和数据恢复技术之前先讲解事务的基本概念和事务的性质。

7.1.1　事务的定义

事务是用户定义的一个数据操作序列，这些操作要么全部执行，要么全部不执行，是一个不可分割的工作单元。

例如，银行转账操作，从A账号转入5000元资金到B账号，包括从A账号取出5000元和将5000元存入B账号两个操作。如果从A账号取出5000元成功而B账号存入5000

元失败，或者从 A 账号取出 5000 元失败而 B 账号存入 5000 元成功，只要其中一个操作失败，均会导致转账操作失败。此时应将 A、B 账号的资金金额均恢复到转账操作之前的状态，否则就会出现错误。那么如何保证系统数据恢复到操作之前的正确状态呢？这就可以通过事务来实现。事务可以保证在一个事务中的全部操作或者全部成功，或者全部失败。

事务的开始与结束可以由用户显式控制。如果用户没有显式地定义事务，则由 DBMS 按默认规定自动划分事务。在 SQL 中，定义事务的语句有三条：BEGIN TRANSACTION、COMMIT、ROLLBACK。事务通常以 BEGIN TRANSACTION 开始，以 COMMIT 或 ROLLBACK 结束，具体见以下两种方式。

方式一：

```
BEGIN TRANSACTION
        SQL 语句 1
        SQL 语句 2
        ……
COMMIT
```

方式二：

```
BEGIN TRANSACTION
        SQL 语句 1
        SQL 语句 2
        ……
ROLLBACK
```

方式一中以 COMMIT 语句作为结束，表示提交事务的所有操作，即将事务中所有对数据库的更新写回到磁盘上的物理数据库中，该更新永久生效，事务正常结束。

方式二中以 ROLLBACK 语句作为结束，表示回滚，即在运行过程中发生了某种故障，事务不能继续执行，系统将事务中对数据库的所有已完成的更新操作全部撤销，回滚到事务开始时的状态，事务异常终止。

【例 7-1】 设顾客在外卖系统订餐并进行在线支付，数据库从顾客账户(设为 A 账户)转 50 元到餐厅账户(设为 B 账户)，这个转账操作应该是一个事务，其组织如下：

```
BEGIN TRANSACTION                    /*事务开始语句*/
      UPDATE 账户表 SET 账户余额=账户余额－50
             WHERE 账户名= 'A'
      IF (SELECT 账户余额 FROM 账户表 WHERE 账户名='A') < 0
      BEGIN
      PRINT '余额不足'
             ROLLBACK              /*事务回退语句*/
         END
      ELSE
      BEGIN
         UPDATE 账户表 SET 账户余额=账户余额＋50
             WHERE 账户名= 'B'
         COMMIT                        /*事务提交语句*/
      END
```

7.1.2　事务的特征

事务具有 4 个特征，即原子性(Atomicity)、一致性(Consistency)、隔离性(Isolation)和持久性(Durability)。这 4 个特性也简称为事务的 ACID 特性。

1. 原子性

事物的原子性是指事务是数据库的逻辑工作单位，事务的操作要么都做，要么都不做，即不允许事务部分完成。

2. 一致性

事物的一致性是指事务执行的结果必须是使数据库从一个一致性状态转换到另一个一致性状态。例如，银行转账：从账户 A 取出 1 万元存入账户 B，定义该事务包含两个操作，即 A=A–1 和 B=B+1。这两个操作要么全做，要么全不做。全做或者全不做，数据库都处于一致性状态；但是如果只做一个操作，数据库就处于不一致性状态。因此，事物的一致性和原子性是密切相关的。

3. 隔离性

事务的隔离性是指数据库中一个事务的执行不能受其他事务干扰，即一个事务内部的操作及使用的数据对其他事务是隔离的，并发执行的各个事务不能相互干扰。

4. 持久性

事务的持久性也称为永久性(Permanence)，指事务一旦提交，对数据库中的数据的改变就是永久性的，以后的操作或故障不会对事务的操作结果产生影响。

保证事务的 ACID 特性是事务处理的重要任务。事务的 ACID 特性可能由于以下情况而遭到破坏。

(1) 多个事务并行运行时，不同事务的操作有交叉情况。

(2) 事务在运行过程中被强迫停止。

在第一种情况下，数据库管理系统必须保证多个事务在交叉运行时不影响这些事务的原子性。在第二种情况下，数据库管理系统必须保证被强迫中止的事务对数据库和其他事务没有任何影响。

这些就是数据库管理系统中并发控制和恢复机制的任务。保证事务在并发执行时满足 ACID 特性的技术称为并发控制。保证事务在故障时满足 ACID 特性的技术称为恢复。并发控制和恢复是保证事务正确执行的两项基本技术，合称事务管理。

7.2　并 发 控 制

在多用户数据库系统中，运行的事务很多。事务可以一个一个地串行执行，即每个时刻只有一个事务运行，其他事务必须等待这个事务结束后才能运行，这样可以有效地保证数据的一致性。但是串行执行使许多资源处于空闲状态。为了充分利用系统资源，发挥数据库共享资源的特点，应该允许多个事务并行执行。

当多个事务并行执行时，称这些事务为并发事务。并发事务可能产生多个事务存取同一数据的情况。如果不对并发事务进行控制，就可能存取不正确的数据，破坏数据的一致性。对并发事务进行调度，使并发事务所操作的数据保持一致性的整个过程称为并发控制。并发控制是数据库管理系统的重要功能之一。

并发操作引发的问题

7.2.1　并发操作引发的问题

数据库中的数据是共享的，即多个用户可以同时使用数据库中的数据，这就是并发操作。但当多个用户存取同一组数据时，由于相互的干扰和影响，并发操作可能引发错误的结果，从而导致数据的不一致性问题。下面以具体实例说明事务的并发执行可能产生数据不一致性的情形。

1. 丢失更新问题

丢失更新问题指事务 T_1 与事务 T_2 从数据库中读入同一数据并修改，事务 T_2 的提交结果破坏了事务 T_1 提交的结果，导致事务 T_1 的修改被丢失。如表 7-1 所示，数据库中 A 的值明明经过两次减 2 后共减去了 4，但事务 T_2 提交的结果覆盖了 T_1 的减 2 操作，导致 A 的值最终只减少了一个 2。

表 7-1　丢失更新

时间	事务 T_1	事务 T_2
t_1	读 A=18	
t_2		读 A=18
t_3	$A \leftarrow A-2$	
t_4	写回 A=16	
t_5		$A \leftarrow A-2$
t_6		写回 A=16

2. 读“脏”数据

事务 T_1 修改数据后，并将其写回磁盘，事务 T_2 读同一数据，T_1 由于某种原因被撤销，T_1 修改的值恢复原值，于是 T_2 读到的数据与数据库中的数据不一致，是“脏”数据，称为读“脏”数据。读“脏”数据的原因是读取了未提交事务的数据，所以又称为未提交数据。如表 7-2 所示，事务 T_2 读到的 C=30 即为“脏”数据。

表 7-2　读“脏”数据

时间	事务 T_1	事务 T_2
t_1	读 C=15	
t_2	$C \leftarrow C\times 2$	
t_3	写回 C=30	
t_4		读 C=30
t_5	ROLLBACK（C 恢复为 15）	

3. 不可重复读

事务 T_1 读取数据 A 后，事务 T_2 更新 A。如果 T_1 中再一次读 A，两次读的结果不同，读数据称为检索，所以又称为检索不一致。

表 7-3 表示 T_1 需要两次读取同一数据项 A，但是在两次读操作的间隔中，另一个事务 T_2 改变了 A 的值。因此，T_1 在两次读同一数据 A 时却读出了不同的值。

表 7-3　不可重复读

时间	事务 T_1	事务 T_2
t_1	读 A=15	
t_2		读 A=15
t_3		$A \leftarrow A \times 2$
t_4		写回 A=30
t_5	读 A=30（验算不对）	

具体地讲，不可重复读包括以下几种情况。

(1) 事务 T_1 读取某一数据后，事务 T_2 对其进行了修改。当事务 T_2 再次读该数据时，得到与上一次不同的值。

(2) 事务 T_1 按一定条件从数据库中读取某些数据记录后，事务 T_2 删除了其中部分记录。当事务 T_1 再次按相同条件读取数据时，发现某些记录消失了。

(3) 事务 T_1 按一定条件从数据库中读取某些数据记录后，事务 T_2 插入了一些记录。当事务 T_1 再次按相同条件读取数据时，发现多了一些记录。

情况 (2)、情况 (3) 两种不可重复读有时也称为幻读现象。

产生上述数据不一致现象的主要原因就是并发操作破坏了事务的隔离性。并发控制就是要用正确的方法来调度并发操作，使一个事务的执行不受其他事务的干扰，避免造成数据的不一致情况。

并发控制措施

7.2.2　并发控制措施

数据库进行并发控制的措施有多种，而目前使用最为普遍的是封锁技术。

1. 封锁

在数据库环境下，进行并发控制的主要技术是封锁(Locking)。封锁，就是事务 T 在对某个数据对象(如表、记录等)操作之前，先向系统发出请求，对其加锁。加锁后事务 T 就对该数据对象有了一定的控制，在事务 T 释放它的锁之前，其他的事务不能更新此数据对象。

确切的控制由封锁的类型决定。基本的封锁类型有两种：排他锁(Exclusive Locks，简称 X 锁)和共享锁(Share Locks，简称 S 锁)。

排他锁又称为写锁。若事务 T 对数据对象 A 加上 X 锁，则只允许 T 读取和修改 A，其他任何事务都不能再对 A 加任何类型的锁，直到 T 释放 A 上的锁。这就保证了其他事务在 T 释放 A 上的锁之前不能再读取和修改 A。

共享锁又称为读锁。若事务 T 对数据对象 A 加上 S 锁，则事务 T 可以读 A 但不能修

改 A，其他事务只能再对 A 加 S 锁，而不能加 X 锁，直到 T 释放 A 上的 S 锁。这就保证了其他事务可以读 A，但在 T 释放 A 上的 S 锁之前不能对 A 进行任何修改。

排他锁与共享锁的控制方式如表 7-4 所示。表中最左边一列表示事务 T_1 先对数据做出某种封锁或不加锁，最上面一行表示事务 T_2 再对同一数据请求某种封锁或不需封锁。T_2 的加锁要求能否被满足在矩阵中分别用“是”和“否”表示，“是”表示事务 T_2 的封锁要求与 T_1 已有的锁兼容，加锁要求可以满足；“否”表示事务 T_2 的封锁要求与 T_1 已有的锁冲突，加锁请求不能满足。

表 7-4　锁的相容矩阵

T_1 \ T_2	X	S	无锁
X	否	否	是
S	否	是	是
无锁	是	是	是

2. 封锁协议

在运用封锁方法对数据对象加锁时，还需要约定一些规则，如何时申请加锁、申请锁的类型、持锁时间、何时释放封锁等，我们称这些规则为封锁协议(Locking Protocol)。对封锁方式规定不同的规则，就形成了各种不同的封锁协议，不同的封锁协议又可以防止不同的错误发生。并发操作的不正确调度可能会带来丢失修改、不可重复读和读“脏”数据等不一致问题，接下来介绍的三级封锁协议分别在不同程度上解决了这些问题，为并发操作的正确调度提供一定的保证。不同级别的封锁协议所能达到的系统一致性级别是不同的。

一级封锁协议

1) 一级封锁协议

一级封锁协议是：事务 T 在修改数据 A 之前，必须先对其加 X 锁，直到事务结束才释放。事务结束包括正常结束(COMMIT)和非正常结束(ROLLBACK)。

一级封锁协议可防止“丢失修改”所产生的数据不一致性问题，并保证事务 T 是可恢复的。如表 7-5 使用一级封锁协议解决了表 7-1 中的丢失更新问题。

表 7-5　没有丢失更新

时间	事务 T_1	事务 T_2
t_1	Xlock A	
t_2	读 A=18	
t_3		Xlock A
t_4	A←A−2	等待
t_5	写回 A=16	等待
t_6	COMMIT	等待
t_7	Unlock A	等待
t_8		获得 Xlock A
t_9		读 A=16
t_{10}		A←A−2
t_{11}		写回 A=14
t_{12}		COMMIT
t_{13}		Unlock A

在表 7-5 中，事务 T_1 在读 A 进行修改之前先对 A 加 X 锁，当 T_2 再请求对 A 加 X 锁时被拒绝，直到 T_1 释放对 A 所加的锁，T_2 才能获得对 A 的 X 锁，此时，T_2 读取的 A 的值已经是 T_1 更新过的值 16，再按此新的值进行运算，并将结果值 14 送回到磁盘，从而避免了丢失 T_1 的更新，保持了数据的一致性。

在一级封锁协议中，如果仅仅是读数据而不对其进行修改，是不需要加锁的，所以它不能保证可重复读和不读“脏”数据。

二级封锁协议

2）二级封锁协议

一级封锁协议仅在修改数据之前对其加锁，而二级封锁协议则在一级封锁协议的基础上，加上了事务 T 在读取数据 R 之前必须先对其加 S 锁，读完后即可释放 S 锁的要求。

二级封锁协议除防止了丢失修改，还可进一步防止读“脏”数据。在表 7-6 中使用二级封锁协议解决了表 7-2 中的读“脏”数据问题。

表 7-6　不读“脏”数据

时间	事务 T_1	事务 T_2
t_1	Xlock C	
t_2	读 C=15	
t_3	$C \leftarrow C \times 2$	
t_4	写回 C=30	
t_5		Slock C
t_6	ROLLBACK（C 恢复为 15）	等待
t_7	Unlock C	等待
t_8		获得 Slock C
t_9		读 C=15
t_{10}		COMMIT
t_{11}		Unlock C

在表 7-6 中，事务 T_1 在对 C 进行修改之前，先对 C 加 X 锁，修改其值后写回数据库。这时 T_2 请求在 C 上加 S 锁，因 T_1 已在 C 上加了 X 锁，T_2 只能等待。因某种原因，T_1 对数据库的操作被撤销，C 恢复为原值 15，T_1 释放 C 的 X 锁后 T_2 获得 C 上的 S 锁，读到 C 值为 15，从而避免了 T_2 读“脏”数据的问题。

在二级封锁协议中，对数据进行读写操作前加 X 锁，防止了丢失修改的问题，对数据进行读操作前加 S 锁，防止了读“脏数据”的问题，但由于读完数据后即可释放 S 锁，所以它不能保证可重复读。

三级封锁协议

3）三级封锁协议

并发操作所带来的三种数据不一致性问题，通过一级封锁协议和二级封锁协议已分别解决了丢失修改和读“脏数据”的问题。如果要解决不可重复读的问题则需要三级封锁协议。

三级封锁协议是：在一级封锁协议的基础上加上事务 T 在读取数据 R 之前必须先对其加 S 锁，并且直到事务结束才释放。

三级封锁协议可进一步防止不可重复读的问题。如表 7-7 中使用三级封锁协议解决了表 7-3 中不可重复读的问题。

表 7-7　可重复读

时间	事务 T_1	事务 T_2
t_1	Slock A	
t_2	读 A=15	
t_3		Xlock A
t_4		等待
t_5	读 A=15(验算正确)	等待
t_6	COMMIT	等待
t_7	Unlock A	等待
t_8		获得 Xlock A
t_9		读 A=15
t_{10}		$A \leftarrow A \times 2$
t_{11}		写回 A=30
t_{12}		COMMIT
t_{13}		Unlock A

在表 7-7 中，事务 T_1 在读 A 之前，先对 A 加 S 锁，则其他事务只能对 A 加 S 锁而不能加 X 锁，即其他事务只能读取而不能修改 A。因此当 T_2 为修改 A 而申请对 A 加 X 锁时被拒绝，只能等待一直到 T_1 释放 A 上的锁。T_1 只有在读操作完结之后才会释放对 A 的 S 锁，因此不管读几次，每次的结果都不会变，即是可重复读的。

上述三级协议的主要区别在于什么操作需要申请封锁，以及何时释放锁(即持续时间)。三个级别的封锁协议可以总结为如表 7-8 所示。

表 7-8　三个级别的封锁协议

	X 锁		S 锁		一致性保证		
	操作结束释放	事务结束释放	操作结束释放	事务结束释放	不丢失修改	不读“脏”数据	可重复读
一级封锁协议		√			√		
二级封锁协议		√	√		√	√	
三级封锁协议		√		√	√	√	√

3. 死锁

死锁

和操作系统一样，封锁的方法可能引起死锁。

如表 7-9 所示，如果事务 T_1 封锁了数据 R_1，T_2 封锁了数据 R_2，然后 T_1 又请求封锁 R_2，因 T_2 已封锁了 R_2，于是 T_1 等待 T_2 释放 R_2 上的锁。接着 T_2 又申请封锁 R_1，因 T_1 已封锁了 R_1，T_2 也只能等待 T_1 释放 R_1 上的锁。这样就出现了 T_1 在等待 T_2，而 T_2 又在等待 T_1 的局面，T_1 和 T_2 两个事务永远不能结束，形成死锁。

表 7-9　死锁情形

事务 T_1	事务 T_2
Lock R_1	
…	Lock R_2
…	…
Lock R_2	…

续表

事务 T_1	事务 T_2
等待	…
等待	Lock R_1
等待	等待
等待	等待
等待	等待

死锁的问题在操作系统和一般并行处理中已进行了深入研究，目前在数据库中解决死锁问题主要有两类方法，一类方法是采取一定措施来预防死锁的发生，另一类方法是允许发生死锁，采用一定手段定期诊断系统中有无死锁，若有则解除。

1）死锁的预防

在数据库中，产生死锁的原因是两个或多个事务都已封锁了一些数据对象，然后又都请求对已被其他事务封锁的数据对象加锁，从而出现死等待。防止死锁的发生其实就是要破坏产生死锁的条件。预防死锁通常有两种方法。

（1）一次封锁法：要求每个事务必须一次将所有要使用的数据全部加锁，否则就不能继续执行。一次封锁法虽然可以有效地防止死锁的发生，但会降低系统的并发度。

（2）顺序封锁法：顺序封锁法是预先对数据对象规定一个封锁顺序，所有事务都按这个顺序实行封锁。顺序封锁法可以有效地防止死锁，但封锁顺序的维护非常困难，成本很高。

可见，在操作系统中广为采用的预防死锁的策略并不适合数据库的特点，因此，DBMS在解决死锁的问题上普遍采用的是定期诊断并解除死锁的方法。

2）死锁的诊断与解除

数据库系统中诊断死锁的方法与操作系统类似，一般使用超时法或事务等待图法。

（1）超时法：如果一个事务的等待时间超过了规定的时限，就认为发生了死锁。超时法实现简单，但其不足也很明显。一是有可能误判死锁，事务因为其他原因使等待时间超过时限，系统会误认为发生了死锁；二是时限若设置得太长，死锁发生后系统不能及时发现。

（2）事务等待图法：事务等待图是一个有向图 $G=(T, E)$。T 为节点的集合，每个节点表示正运行的事务；E 为边的集合，每条边表示事务等待的情况。若 T_1 等待 T_2，则在 T_1、T_2 之间画一条有向边，从 T_1 指向 T_2。事务等待图动态地反映了所有事务的等待情况。并发控制子系统周期性地（如每隔 1min）检测事务等待图，如果发现图中存在回路，则表示系统中出现了死锁。在图 7-1（a）中，事务 T_1 等待 T_2，而事务 T_2 等待 T_1，产生了死锁。在图 7-1（b）中，事务 T_1 等待 T_2，而事务 T_2 等待 T_3，事务 T_3 等待 T_4，而事务 T_4 等待 T_1，产生了死锁。

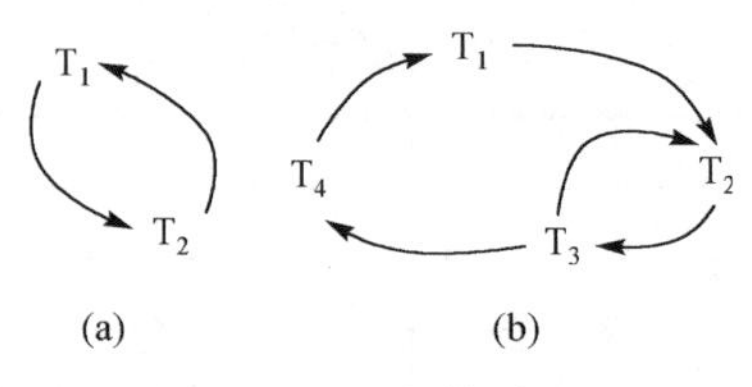

图 7-1　事务等待图

并发控制子系统周期性地生成事务等待图，检测事务。如果发现图中存在回路，则表示系统中出现了死锁。

DBMS 的并发控制子系统一旦检测到系统中存在死锁，就要设法解除。通常采用的方法是选择一个处理死锁代价最小的事务，将其撤销，释放此事务持有的所有锁，使其他事务得以继续运行下去。当然，对撤销的事务所执行的数据修改操作必须加以恢复。

7.2.3　并发调度的可串行性

并发调度的可串行性

事务的执行次序称为“调度”。如果多个事务依次执行，则称为事务的串行调度。如果利用分时的方法，同时处理多个事务，则称为事务的并发调度。

数据库技术中事务的并发执行与操作系统中多道程序设计的概念类似。在事务并发执行时，有可能破坏数据库的一致性，或用户读了“脏”数据。

如果有 n 个事务串行调度，可有 $n!$种不同的有效调度。对于事务串行调度的结果都是正确的。因为虽然以不同的顺序串行执行事务可能会产生不同的结果，但都不会将数据库置于不一致的状态，因此都是正确的。至于依照何种次序执行，视外界环境而定，系统无法预料。

如果有 n 个事务并发调度，可能的并发调度数目远远大于 $n!$。但其中有的并发调度是正确的，而有的则不是正确的。如何产生正确的并发调度，是由 DBMS 的并发控制子系统实现的。如何判断一个并发调度是否正确，可以用“并发调度的可串行性”概念来加以解决。

多个事务的并发执行是正确的，当且仅当其结果与按某一顺序的串行执行的结果相同时，我们称这种调度策略为可串行化的调度。

可串行性是并发事务正确性的准则。这个准则规定，一个给定的并发调度，当且仅当它是可串行化的时，才认为是正确的调度。

例如，现在有两个事务，分别包含下列操作：

事务 T_1：读 B；$A=B+5$；写回 A；

事务 T_2：读 A；$B=A+6$；写回 B；

假设 A 的初值为 2，B 的初值为 2。

表 7-10 给出了对这两个事务的 4 种不同的调度策略。

表 7-10 中(a)、(b)为两种不同的串行调度策略，虽然执行结果不同，但它们都是正确的调度。(c)中两个事务交错进行，其执行结果与任一串行调度结果均不同，因此是错误的调度。(d)中两个事务交错进行，其执行结果与(a)串行调度结果相同，所以是正确的调度。

为了保证并发操作的正确性，DBMS 的并发控制机制必须提供一定的手段来保证调度是可串行的。从理论上讲，在某一事务执行时禁止其他事务执行的调度策略一定是可串行化的调度，这也是最简单的调度策略。但这种方法实际上是不可取的，因为它使用户不能充分共享数据库资源。目前 DBMS 普遍采用封锁方法实现并发操作调度的可串行性，从而保证了调度的正确性。

两段锁协议就是保证并发调度可串行性的一种封锁协议。

表 7-10 并发事务的不同调度

(a) 串行调度		(b) 串行调度		(c) 不可串行化调度		(d) 可串行化调度	
事务 T_1	事务 T_2	事务 T_1	事务 T_2	事务 T_1	事务 T_2	事务 T_1	事务 T_2
Slock B			Slock A	Slock B		Slock B	
$Y=B=2$			$X=A=2$	$Y=B=2$		$Y=B=2$	
Unlock B			Unlock A		Slock A	Unlock B	
Xlock A			Xlock B		$X=A=2$	Xlock A	
$A=Y+5$			$B=X+6$	Unlock B			Slock A
写回 A(=7)			写回 B(=8)		Unlock A	$A=Y+5$	等待
Unlock A			Unlock B	Xlock A		写回 A(=7)	等待
	Slock A	Slock B		$A=Y+5$		Unlock A	等待
	$X=A=7$	$Y=B=8$		写回 A(=7)			$X=A=7$
	Unlock A	Unlock B			Xlock B		Unlock A
	Xlock B	Xlock A			$B=X+6$		Xlock B
	$B=X+6$	$A=Y+5$			写回 B(=8)		$B=X+6$
	写回 B(=13)	写回 A(=13)		Unlock A			写回 B(=13)
	Unlock B	Unlock A			Unlock B		Unlock B

两段锁协议

7.2.4 两段锁协议

两段锁协议，是指所有事务必须分两个阶段对数据项加锁和解锁。

(1) 在对任何数据进行读、写操作之前，首先要申请并获得对该数据的封锁。

(2) 在释放一个封锁之后，事务不再申请和获得任何其他封锁。

具体来说，两段锁的含义就是事务分为两个阶段，第一阶段是获得封锁，也称为扩展阶段，在这个阶段，事务可以申请获得任何数据项上的任何类型的锁，但是不能释放任何锁。第二阶段是释放封锁，也称为收缩阶段，在这个阶段，事务可以释放任何数据项上的任何类型的锁，但是不能再申请任何锁。

例如，有两个事务的封锁序列如下：

事务 T_1：Slock A … Slock B … Xlock C … Unlock B … Unlock A … Unlock C；

事务 T_2：Slock A … Unlock A … Slock B … Xlock C … Unlock C … Unlock B。

事务 T_1 遵守两段锁协议，而事务 T_2 在 Unlock A 后又进行封锁，不满足两段锁协议。

需要说明的是，事务遵守两段锁协议是可串行化调度的充分条件，而不是必要条件。也就是说，若并发事务都遵守两段锁协议，则对这些事务的任何并发调度策略都是可串行化的；若对并发事务的一个调度是可串行化的，不一定所有事务都符合两段锁协议。如表 7-11 所示，(a) 和 (b) 都是可串行化的调度，而 (c) 则是不可串行化的调度。

此外，要注意两段锁协议和防止死锁的一次封锁法的异同之处。一次封锁法要求每个事务必须一次将所有要使用的数据全部加锁，否则就不能继续执行。因此，一次封锁法遵守两段锁协议。但是两段锁协议并不要求事务必须一次将所有要使用的数据全部加锁，因此遵守两段锁协议的事务仍然可能发生死锁。如表 7-12 所示的两个事务均遵守两段锁协议，但是仍然发生了死锁。

表 7-11　两段锁协议与可串行化调度

(a) 遵守两段锁协议		(b) 不遵守两段锁协议		(c) 不遵守两段锁协议	
事务 T_1	事务 T_2	事务 T_1	事务 T_2	事务 T_1	事务 T_2
Slock B		Slock B			Slock A
读 B=2		读 B=2			读 A=2
Y=B		Y=B			X=A
Xlock A		Unlock B			Unlock A
	Slock A	Xlock A			
	等待		Slock A	Slock B	
A=Y+5	等待		等待	读 B=2	Xlock B
写回 A=7	等待	A=Y+5	等待	Y=B	等待
Unlock B	等待	写回 A=7	等待	Unlock B	Xlock B
Unlock A	等待	Unlock A	等待		B=X+6
	Slock A		Slock A		写回 B=8
	读 A=7		读 A=7		Unlock B
	Y=A		X=A		
	Xlock B		Unlock A		
	B=Y+6		Xlock B	Xlock A	
	写回 B=13		B=X+6	A=Y+5	
	Unlock B		写回 B=13	写回 A=7	
	Unlock A		Unlock B	Unlock A	

表 7-12　遵守两段锁协议的事务发生死锁

事务 T_1	事务 T_2
Slock B	
读 B=2	
	Slock A
	读 A=2
Xlock A	
等待	Xlock B
等待	等待
等待	等待

7.3　数 据 恢 复

虽然数据库系统中已采取一定的措施来防止数据库的安全性和完整性遭到破坏，保证并发事务的正确执行，但数据库中的数据仍然无法保证绝对不遭受破坏，如计算机系统中硬件的故障、软件的错误、操作员的失误、恶意的破坏等都有可能发生，这些故障的发生会影响数据库数据的正确性，甚至可能破坏数据库，使数据库中的数据全部或部分丢失。

因此，系统必须具有检测故障并把数据从错误状态恢复到某一正确状态的功能，这就是数据库的恢复。

数据库故障类型

7.3.1　数据库故障的类型

数据库故障是指导致数据库值出现错误描述状态的情况。数据库系统中可能发生的故障种类很多，大致可以分为以下几类。

1. 事务内部故障

事务内部故障有的可以通过事务程序本身发现，是可以预见到的。例如，在本章的例 7-1 中，就可以在事务的程序代码中进行判断，当银行账户金额不足，不能转账的时候，即对事务进行回滚，从而保证数据的一致性。

而事务内部故障更多的则是非预期的，不能由事务程序处理。例如，运算溢出或因并发事务死锁而被撤销的事务等。以后的事务故障默认指这类非预期的故障。

事务故障意味着事务没有达到预期的终点(COMMIT 或者显式的 ROLLBACK)，因此，数据库可能处于不正确状态。恢复程序要在不影响其他事务运行的情况下，强行回滚(ROLLBACK)该事务，即撤销该事务已经做出的任何对数据库的修改，使该事务好像根本没有启动一样。这类恢复操作称为事务撤销(UNDO)。

2. 系统故障

系统故障是指造成系统停止运转，使系统重新启动的任何事件。例如，特定类型的硬件错误(CPU 故障)、操作系统故障、突然停电等。这类故障影响正在运行的所有事务，但不破坏数据库。这时主存内容，尤其是数据库缓冲区(在内存)中的内容都被丢失，所有运行事务都非正常终止。

发生系统故障时，一些尚未完成的事务的结果可能已送入物理数据库，从而造成数据库可能处于不正确的状态。为保证数据一致性，需要清除这些事务对数据库的所有修改。恢复子系统必须在系统重新启动时让所有非正常终止的事务回滚，强行撤销(UNDO)所有未完成的事务。

另外，发生系统故障时，有些已完成的事务可能有一部分甚至全部留在缓冲区，尚未写回到磁盘上的物理数据库中，系统故障使得这些事务对数据库的修改，部分或全部丢失，这也会使数据库处于不一致状态，因此，应将这些事务已提交的结果重新写入数据库。所以，系统重新启动后，恢复子系统除需要撤销所有未完成的事务外，还需要重做(REDO)所有已提交的事务，以将数据库真正恢复到一致状态。

3. 介质故障

系统故障常称为软故障，而介质故障常称为硬故障。硬故障指外存故障，如磁盘损坏、磁头碰撞、瞬时强磁场干扰等。这类故障将破坏数据库或部分数据库，并影响正在存取这部分数据的所有事务。这类故障比前两类故障发生的可能性小很多，但破坏性最大。

4. 计算机病毒

计算机病毒是一种人为的故障或破坏，是一些恶作剧者研制的一种计算机程序。这种程序与其他程序不同，它像微生物学所称的病毒一样可以繁殖和传播，并造成对计算机系统(包括数据库)的危害。

总结各类故障，对数据库的影响通常有两种可能性：一是数据库本身被破坏；二是数据库没有破坏，但数据可能不正确。

7.3.2　数据库恢复的基本原理和技术

数据库恢复的基本原理十分简单，就是数据的冗余。数据库中任何一部分被破坏的或不正确的数据都可以利用存储在系统其他地方的冗余数据来修复。因此恢复系统应该提供两个关键问题的解决办法：一是如何建立冗余数据，即对可能发生的故障做某些准备；二是如何利用这些冗余数据实施数据库恢复。

1. 建立冗余数据

建立冗余数据最常用的技术是数据转储和登记日志文件。在实际应用中，这两种方法常常结合起来一起使用。

数据转储

1) 数据转储

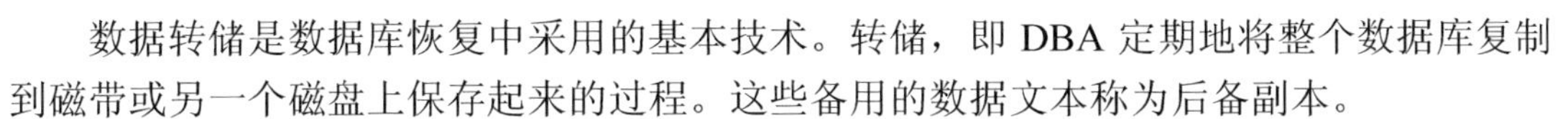

数据转储是数据库恢复中采用的基本技术。转储，即 DBA 定期地将整个数据库复制到磁带或另一个磁盘上保存起来的过程。这些备用的数据文本称为后备副本。

当数据库遭到破坏后可以将后备副本重新装入，但重装后备副本只能将数据库恢复到转储时的状态，要想恢复到故障发生时的状态，必须重新运行自转储以后的所有更新事务。

转储是十分耗费时间和资源的，不能频繁进行。DBA 应该根据数据库使用情况确定一个适当的转储周期。

转储可分为静态转储和动态转储。

静态转储是在系统中无运行事务时进行的转储操作。即转储操作开始的时刻，数据库处于一致性状态，而转储期间不允许(或不存在)对数据库进行任何存取、修改活动。显然，静态转储得到的一定是一个数据一致性的副本。

静态转储简单，但转储必须等待正运行的用户事务结束才能进行。同样，新的事务必须等待转储结束才能执行。显然，这会降低数据库的可用性。

动态转储是指转储期间允许对数据库进行存取或修改，即转储和用户事务可以并发执行。

动态转储可克服静态转储的缺点，它不用等待正在运行的用户事务结束，也不会影响新事务的运行。但是，转储结束时后备副本上的数据并不能保证正确有效。例如，在转储期间的某个时刻 t_1，系统把数据 A=50 转储到磁带上，而在下一时刻 t_2，某一事务将 A 改为 60。转储结束后，后备副本上的 A 已是过时的数据了。

为此，必须把转储期间各事务对数据库的修改活动登记下来，建立日志文件。这样，后备副本加上日志文件就能把数据库恢复到某一时刻的正确状态。

转储还可以分为海量转储和增量转储两种方式。海量转储是指每次转储全部数据库；增量转储则指每次只转储上一次转储后更新过的数据。从恢复角度看，使用海量转储得到的后备副本进行恢复一般来说会更方便些。但如果数据库很大，事务处理又十分频繁，则增量转储方式更实用、更有效。

数据转储有两种方式，分别可以在两种状态下进行，因此，数据转储方法可以分为 4

日志

类：动态海量转储、动态增量转储、静态海量转储和静态增量转储。

2) 登记日志文件

日志文件是用来记录事务对数据库的更新操作的文件。它包含数据库每次被修改项目的旧值和新值，目的是为数据库的恢复保留依据。不同的数据库系统采用的日志文件格式并不完全一样。概括起来，日志文件主要有两种格式：以记录为单位的日志文件和以数据块为单位的日志文件。

日志文件在数据库恢复中起着非常重要的作用，可以用来进行事务故障恢复和系统故障恢复，并协助后备副本进行介质故障恢复。

为保证数据库是可恢复的，登记日志文件时必须遵循两条原则：登记的次序严格按并发事务执行的时间次序；必须先写日志文件，后写数据库。

把对数据的修改写到数据库中和把表示这个修改的日志记录写到日志文件中是两个不同的操作。有可能在这两个操作之间发生故障，即这两个写操作只完成了一个。如果先写了数据库修改，而在运行记录中没有登记这个修改，则以后就无法恢复这个修改。如果先写日志，但没有修改数据库，那么按日志文件恢复时只不过是多执行一次不必要的UNDO操作，并不会影响数据库的正确性。所以为了安全，一定要先写日志文件，即首先把日志记录写到日志文件中，然后写数据库的修改。这就是“先写日志文件”的原则。

数据库恢复策略

2. 实施数据库恢复

当系统运行过程中发生故障时，利用数据库后备副本和日志文件就可以将数据库恢复到故障前的某个一致性状态。不同的故障其恢复策略和方法是不一样的。

1) 事务故障的恢复

事务故障是指事务在运行至正常终止点前被终止，这时恢复子系统应利用日志文件撤销此事务已对数据库进行的修改。事务故障的恢复是由系统自动完成的，不需要用户干预。系统的恢复步骤如下。

(1) 反向扫描文件日志(即从最后向前扫描日志文件)，查找该事务的更新操作。

(2) 对该事务的更新操作执行逆操作，即将日志记录中“更新前的值”写入数据库。这样，如果记录中是插入操作，则相当于做删除操作；若记录中是删除操作，则做插入操作；若是修改操作，则相当于用修改前的值代替修改后的值。

(3) 继续反向扫描日志文件，查找该事务的其他更新操作，并进行同样的处理。

(4) 如此处理下去，直至读到此事务的开始标记，事务故障恢复就完成了。

2) 系统故障的恢复

系统故障造成数据库不一致状态的原因有两个：一是未完成事务对数据库的更新可能已写入数据库；二是已提交事务对数据库的更新可能还留在缓冲区没来得及写入数据库。因此，恢复操作就是要撤销故障发生时未完成的事务，重做已完成的事务。

系统的恢复步骤如下。

(1) 正向扫描日志文件(即从头扫描日志文件)，找出在故障发生前已经提交的事务，将其事务标识记入重做队列。同时，找出故障发生时尚未完成的事务，将其事务标识记入撤销队列。

(2) 对撤销队列中的各个事务进行 UNDO 处理。进行 UNDO 处理的方法是，反向扫描日志文件，对每个 UNDO 事务的更新操作执行逆操作。

(3) 对重做队列中的各个事务进行重做(REDO)处理。进行(REDO)处理的方法是正向扫描日志文件，对每个 REDO 事务重新执行登记的操作。

系统故障的恢复由系统在重新启动时自动完成，不需要用户干预。

3) 介质故障的恢复

发生介质故障后，磁盘上的物理数据和日志文件被破坏，这是最严重的一种故障。恢复方法是重装数据库后备副本，然后重做已完成的事务。具体的操作步骤如下。

(1) 装入最新的后备数据库副本，使数据库恢复到最近一次转储时的一致性状态。

(2) 装入有关的日志文件副本，重做已完成的事务。首先扫描日志文件，找出故障发生时已提交的事务的标识，将其记入重做队列。然后正向扫描日志文件，对重做队列中的所有事务进行重做处理。即将日志记录中“更新后的值”写入数据库。

介质故障的恢复需要 DBA 介入。DBA 的工作主要是重装最近转储的数据库副本和有关的各日志文件副本，然后执行系统提供的恢复命令。具体的恢复操作仍然要由 DBMS 完成。

7.4　小　结

事务是数据库应用程序的最小逻辑工作单位。本章主要讨论了数据库事务管理的基本技术，包括保证事务在并发执行时满足 ACID 特性的并发控制技术和保证事务在故障时满足 ACID 特性的数据恢复技术。

数据库的并发控制用来防止并行执行的事务产生的数据不一致性。数据不一致性有丢失修改、读“脏”数据、不可重复读 3 种情况。并发控制方法有封锁、时间戳和乐观方法等。本章主要介绍了封锁方法，讲述了封锁的基本概念、解决数据不一致性的三级封锁协议和保证并发控制可串行化的两段锁协议，并对封锁技术中所产生的问题——死锁进行了讨论。

数据库的恢复技术用来防止计算机故障等造成的数据丢失。恢复中最常用的技术是数据库转储和登记日志文件，其基本原理是利用存储在后备副本、日志文件中的冗余数据来重建数据库。数据库系统中可能发生的故障大致可以分为事务内部故障、系统故障、介质故障和计算机病毒。根据不同的故障种类，需要采取不同的恢复策略。

习　题

一、选择题

1. SQL 中的 COMMIT 语句的主要作用是(　　)。

A. 结束程序　B. 返回系统　C. 提交事务　D. 存储数据

2. SQL 用(　　)语句实现事务的回滚。

A. CREATE　B. ROLLBACK　C. DROP　D. COMMIT

3．为了解决并发操作带来的数据不一致问题，普遍采用(　　)技术。

A．封锁　B．存取控制　C．恢复　D．协商

4．在下列问题中，(　　)不是并发操作带来的问题。

A．丢失修改　B．不可重复读　C．死锁　D．读“脏”数据

二、填空题

1．并发操作带来的数据不一致性包括________、________和________。

2．基本的封锁类型有________和________。

3．事务在修改数据 R 之前必须先对其加 X 锁，直到事务结束才释放，称为________协议。

4．如果多个事务依次执行，则称为事务的________；如果利用分时的方法，同时处理多个事务，则称为事务的________。

5．如果一个事务并发调度的结果与某一串行调度执行结果等价，则这个并发调度称为________，否则，是________。

三、简答题

1．什么是事务？它有哪些特性？

2．如题表 7-1 所示是一个调度的时间序列。该调度包括 $T_1, T_2, \cdots, T_5$ 5 个事务，A、B、C、D 为数据库中的数据项。假定“读 i”需获得 i 上的一个 S 锁，而“修改 i”需获得 i 上的一个 X 锁。又假定所有锁都保持到事务结束，那么在时刻 t_{13} 是否存在死锁？并分析哪些事务处于等待另一个事务的状态。

题表 7-1

时间	事务	操作	时间	事务	操作	时间	事务	操作
t_1	T_1	读 A	t_6	T_2	读 D	t_{11}	T_4	读 B
t_2	T_2	读 B	t_7	T_2	修改 D	t_{12}	T_4	修改 B
t_3	T_3	读 C	t_8	T_3	读 D	t_{13}		
t_4	T_4	读 D	t_9	T_5	修改 A			
t_5	T_5	读 A	t_{10}	T_1	COMMIT			

3．设 T_1、T_2、T_3 是如下 3 个事务，设 A 的初值为 0：

T_1：读 A；$A:=A+2$；

T_2：读 A；$A:=A*2$；

T_3：读 A；$A:=A*A$；

(1) 若这 3 个事务允许并行执行，则有多少种可能的正确结果，请一一列举出来；

(2) 请给出一个可串行化的调度，并给出执行结果；

(3) 请给出一个不可串行化的调度，并给出执行结果。

4．三级封锁协议的内容与作用分别是什么？

5．数据库运行中可能产生的故障有哪几类？试述对各类故障的恢复策略。

第 8 章　SQL Server 2017 基础

【本章导读】

SQL Server 是 Microsoft 公司推出的适用于大型网络环境的数据库产品，是一个关系数据库管理系统，它一经推出后，很快得到了广大用户的积极响应，成为数据库市场上的一个重要产品。Microsoft 公司经过对 SQL Server 的不断更新换代，目前已推出 SQL Server 2017 版本，最新发布的 SQL Server 2017 跨出了重要的一步，它力求将 SQL Server 的强大功能引入 Linux、基于 Linux 的 Docker 容器和 Windows，用户能够在 SQL Server 平台上选择开发语言、数据类型、本地开发或云端开发，以及操作系统开发。本章介绍 SQL Server 2017 的基础知识，包括 SQL Server 的发展过程，SQL Server 2017 平台组成，SQL Server 2017 优点、安装方法、常用管理工具及系统数据库。

【学习目标】

(1) 了解 SQL Server 的发展过程。
(2) 掌握 SQL Server 2017 的主要功能及优点。
(3) 掌握 SQL Server 2017 的平台组成。
(4) 了解 SQL Server 2017 的常用管理工具。
(5) 掌握 SQL Server 2017 的系统数据库及作用。
(6) 熟悉 SQL Server 2017 常用界面的功能操作。
(7) 理解 SQL Server 2017 的组成结构及文件。
(8) 熟悉 SQL Server 2017 的常用版本及安装要求。

8.1　SQL Server 的发展简介

SQL Server 发展概述

1. SQL 及 T-SQL 的基本概念

1974 年 IBM 为关系 DBMS 设计了一种查询语言，先在 IBM 公司的关系数据库系统 System R 上实现，当时称为 SEQUEL，后简称为 SQL。T-SQL 是 Transact-SQL（事务-结构化查询语言）的简称，也是 SQL Server 的核心组件，是对 SQL 的一种扩展形式。

2. 微软 SQL Server 的发展概述

微软 SQL Server 的历史具有传奇色彩，最初是由微软、Sybase、Ashton-Tate（开发 dBase 的公司）三家合作，将 Sybase SQL Server 数据库移植到 OS/2 操作系统而诞生的。后来随着 OS/2 的挫败和 Windows NT 操作系统的走强，微软停止了与 Sybase 的合作，开始聚焦于为 Windows 平台独立地开发和维护这个数据库产品，这就是 Microsoft SQL Server 的由来。为了避免混淆，Sybase 也将自己的数据库从 Sybase SQL Server 重命名为 Adaptive Server Enterprise(ASE)，从此 SQL Server 仅指微软旗下关系型数据库。

与 Sybase 终止合作之后的 Microsoft SQL Server 发展迅速。SQL Server 7.0 和 SQL Server 2000 这两个版本基本完成了在原有 Sybase 代码基础上的大量重写和扩展，正式进入企业级数据库的行列；而 SQL Server 2005 则真正走向了成熟，与 Oracle、IBM DB2 形成了商业数据库的三足鼎立之势；之后 SQL Server 历经 2008、2008 R2、2012、2014、2016 各版本的持续投入和不断进化。

早在 2016 年，当微软宣布 SQL Server 将很快在 Linux 上运行时，这一消息对用户、权威人士以及 SQL Server 从业者来说都是一个巨大的惊喜。果然，微软不负众望，在美国时间 2017 年 10 月 2 日正式发布了最新一代可以运行在 Linux 平台的数据库 SQL Server 2017。近年来各类 NoSQL 数据库产品和 Hadoop 生态的出现与流行，给传统关系型数据库(RDBMS)带来了巨大的挑战。从微软提供 Linux 版 SQL Server 这件事情，可以看出微软大的战略转型：变得更加开放、包容和勇于创新，而不是像以前一样与自家的微软系列生态系统紧密地捆绑在一起。微软的这种良性转变，对用户和 SQL Server 数据库从业者来说是巨大的福音。因此，SQL Server 与 Linux 合作得很成功，SQL Server 2017 就是它们合作的成果。

Microsoft 公司在 1995～2017 年的 20 多年来，不断地开发和升级数据库管理系统 SQL Server，各种业务数据处理新技术得到了广泛应用且不断快速发展和完善，其版本发布时间和开发代号如表 8-1 所示。

表 8-1　SQL Server 版本发布时间和开发代号

发布时间	版本	开发代号
1995 年	SQL Server 6.0	SQL 95
1996 年	SQL Server 6.5	Hydra
1998 年	SQL Server 7.0	Sphinx
2000 年	SQL Server 2000	Shiloh
2003 年	SQL Server 2000 Enterprise 64 位版	Liberty
2005 年	SQL Server 2005	Yukon
2008 年	SQL Server 2008	Katmai
2012 年	SQL Server 2012	Denali
2014 年	SQL Server 2014	SQL14
2016 年	SQL Server 2016	Data Explorer
2017 年	SQL Server 2017	—

8.2　SQL Server 2017 简介

SQL Server 2017 平台简介

8.2.1　SQL Server 2017 平台构成

美国时间 2017 年 10 月 2 日，微软最新一代数据库 SQL Server 2017 正式发布。SQL Server 2017 带来了一系列全新的功能与设计，体现了微软在数据平台建设方面的最新思考和实践。SQL Server 2017 对 SQL Server 的更新突显了其独特的解决方案和视角，解决了客户在访问 AI（Artificial Intelligence）和其他分析服务时面临的一些挑战。通过将 AI 直接引入整个数据生命周期，BI（Business Intelligence）专家现在可以执行高级查询，包括简单或高级算法的应用，并且直接看到分析结果。它已经不是传统的数据库，而是整合了数据库、商业智能、数据服务、分析服务等多种技术的数据库平台。

在 SQL Server 2017 中，常用的七大服务器组件及其对应的主要功能如表 8-2 所示。

表 8-2　SQL Server 2017 服务器组件及主要功能

服务器组件	主要功能说明
数据库引擎（Database Engine，DE）	是系统最核心的组件，主要用于业务数据的存储、处理、查询和安全管理等操作。包括创建数据库和表、执行各种数据查询，以及访问数据库等，常用于调用数据库系统及有关操作
分析服务（Analysis Services，AS）	具有提供商务解决方案，以及多维分析（也称为联机分析处理（OLAP））和数据挖掘功能，支持用户建立数据仓库和进行商业智能分析。由于数据库引擎负责多维分析，利用 AS，设计、创建和管理包括其他数据库源数据的多维结构，通过对多维数据的多角度分析，可支持对业务数据的更全面的理解。还可以完成数据挖掘模型的构建和应用，实现知识发现、表示、管理和共享
报表服务（Reporting Services，RS）	利用提供基于服务器的报表平台，为各种数据源提供支持 Web 的企业级的报表功能。用户可以方便地定义和发布满足需求的报表。例如，在航空公司的机票销售信息系统中，用 SQL Server 提供的 RS 可方便地生成 Word、PDF、Excel 和 XML 等格式的报表
集成服务（Integration Services，IS）	是用于生成企业级数据集成和数据转换解决方案的平台，是从原来的数据转换服务派生并重新以.NET 改写而成的。可实现有关数据的提取、转换和加载等。例如，对于分析服务，数据库引擎是一个重要的数据源，将其中的数据适当地处理和加载到分析服务中可进行各种分析处理。IS 可以高效地处理各种类型的数据源，包括处理 Oracle、Excel、XML 文档和文本文件等数据源中的数据
主数据服务（Master Data Services，MDS）	针对主数据管理方案，可配置其管理任何领域（产品、客户和账户），可包括层次结构，各种级别的安全性、事物、数据版本控制和业务规则，也可以用于管理数据的处理 Excel 的外接程序，包括复制服务、服务代理、通知服务和全文检索服务等功能组件，共同构建完整的服务架构
机器学习服务（数据库中）	机器学习服务（数据库中）支持使用企业数据源的分布式、可缩放的机器学习解决方案。SQL Server 2016 支持 R 语言。SQL Server 2017 支持 R 和 Python
机器学习服务器（独立）	机器学习服务器（独立）支持在多个平台上部署分布式、可缩放机器学习解决方案，并可使用多个企业数据源，包括 Linux 和 Hadoop。 SQL Server 2016 支持 R 语言，SQL Server 2017 支持 R 和 Python

8.2.2　SQL Server 2017 新功能

对 SQL Server 而言，SQL Server 2017 是历史上具有里程碑意义的一步，因为这是跨出 Windows 的第一个版本，标志着 SQL Server 在 Linux 平台上首次可用。以下是 SQL Server 2017 平台重要的新功能，这些新功能将对企业的分析策略产生积极的影响。

1. 公司可以存储和管理更智能的数据

SQL Server 2017 改变了查看数据的方式。事实上平台的新功能将使数据科学家和企业通过数据进行交互的时候，能够检索不同的算法来应用和查看已经被处理与分析的数据。

Microsoft 将其 AI 功能与下一代 SQL Server 引擎集成，可以实现更智能的数据传输。

2. 跨平台提供更多的灵活性

现在无论是一个大型 Linux 商店，还是在 Mac 上进行数据库引擎的开发，新一代的 SQL Server 2017 都可以支持，它可以在 Linux 上完全运行、完全安装，或运行在 Mac OS 的 Docker 容器上。SQL Server 的跨平台支持将为许多使用非 Windows 操作系统的公司提供机会来部署数据库引擎。

3. 先进的机器学习功能

SQL Server 2017 支持 Python 语言，希望利用机器学习的高级功能的企业可以使用 Python 语言和 R 语言(注：SQL Server 用户可以在安装过程中下载并安装标准的开源 Python Interpreter 版本 3.5 和一些常见的 Python 包。Microsoft 只支持 Interpreter 3.5 版。Microsoft 选择该版本是想避免较新版本的 Python Interpreter 中存在的一些兼容性问题)。

这为数据科学家提供了利用所有现有算法库或在新系统中创建新算法库的机会。集成是非常有价值的，这样企业不需要支持多个工具集，以便通过数据完成其高级分析目标。

4. 增强数据层的安全性

在 SQL Server 的新版本中，企业可以直接在数据层上增加新的增强型数据保护功能。行级别安全控制、始终加密和动态数据屏蔽在 SQL Server 2016 中已经存在，但是 SQL Server 2017 对许多工具进行了改进，包括企业不仅可以确保行级别，而且可以确保列级别。

5. 提高了 BI 分析能力

BI 分析服务也有改进，企业通常使用这些服务来处理大量数据。一些新功能包括新的数据连接功能、数据转换功能、Power Query 公式语言的混搭，增强了对数据中的不规则层级(Ragged Hierarchies)的支持，并改进了使用的日期/时间维度的时间关系分析。

8.2.3 SQL Server 2017 的优点

SQL Server 2017 对比同类系统具有一些独特的优点。

1. 高性能

利用突破的延展性、效能和可用性来执行关键任务、智能应用程式和资料仓库。以每秒进行高达 100 万次预测的即时分析，拥有企业数位转型需要的洞察力。利用实时内存业务分析技术(Real-time Operational Analytics &In-Memory)使其事务处理速度提升 30 倍，可升级的内存列存储技术(Columnstore)让分析速度提升了 100 倍，最常用的查询时间也缩短为几秒钟。

2. 跨平台

目前可在 Windows、Linux 和 Docker 容器内部部署和在云端使用所选语言，建立现代应用程式。微软发布 SQL Server 2017 时，直接发布了 Windows 和 Linux 两个版本。新版本的跨平台性为很多非 Windows 操作系统的公司提供了更多的使用机会。

3. 更安全

SQL Server 连续 7 年被美国国家标准与技术研究所评为漏洞最少的数据库。SQL Server 2016 增加了许多新安全特性：数据全程加密保护传输和存储的数据安全，层级安全性管控让客户基于用户特征控制数据访问，透明数据加密只需消耗极少的系统资源即可实现所有用户数据加密；支持安全传输层协议，可增强其防范攻击，动态数据掩码和行级别安全可在开发应用时对特定用户设立权限保护用户数据。SQL Server 2017 在此基础上提升了加密技术，保护静态和动态资料。SQL Server 仅存储加密文件的元数据，永远不知道真正的数据是什么。

4. 外部代码运行 Python&R

SQL Server 具有并行、权限控制、资源调控、统一的执行环境体验、易于部署的优势，用户可以在 SQL Server 中运行 Python 或 R 语言，减少计算节点与数据节点间的数据移动。

5. 免授权

在非微软的付费商用数据库平台上运行应用或工作负载的客户，不需要重新购买软件授权，即可将其现有的应用迁移到 SQL Server。

6. 升地位

微软在业务 DBMS、数据仓库及分析型数据管理解决方案、商业智能及分析平台力、高级分析平台等方面被列为业界“领导者”，其中在核心数据库魔力象限中，首次同时获得执行力与愿景方面第一。

7. 端对端行动

SQL Server 2017 将原始资料转化为可传达至任何装置、有意义的报告，而成本仅为其他自助解决方案的四分之一。

8.3 SQL Server 2017 的安装

SQL Server 2017 的安装

8.3.1 SQL Server 2017 的版本介绍

SQL Server 2017 各种版本及主要功能如表 8-3 所示。

表 8-3　SQL Server 2017 各种版本及主要功能

SQL Server 2017 版本	主要功能说明
企业版 Enterprise(64 位和 32 位)	提供了全面的高端数据功能，极为快捷，虚拟化不受限制，还具有端到端的商业智能，可为关键任务工作负荷提供较高服务级别，支持最终用户访问深层数据
标准版 Standard(64 位和 32 位)	提供基本数据管理和商业智能数据库，使部门和小型组织能够顺利利用其程序并支持将常用的开发工具运用到内部部署和云部署，有助于以最少的 IT 资源获得高效的数据库管理
精简版 Express(64 位和 32 位)	是入门级学习和构建桌面与小型服务器数据驱动应用程序的理想选择。可升级到更高级数据库功能，具备所有的可编程功能，在用户模式下运行，具有快速零配置安装和必备组件要求较少的特点
开发者版 Developer(64 位和 32 位)	支持开发人员基于 SQL Server 构建任意类型的应用程序，包括 Enterprise 版的所有功能，但有许可限制，只能用作开发和测试系统，而不能用作生产服务器，是构建和测试应用程序人员的理想之选
网页版 Web	对于为从小规模至大规模 Web 资产提供可伸缩性、经济性和可管理性功能的 Web 宿主和 Web VAP 来说， SQL Server Web 版本是一项总成本较低的选择

8.3.2　安装 SQL Server 2017 的软硬件环境要求

下面介绍 Windows 操作系统上安装和运行 SQL Server 2017 至少需要满足的硬件和软件要求。关于在 Linux 上进行 SQL Server 2017 的安装，请参考微软官方网站的文档 Linux 上 SQL Server 的硬件和软件要求。

1. .NET Framework 4.6

SQL Server 2017 RC1 和更高版本需要.NET Framework 4.6 才能运行数据库引擎、Master Data Services 或复制功能。SQL Server 2017 安装程序会自动安装.NET Framework。还可以从适用于 Windows 的 Microsoft .NET Framework 4.6(Web 安装程序)中手动安装.NET Framework。有关.NET Framework 4.6 的详细信息、建议和指南，请参阅面向开发人员的.NET Framework 部署指南。

2. 网络软件

SQL Server 支持的操作系统具有内置网络软件。独立安装的命名实例和默认实例支持以下网络协议：共享内存、命名管道、TCP/IP 和虚拟接口适配器协议(VIA)。注意：故障转移群集不支持共享内存和 VIA 协议。

还要注意，不推荐使用 VIA 协议，后续版本的 Microsoft SQL Server 将删除该功能。请避免在新的开发工作中使用该功能，并着手修改当前还在使用该功能的应用程序。

3. 硬盘

SQL Server 2017 要求最少 6GB 的可用硬盘空间。磁盘空间要求将随所安装的 SQL Server 2017 组件不同而发生变化。

4. 驱动器

从磁盘进行安装时需要相应的 DVD 驱动器。

5. 监视器

SQL Server 2017 要求有 Super-VGA（800×600 像素）或更高分辨率的显示器。

6. Internet

使用 Internet 功能需要连接 Internet（可能需要付费）。

注意：在虚拟机上运行 SQL Server 2017 的速度要慢于在本机运行，因为虚拟化会产生系统开销，对于 PolyBase 功能没有附加的硬件和软件要求。

7. 内存

最小值：Express 版本为 512MB；所有其他版本为 1GB。建议：Express 版本为 1GB。所有其他版本至少 4GB，并且应该随着数据库大小的增加而增加，以便确保最佳的性能。

8. 处理器速度

最低要求：x64 处理器为 1.4GHz；建议采用 2.0GHz 或更快。x64 处理器包括 AMD Opteron、AMD Athlon 64、支持 Intel EM64T 的 Intel Xeon、支持 EM64T 的 Intel Pentium IV。

8.3.3 实例

在安装 SQL Server 之前，首先需要了解一个概念——实例。各个数据库厂商对实例的解释不完全一样，SQL Server 中可以这样理解实例：当在一台计算机上安装一次 SQL Server 时，就形成一个实例。

1. 默认实例和命名实例

如果是在计算机上第一次安装 SQL Server（并且此计算机上也没有安装其他的 SQL Server 版本），则 SQL Server 2017 安装向导会提示用户选择把这次安装的 SQL Server 实例作为默认实例还是命名实例（通常默认选项是默认实例）。命名实例只是表示在安装过程中为实例指定了一个名称，然后就可以用该名称访问该实例。默认实例是用当前使用的计算机的网络名作为其实例名。

在客户端访问默认实例的方法是：在 SQL Server 客户端工具中输入计算机名或者是计算机的 IP 地址。访问命名实例的方法是：在 SQL Server 客户端工具中输入计算机名/命名实例名。

在一台计算机上只能安装一个默认实例，但可以有多个命名实例。

注意：在第一次安装 SQL Server 2017 时，建议选择使用默认实例，这样便于初级用户理解和操作。

2. 多实例

数据库管理系统的一个实例代表一个独立的数据库管理系统，SQL Server 2017 支持在同一台服务器上安装多个 SQL Server 2017 实例。在安装过程中，数据库管理员可以选择安装一个不指定名称的实例（默认实例），在这种情况下，将采用服务器的机器名作为默认实例名。在一台计算机上除了安装 SQL Server 的默认实例外，如果还要安装多个实例，则必须给其他实例取不同的名称，这些实例均是命名实例。在一台服务器上安装 SQL Server 的多个实例，使不同的用户可以将自己的数据放置在不同的实例中，从而避免不同用户数据之间的相互干扰。多实例的功能使用户可以相互独立地使用 SQL Server 数据库管理系统。

并不是在一台服务器上安装的 SQL Server 实例越多越好，因为安装多个实例会增加管理开销，导致组件重复，SQL Server 和 SQL Server Agent 服务的多个实例需要额外的计算机资源，包括内存和处理能力。

8.3.4　安装及安装选项

下面以在 Windows 10 操作系统上安装 SQL Server 2017 开发版为例，说明 SQL Server 2017 的安装过程。

(1) 下载或插入 SQL Server 2017 安装软件，然后双击根目录 SETUP.exe，出现如图 8-1 所示的安装界面。

(2) 在安装界面中，选择全新安装模式进行安装，如图 8-2 所示。

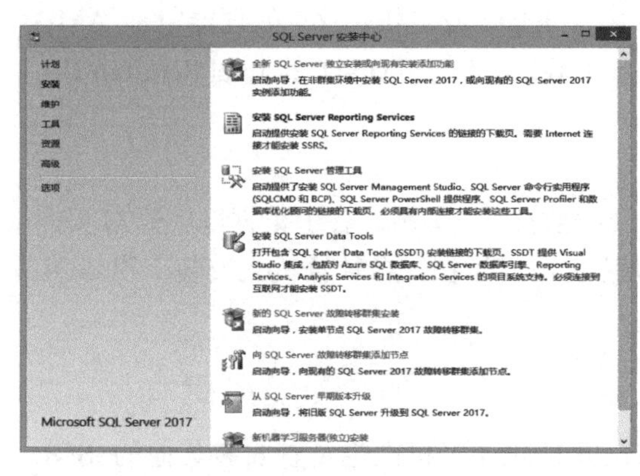

图 8-1　SQL Server 2017 安装界面

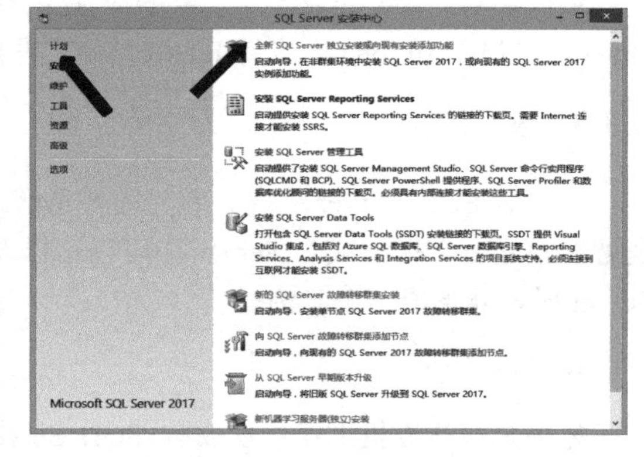

图 8-2　选择全新安装

(3) 进入“Microsoft 更新”界面，如图 8-3 所示。

(4) 在图 8-3 中单击“下一步”按钮，出现安装程序文件和安装规则检查，如图 8-4 所示。

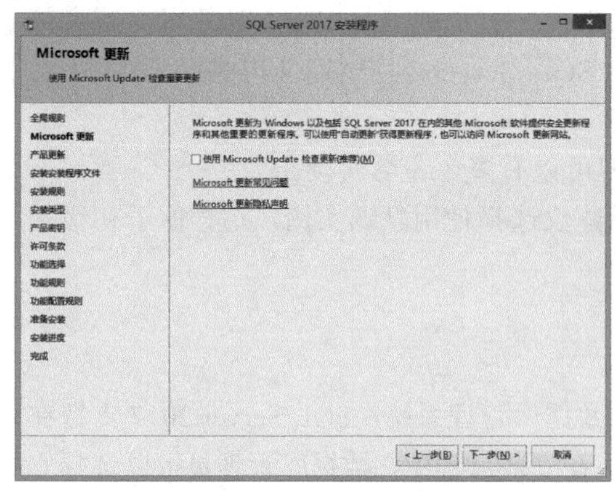

图 8-3　Microsoft 更新

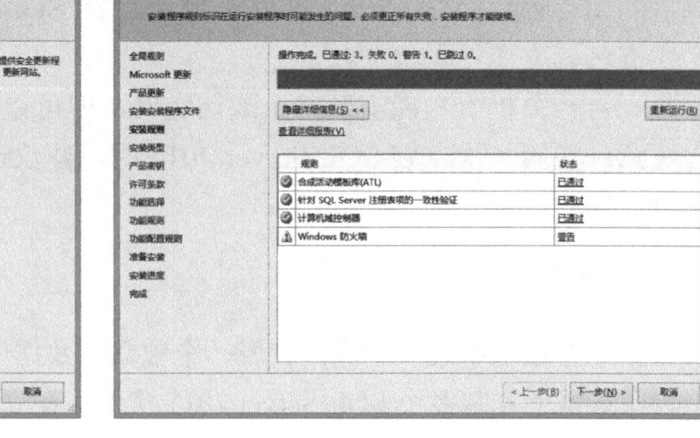

图 8-4　安装规则

(5) 在图 8-4 中规则检查完毕后，单击“下一步”按钮，进入“安装类型”界面。默认为"执行 SQL Server 2017 的全新安装"，如图 8-5 所示。

(6) 在图 8-5 中单击"下一步"按钮，在协议中选择"我接受许可条款"复选框，出现接受许可条款界面，如图 8-6 所示。

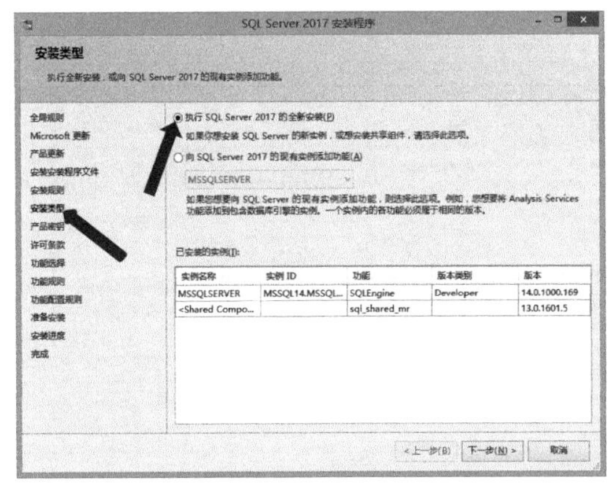

图 8-5　安装功能选择

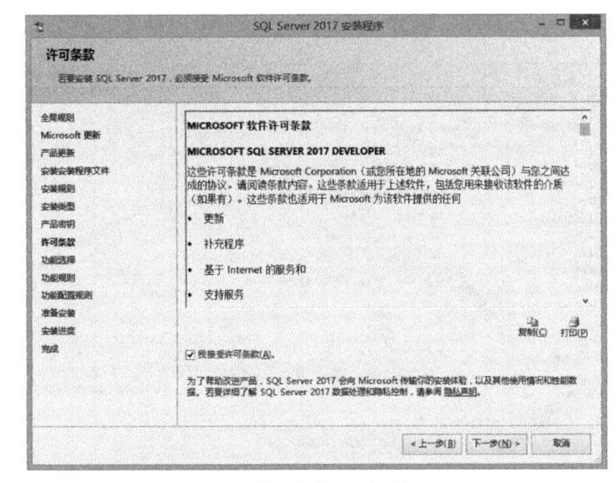

图 8-6　接受许可条款

(7) 在图 8-6 中单击"下一步"按钮，进入"功能选择"界面，根据自己的需要选择，单击"下一步"按钮进入"实例配置"界面，在此选择"默认实例"单选按钮，如图 8-7 所示。

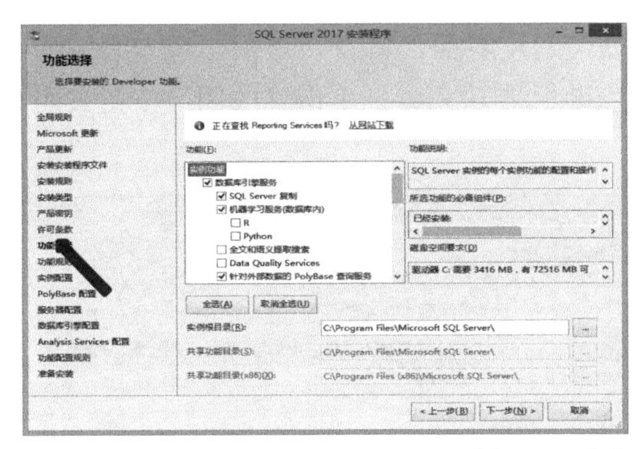

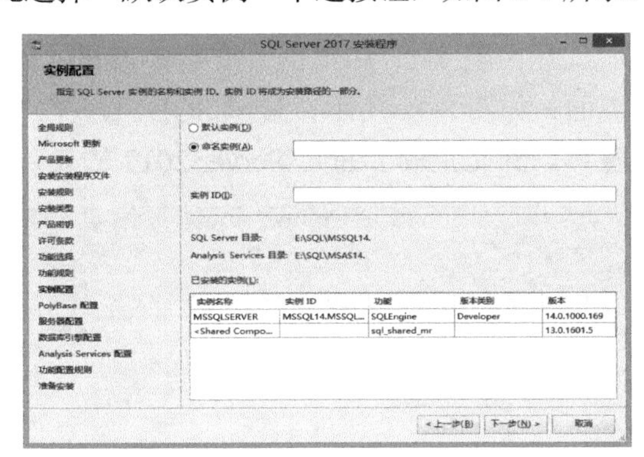

图 8-7　功能选择和实例配置

(8) 单击"下一步"按钮，进入 PolyBase 配置界面和服务器配置界面，选择默认选项即可，如图 8-8 所示。

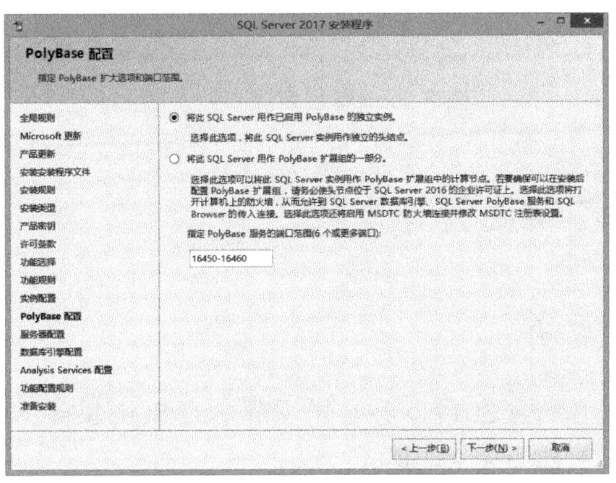

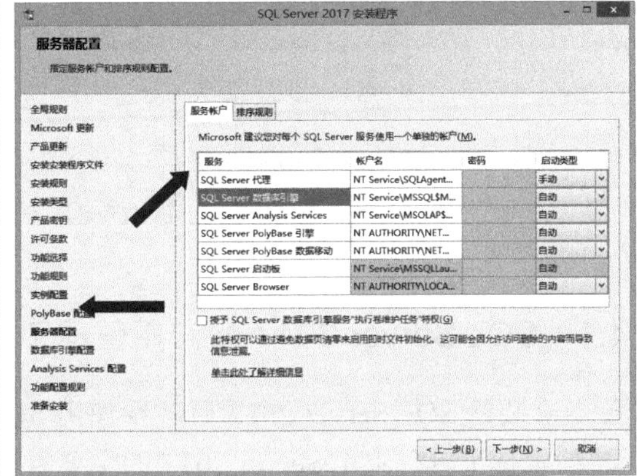

图 8-8　PolyBase 配置和服务器配置

(9) 如图 8-8 右图所示，单击“下一步”按钮，进入“数据库引擎配置”界面，选择使用混合模式，如图 8-9 所示。

(10) 在图 8-9 中单击“下一步”按钮，进入“Analysis Services 配置”界面，使用默认选项，出现如图 8-10 所示界面。

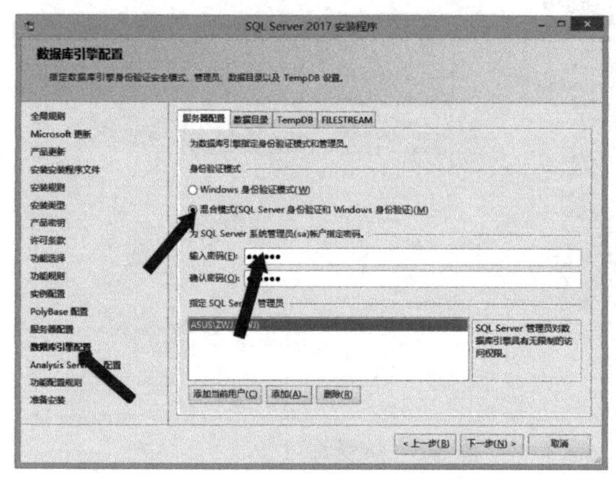

图 8-9 数据库引擎配置

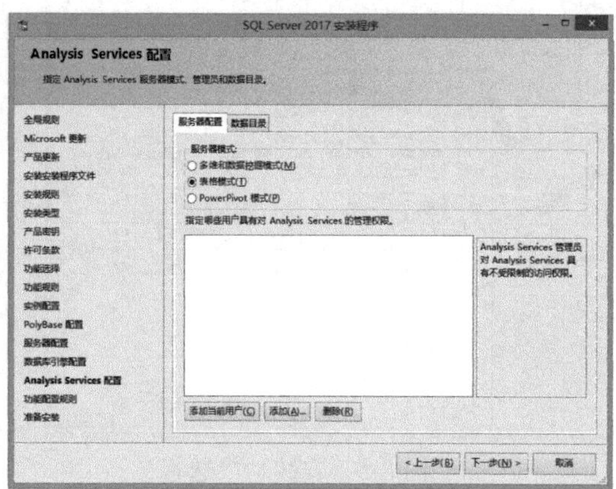

图 8-10 Analysis Services 配置

(11) 在图 8-10 中单击“下一步”按钮，进入“准备安装”界面，如图 8-11 所示。

(12) 在图 8-11 中单击“安装”按钮，出现安装进度界面，等待，最后出现安装完成的界面，如图 8-12 所示，显示 SQL Server 2017 安装已成功完成，单击“关闭”按钮关闭此窗口。到此完成了 SQL Server 2017 的安装。

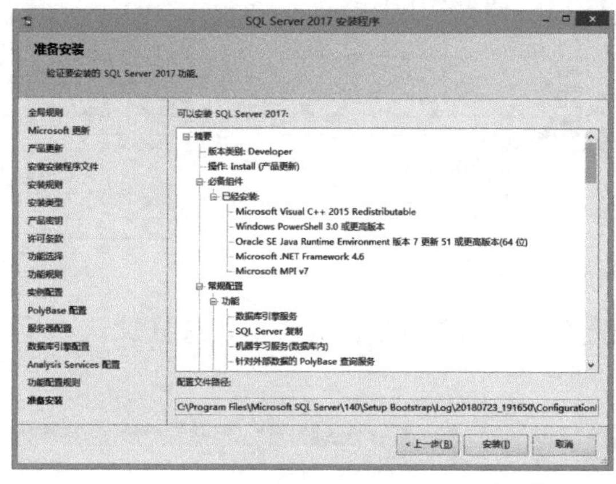

图 8-11 准备安装

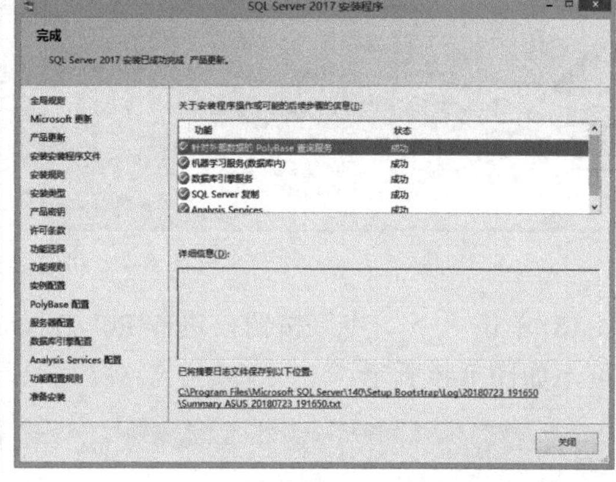

图 8-12 安装完成

8.4 SQL Server 2017 常用管理工具

SQL Server 2017 常用管理工具

8.4.1 SQL Server 2017 的常用管理工具简介

当安装好 SQL Server 2017 后，要使用 SQL Server 2017，务必先了解学习 SQL Server 2017 的管理工具，SQL Server 2017 的主要管理工具如表 8-4 所示。

表 8-4　SQL Server 2017 的主要管理工具

管理工具	主要功能说明
SSMS（SQL Server Management Studio）	用于访问、配置、管理和开发 SQL Server 组件的集成环境。Management Studio 使各种技术水平的开发人员和管理员都能使用 SQL Server。Management Studio 中下载 SQL Server 并安装
SQL Server 配置管理器	为 SQL Server 服务、服务器协议、客户端协议和客户端别名提供基本配置管理
SQL Server Profiler 事件探查器	提供一个图形用户界面，用于监视数据库引擎实例或 Analysis Services 实例
数据库引擎优化顾问	数据库引擎优化顾问可以协助创建索引、索引视图和分区的最佳组合
数据质量客户端	提供一个非常简单和直观的图形用户界面，用于连接到 DQS 数据库并执行数据清理操作，还允许用户集中监视在数据清理操作过程中执行的各项活动
SSDT（SQL Server Data Tools）	提供 IDE 以便 AS、RS 和 IS 商业智能组件生成解决方案。SQL Server Data Tools 还包含“数据库项目”，为数据库开发人员提供集成环境，以便在 Visual Studio 内为任何 SQL Server 平台（包括本地和外部）执行其所有数据库设计工作。数据库开发人员可以使用 Visual Studio 中功能增强的服务器资源管理器，轻松创建或编辑数据库对象和数据或执行查询
连接组件	安装用于客户端和服务器之间通信的组件，并用于 DB-Library、ODBC 和 OLE DB 的网络库

8.4.2　SQL Server Management Studio 工具

登录 SQL Server 2017 成功后，启动 SQL Server 2017 的主要管理工具 SSMS（SQL Server Management Studio），它是一个集成的可视化管理环境，用于访问、配置、控制和管理所有 SQL Server 组件。SSMS 组合了大量图形工具和丰富的脚本编辑器，提供了部署、监视和升级应用程序使用的数据层组件，如数据库和数据仓库。

SSMS 主界面包括“菜单栏”、“标准工具栏”、“SQL 编辑器工具栏”和“对象资源管理器”等操作区域，并出现有关的系统数据库等资源信息。还可在“文档窗口”输入 SQL 命令并单击“执行”按钮运行，如图 8-13 所示。

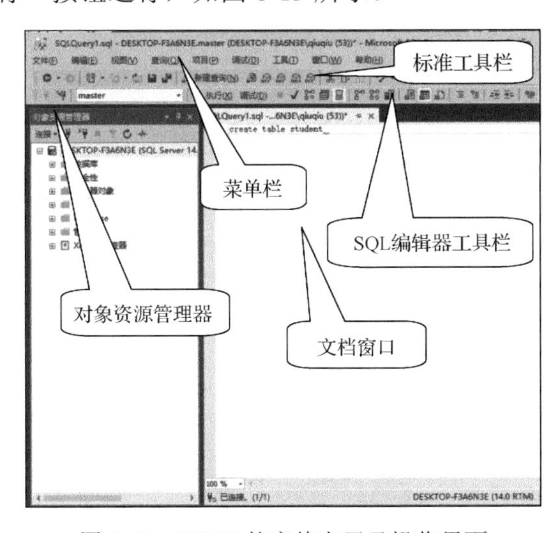

图 8-13　SSMS 的窗体布局及操作界面

SSMS 工具包括了对数据库、安全性等很多方面的管理，是一个方便的图形化操作工具，随着本书内容的学习，读者会逐步了解这个工具的具体功能和使用方法。

注意：SQL Server 2017 安装后没有 Management Studio 管理工具，无法操作 SQL Server，需单独下载安装。下载地址：https://msdn.microsoft.com/en-us/library/mt238365.aspx。

8.5　SQL Server 2017 体系结构

SQL Server 2017 体系结构

8.5.1　客户机/服务器体系结构

SQL Server 2017 的客户机/服务器(C/S)体系结构主要体现在：由客户机负责与用户的交换和数据显示，服务器负责数据的存取、调用和管理，客户机向服务器发出各种操作要求(语句命令或界面操作菜单指令)，服务器验证权限后根据用户请求处理数据并将结果返回客户机，客户机/服务器结构如图 8-14 所示。

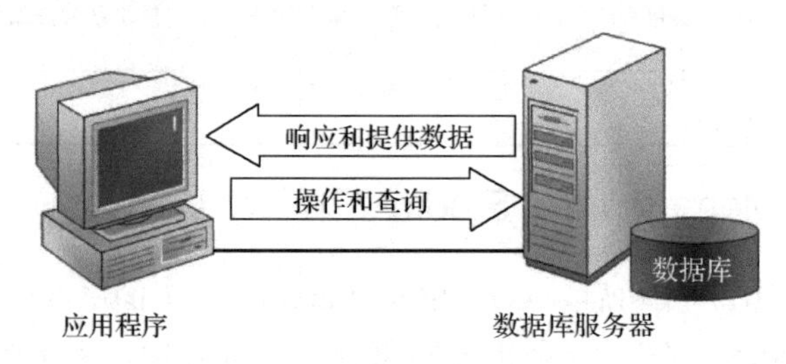

图 8-14　客户机/服务器结构

8.5.2　数据库的三级模式结构

SQL Server 2017 支持数据库共有的三级模式结构，其中外模式对应视图，模式对应基本表，内模式对应存储文件，SQL 的三级模式结构如图 8-15 所示。

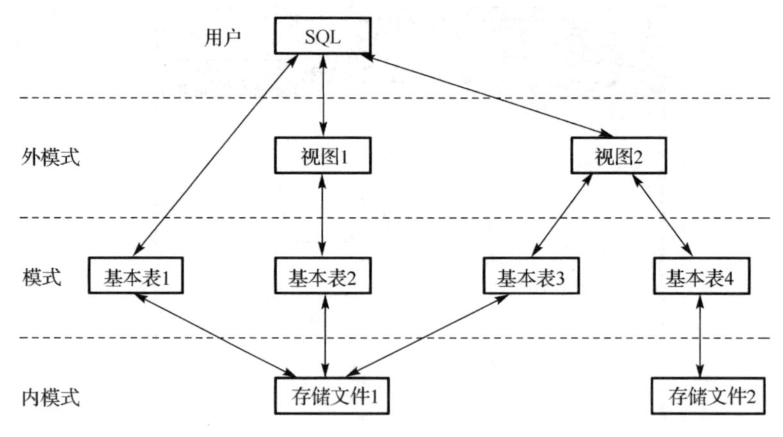

图 8-15　SQL 的三级模式结构

1. 基本表

基本表(Base Table)也称基表，是实际存储在数据库中的数据表，是独立存在的非由其他表导出的表。一个表对应一个实际存在的关系。关系模型中的基本表的元组为行，属性为列。

2. 视图

视图(View)是查看数据的一种方式，是从表或其他视图中导出数据并按需要做成的虚表。视图和基本表的区别如下。

(1) 视图是编译好的 SQL 语句，而表不是。

(2) 视图没有实际的物理记录，而基本表有实际的数据(记录)。

(3) 基本表是具体的数据结构及内容，视图是可见的窗口。

(4) 基本表占物理空间(存储)而视图不占用，视图只以逻辑概念(定义)存在，基本表可以对其修改，视图只能用创建的语句修改。

(5) 基本表是内模式(存储在计算机中)，视图是外模式。

(6) 视图是查看数据表的一种方法，可以查询数据表中某些字段构成的数据，只是一些 SQL 语句的集合，从安全的角度来说，视图可以避免用户接触数据表，从而不知道表结构。

(7) 基本表属于全局模式的表(结构及数据)，是实表；视图属于局部的表，是虚表。

(8) 视图的建立和删除只影响视图的本身，不影响对应基本表。

3. 存储文件

存储文件是数据库内模式(内部存储方式及逻辑结构)的基本单位，其逻辑结构构成了关系数据库的内模式，物理结构(如存取路径及索引)可由需要而定。存储文件的存储结构对用户很明确，各存储文件与外存设备上的物理文件对应。

基本表和存储文件的关系如下。

(1) 每个基本表可以对应一个或几个存储文件(如索引文件)。

(2) 每个存储文件可以存放一个或几个基本表。

(3) 每个基本表可以有多个索引，索引存储在基本文件中。

4. SQL 用户

SQL 用户主要是指利用终端对数据库系统及应用程序进行操作的操作者，包括终端用户、数据库管理员和数据库应用程序员。通常，各种用户可以利用 SQL 依其具体使用权限，通过网络应用系统的界面对视图和基本表进行业务数据的操作，如网上购物、网银操作等。

8.6　SQL Server 2017 数据库种类及文件

系统数据库和用户数据库

SQL Server 支持在一个实例中创建多个数据库，每个数据库在物理上和逻辑上都是独立的，相互之间没有影响。每个数据库存储相关的数据，例如，可以用一个数据库来存储学生选课信息，另一个数据库来存储百度外卖餐厅及菜品的信息。

在 SQL Server 实例中，数据库被分为三大类：系统数据库、用户数据库和示例数据库，下面分别进行简要介绍。

8.6.1 系统数据库

系统数据库是指随安装程序一起安装，用于协助 SQL Server 2017 系统共同完成管理操作的数据库，它们是 SQL Server 2017 运行的基础。系统数据库存储有关 SQL Server 的系统信息，它们是 SQL Server 2017 管理数据库的依据。如果系统数据库遭破坏，SQL Server 2017 将不能正常启动。在安装 SQL Server 2017 后，系统将创建 4 个可见的系统数据库：Master、Model、Msdb 和 Tempdb，这 4 个数据库在 SQL Server 中各司其职，作为研发人员，很有必要了解这几个数据库的职责，下面来看看这几个数据库的作用。

1. Master 数据库

Master 数据库是 SQL Server 中最重要的数据库，它是 SQL Server 的核心数据库，如果该数据库被损坏，SQL Server 将无法正常工作。Master 数据库记录 SQL Server 系统的所有系统级别信息(表 sysobjects)。它记录所有的登录账号(表 sysusers)和系统配置。Master 数据库记录所有其他的数据库(表 sysdatabases)，包括数据库文件的位置，SQL Server 的初始化信息，它始终指向一个可用的最新 Master 数据库备份。

2. Model 数据库

Model 数据库作为在系统上创建数据库的模板，当系统收到 CREATE DATABASE 命令时，新创建的数据库的第一部分内容从 Model 数据库复制过来，剩余部分由空页填充，所以 SQL Server 数据中必须有 Model 数据库。

3. Msdb 数据库

Msdb 数据库供 SQL Server 代理程序调度警报和作业以及记录操作员时使用。例如，备份了一个数据库，会在表 backupfile 中插入一条记录，以记录相关的备份信息。

4. Tempdb 数据库

Tempdb 数据库保存系统运行过程中产生的临时表和存储过程。当然，它还满足其他的临时存储要求，如保存 SQL Server 生成的存储表等。Tempdb 数据库是一个全局资源，任何连接到系统的用户都可以在该数据库中产生临时表和存储过程。Tempdb 数据库在每次 SQL Server 启动的时候，都会清空该数据库中的内容，所以每次启动 SQL Server 后，该表都是干净的。临时表和存储过程在连接断开后会自动除去，而且当系统关闭后不会有任何活动连接。因此，Tempdb 数据库中没有任何内容会从 SQL Server 的一个会话保存到另外一个会话中。

默认情况下，在 SQL Server 运行时 Tempdb 数据库会根据需要自动增长。不过，与其他数据库不同，每次启动数据库引擎时，它会重置为其初始大小。如果为 Tempdb 数据库定义的大小较小，则每次重新启动 SQL Server 时，将 Tempdb 数据库的大小自动增加到支持工作负荷所需的大小这一工作可能会成为系统处理负荷的一部分。为避免这种开销，可以使用 ALTER DATABASE 命令增加 Tempdb 数据库的大小。

8.6.2　用户数据库

用户数据库是由用户建立并使用的数据库，用于存储用户使用的数据信息，且由永久存储表和索引等数据库对象的磁盘空间构成，空间被分配在操作系统文件上。系统数据库和用户数据库如图 8-16 所示。用户数据库和系统数据库一样，也被分成许多逻辑页。通过指定数据库 ID、文件 ID 和页号，可引用任何页。当扩大文件时，新空间被追加到文件末尾。

用户数据库保存与用户的业务有关的数据，通常所说的建立和维护数据库指的是创建用户数据库和维护用户数据库，一般用户对系统数据库没有操作权限。

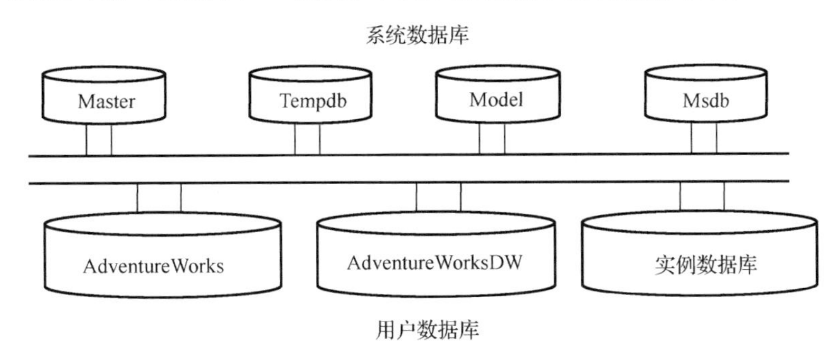

图 8-16　系统数据库和用户数据库

说明：除了系统数据库和用户数据库，还有示例数据库，是一种实用的学习数据库的范例，安装 SQL Server 2017 时，在默认情况下不能自动安装，需要单独安装和设置。

8.6.3　数据库存储结构和文件种类

数据库存储结构和文件种类

1. 数据库的存储结构

数据库的存储结构包括两种：数据库的逻辑结构和物理结构。

(1) 数据库的逻辑结构。表示数据库中各个数据之间的逻辑关系，数据库由多个用户界面可视对象构成，主要包括数据库对象，如数据表、视图、约束、规则、默认和索引方式等。

(2) 数据库的物理结构。表示数据库中数据存储方式和方法(存储路径及索引方式)，主要描述数据存储的实际位置，对应一系列的物理文件，一个数据库由一个或多个文件组成。

2. 数据库文件

常用的数据库文件主要有 3 种，包括主数据文件、次数据文件和事物日志文件。

(1) 主数据文件。数据库的起点，指向数据库中文件的其他部分，记录数据库所拥有的文件指针。每个数据库有且只有一个主数据文件，默认扩展名为.mdf。

(2) 次数据文件。也称为辅助数据文件，包括除主数据文件外的所有文件。有些数据库可能没有次数据文件，有些数据库可能有多个，不是数据库所必需的，默认扩展名为.ndf。

(3) 事物日志文件。简称日志文件，是包含用于恢复数据库所需的所有操作日志的文件。每个数据库必须至少有一个日志文件，默认扩展名为.ldf。

建议使用这些扩展名，这样有助于标识文件的用途，但 SQL Server 不强制使用.mdf、.ndf 和.ldf 名。

3. 数据库文件组

为了便于管理和分配数据，SQL Server 将多个数据库文件组成一个组。数据库文件组是数据文件的逻辑组合，主要包括以下 3 类。

(1) 主文件组。包含主数据文件和未指明组的其他文件。数据库的所有系统表都被分配到(包含在)主文件组中。当主文件组中的存储空间用完之后，将无法向系统表中添加新的记录来源，一个数据库有一个主文件组。

(2) 次文件组。也称为用户自定义文件组，是由用户首次创建或修改数据库时自定义的。其目的在于数据分配，以提高数据表的读写效率。

(3) 默认文件组。各数据库都有一个被指定的默认文件组，若在数据库中创建对象时没有指定其所属的文件组，则将分配给默认文件组。

数据库文件和文件组所遵循的规则为：一个文件或文件组只能被一个数据库使用；一个文件只能属于一个文件组；日志文件不能属于文件组。

8.7 小　结

SQL Server 2017 是一款大型的支持客户机/服务器结构的关系数据库管理系统，作为基于各种 Windows 平台的最佳数据库服务器产品，它可应用在许多方面，包括电子商务等。SQL Server 2017 提供了容易使用的图形化工具和向导，为创建和管理数据库，包括数据库对象和数据库资源，都带来了很大的方便。

本章首先介绍了 SQL Server 的发展过程、SQL Server 2017 新增的主要功能及特点、SQL Server 2017 提供的版本、各版本的功能以及对操作系统和计算机软硬件环境的要求，较详细地介绍了 SQL Server 2017 的安装过程及安装过程中的一些选项，同时简要介绍了 SQL Server 2017 的常用管理工具，介绍了 SQL Server 中系统数据库、用户数据库和示例数据库的概念，SQL Server 支持的数据库三级模式。通过本章的学习希望读者能够了解 SQL Server 2017 的基本知识，对 SQL Server 2017 有个初步的认识。

习　题

一、填空题

1. 在安装 SQL Server 2017 后，系统将创建 4 个可见的系统数据库，分别为________、________、________和________。

2. 在 SQL Server 2017 中有________和________两类数据库。

3. SQL Server 中的编程语言是________语言，它是一种非过程化的高级语言，其基本成分是________。

4．SQL Server 2017 是最新研发的新一代旗舰级________平台，突出________，并融合了关键新功能。

5．SQL 既是________语言——在终端键盘直接输入 SQL 语句对数据库进行操作，又是________语言——将 SQL 嵌入高级语言中进行数据操作。

二、简答题

1．SQL Server 2017 提供了哪几个版本？

2．SQL Server 2017 具有哪些新增功能？

3．SQL Server 2017 主要的管理工具有哪些？

4．概述 SQL Server 2017 的体系结构和组成。

5．怎样理解数据库体系结构?

上 机 练 习

根据你所用计算机的操作系统和软件配置，安装合适的 SQL Server 2017 版本，并将身份验证模式设置为“混合模式”。

第9章　SQL Server 数据库、表和数据操作

【本章导读】

本章主要介绍如何利用 SQL Server Management Studio 创建和管理数据库及数据表，包括数据库的创建、修改、删除，数据表的创建、修改，完整性约束条件创建与管理，数据表的数据管理等。

【学习目标】

(1)利用 SQL Server Management Studio 创建和管理数据库。
(2)利用 SQL Server Management Studio 创建和管理数据表。
(3)利用 SQL Server Management Studio 创建和管理视图。
(4)利用 SQL Server Management Studio 创建和管理索引。

9.1　数据库创建与管理

创建数据库

9.1.1　利用 SQL Server Management Studio 创建数据库

在管理工具 SQL Server Management Studio 窗口中使用可视化的界面来创建数据库，这是最简单，也是最常用的方式，非常适合初学者，下面以创建示例数据库 SelectCourse 为例，对这种方法进行详细的介绍。具体步骤如下。

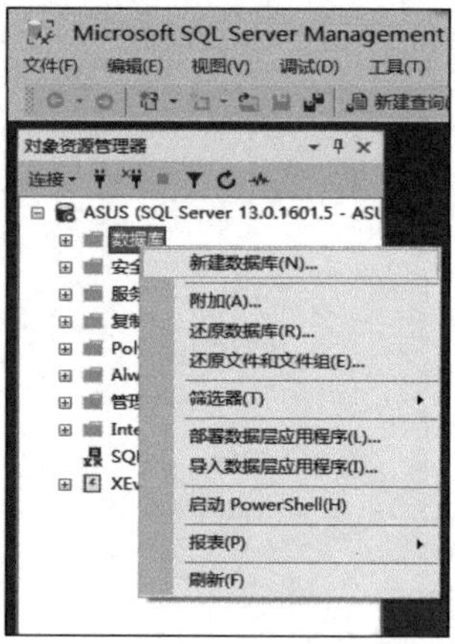

(1)从“开始”菜单中执行“程序”→Microsoft Server 2017 命令，打开 SQL Server Management Studio 窗口，并使用 Windows 或 SQL Server 身份验证建立连接。

(2)在“对象资源管理器”窗口中展开服务器，然后选择“数据库”节点。

(3)在“数据库”节点上右击，从弹出的快捷菜单中选择“新建数据库”选项，如图 9-1 所示。

图 9-1　选择“新建数据库”选项

(4)此时会弹出“新建数据库”窗口，在这个窗口中有 3 个页，分别是“常规”、“选项”和“文件组”页。在完成这 3 个选项中的内容之后，就完成了创建工作，如图 9-2 所示。

(5)在“数据库名称”文本框中输入数据库名称 SelectCourse，再输入该数据库的所有者，这里使用默认值，也可以通过单击文本框右边的浏览按钮…选择所有者。选择“使用全文检索”复选框，表示可以在数据库中使用全文索引进行查询操作。

图 9-2　“新建数据库”窗口

(6) 在“数据库文件”列表中包含两行：一行是数据文件；另一行是日志文件。通过单击右下方的“添加”或“删除”按钮可以添加或者删除相应的数据文件。该列表中各字段值的含义如下。

①逻辑名称：指定该文件的文件名，相应的文件扩展名并未改变。

②文件类型：用于区别当前文件是数据文件还是日志文件。

③文件组：显示当前数据库文件所属的文件组。一个数据库文件只能存在于一个文件组中。

④初始大小：设定该文件的初始容量，在 SQL Server 2017 中数据文件的默认值为 8MB，日志文件的默认值为 8MB。

⑤自动增长：用于设置在文件的容量不够用时，文件根据何种增长方式自动增长。通过单击“自动增长”列中的省略号按钮，打开“更改自动增长”对话框进行设置。图 9-3 和图 9-4 所示分别为数据文件、日志文件的自动增长设置对话框。在这两个对话框中可以设置文件增长的方式是按百分比还是按 MB 增长，另外也可设置文件的最大容量。

⑥路径：指定存放该文件的目录。在默认情况下，SQL Server 2017 将存放路径设置为 SQL Server 2017 安装目录下的 data 子目录。单击该列中的按钮可以打开“定位文件夹”对话框更改数据库的存储路径。

注释：在创建大型数据库时，尽量把主数据文件和事务日志文件设置在不同路径下，这样能够提高数据的读取效率。

(7) 单击“选项”页面，在这里可以定义所创建数据库的排序规则、恢复模式、兼容性级别、恢复、游标等其他选项，如图 9-5 所示。

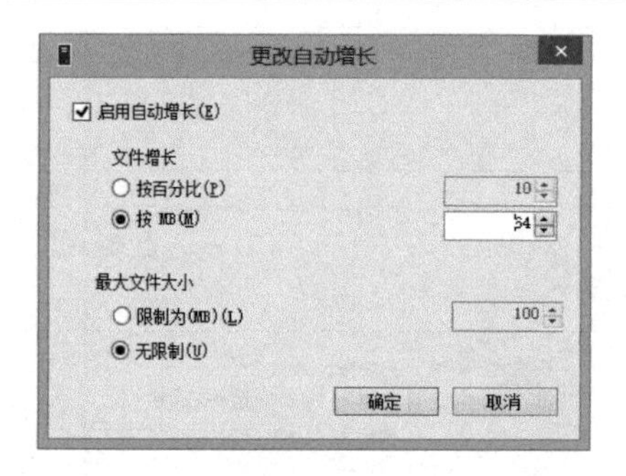

图 9-3　数据文件自动增长设置

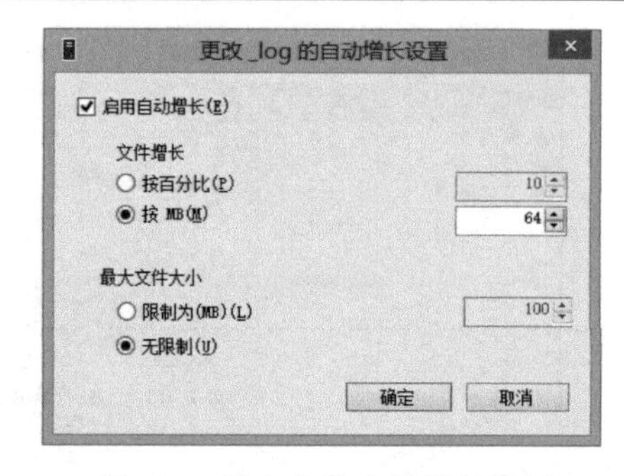

图 9-4　日志文件自动增长设置

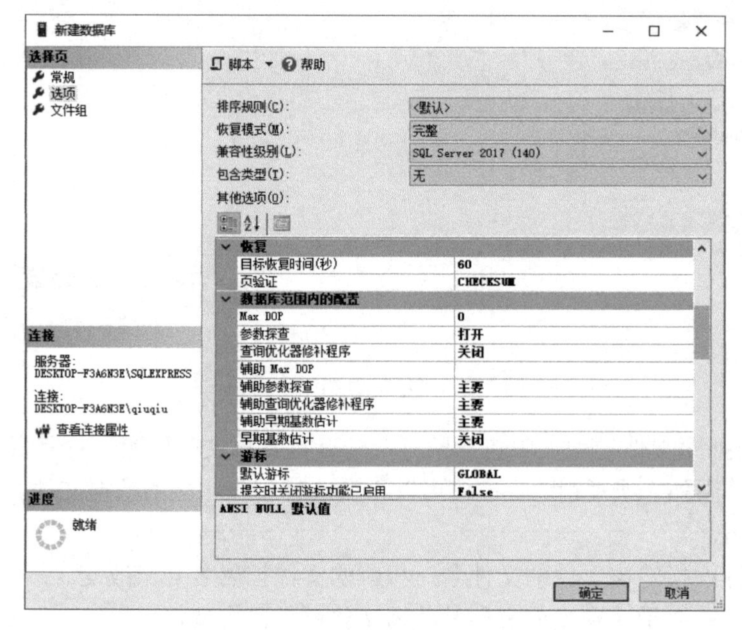

图 9-5　新建数据库“选项”页

(8) 在“文件组”页中可以设置数据库文件所属的文件组，还可以通过“添加”或者“删除”按钮更改数据库文件所属的文件组。

(9) 完成了以上操作以后，就可单击“确定”按钮，关闭“新建数据库”窗口。到此，成功创建了一个数据库，可以在“对象资源管理器”窗格中看到新建的数据库。

注释：在一个 SQL Server 数据库服务器实例中可以创建 32767 个数据库，这表明 SQL Server 2017 足以胜任任何数据库工作。

9.1.2　利用 SQL Server Management Studio 修改数据库

修改数据库主要是针对创建的数据库在需求有变化时进行的操作，这些修改可分为数据库的名称、大小等方面，下面将依次介绍。

1. 修改数据库名称

具体的修改数据库名称的方法有很多，包括使用 ALTER DATABASE 语句、系统存储过程和图形界面等。

1) ALTER DATABASE 语句

该语句修改数据库名称时只更改了数据库的逻辑名称，对于该数据库的数据文件和日志文件没有任何影响。语法如下：

```
ALTER DATABASE databaseName MODIFY NAME = newdatabaseName
```

例如，将 SelectCourse 数据库更名为“学生选课系统”，语句为：

```
ALTER DATABASE SelectCourse MODIFY NAME = 学生选课系统
```

修改结果如图 9-6 所示。

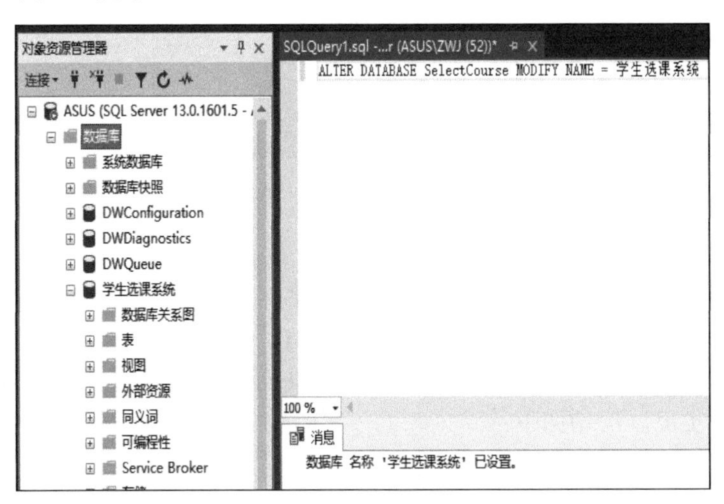

图 9-6　将 SelectCourse 数据库更名为“学生选课系统”

2) sp_renamedb 存储过程

执行系统存储过程 sp_renamedb 也可以修改数据库的名称。下面的语句将 SelectCourse 数据库更名为“学生选课系统”。

```
EXEC sp_renamedb 'SelectCourse','学生选课系统'
```

3) SQL Server Management Studio 图形化工具

从“对象资源管理”窗口中右击一个数据库名称节点(如 SelectCourse)，选择“重命名”选项后输入新的名称，即可直接改名，如图 9-7 所示。

注释：一般情况下，不建议用户修改创建好的数据库名称。因为许多应用程序可能已经使用了该数据库的名称。在更改了数据库的名称之后，还需要修改相应的应用程序。

2. 修改数据库大小

修改数据库大小，实质上也就是修改数据文件和日志文件的长度，或者增加/删除文件。如果数据库中的数据量不断膨胀，就需要扩大数据库的尺寸。增大数据库可以通过以下 3 种方式。

(1) 设置数据库为自动增长方式，这个在创建数据库时设计。

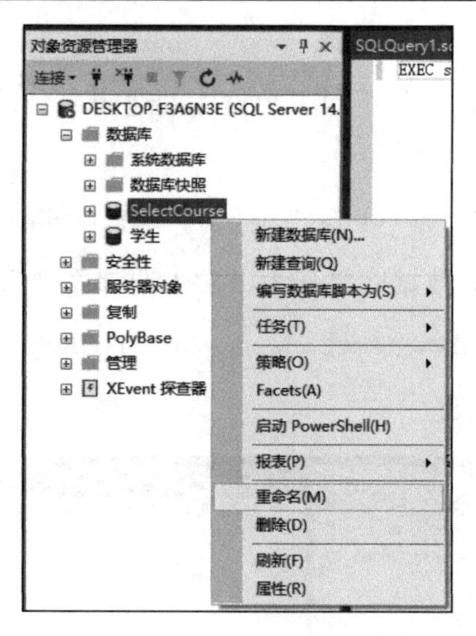

图 9-7　通过 SQL Server Management Studio 对数据库重命名

(2) 直接修改数据库的数据文件或日志文件。

(3) 在数据库中增加新的次数据文件或日志文件。

例如，现在希望将 SelectCourse 数据库扩大 5MB，则可以通过为该数据库增加一个大小为 5MB 的数据文件来达到。可在 ALTER DATABASE 语句中使用 ADD FILE 子句新增一个次数据文件实现，语句如下：

```
ALTER DATABASE SelectCourse
ADD FILE
( NAME = SelectC,
 FILENAME= 'E:\SQL\projects\SelectC.mdf',
 SIZE=5MB,
 MAXSIZE=10MB,
 FILEGROWTH=10%
)
```

这里新增数据文件的逻辑名称是 SeletcC，其大小是 5MB，最大是 10MB，并且可以自动增长。

技巧：如果要增加的是日志文件，可以使用 ADD LOG FILE 子句。在一个 ALTER DATABASE 语句中，一次操作可增加多个数据文件或日志文件。多个文件之间使用逗号分隔开。

另一种通过图形操作修改数据库大小的过程如下。

(1) 在“对象资源管理器”窗口中展开服务器下的“数据库”节点，右击一个数据库名称节点(如 SelectCourse)，选择“属性”选项。

(2) 在弹出的“数据库属性”窗口的左侧中单击选择“文件”页。

(3) 在 SelectCourse 数据文件行的“初始大小”列中，输入想要修改成的值，如图 9-8 所示。

(4) 通过单击“自动增长”列中的按钮，在打开的“更改自动增长”对话框中可设置自动增长方式及大小。

(5) 修改后，单击“确定”按钮完成修改数据库的大小。

图 9-8　通过数据库属性修改文件初始大小

9.1.3　删除数据库

随着数据库数量的增加，系统的资源消耗越来越多，运行速度也大不如从前。这时就需要调整数据库。调整方法有很多种，例如，将不再需要的数据库删除，以此释放被占用的磁盘空间和系统消耗。SQL Server 2017 提供了两种方法来完成这项任务。

1. 使用 SQL Server Management Studio

(1) 打开 SQL Server Management Studio 窗口，并使用 Windows 或 SQL Server 身份验证建立连接。

(2) 在“对象资源管理器”窗口中展开服务器，然后展开“数据库”节点。

(3) 从展开的数据库节点列表中，右击一个要删除的数据库(如 SelectC)，从快捷菜单中选择“删除”选项。

(4) 在弹出的“删除对象”窗口中，单击“确定”按钮，确认删除。删除操作完成后会自动返回 SQL Server Management Studio 窗口，如图 9-9 所示。

2. T-SQL 语句

使用 T-SQL 语句删除数据库的语法如下：

```
DROP DATABASE database_name [,…,n]
```

其中，database_name 为要删除的数据库名，[,…,n]表示可以有多于一个数据库名。例如，要删除数据库 SelectC，可使用如下的 DROP DATABASE 语句：

```
DROP DATABASE SelectC
```

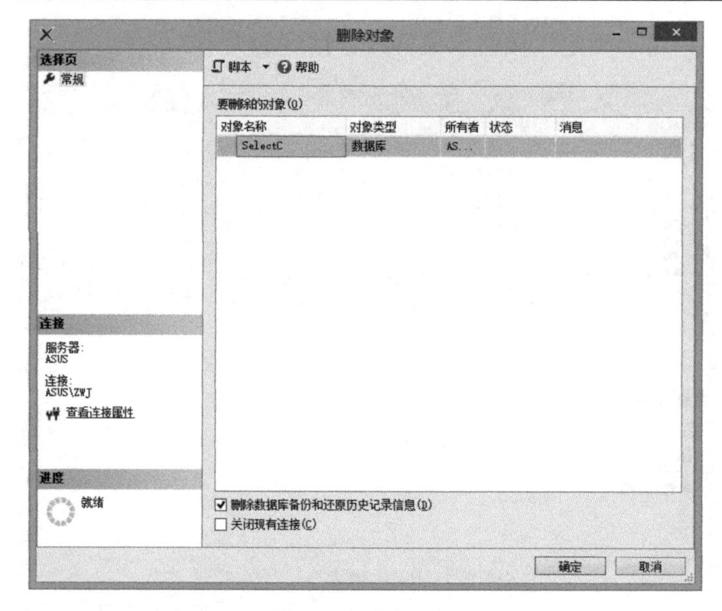

图 9-9　删除对象

警告：使用 DROP DATABASE 删除数据库不会出现确认信息，所以使用这种方法时要小心谨慎。此外，千万不要删除系统数据库，否则会导致 SQL Server 2017 服务器无法使用。

数据表的创建与管理

9.2　数据表创建与管理

第 4 章已经讲述过 SQL 语句创建和管理数据表的方法，本节主要介绍通过 SQL Server Management Studio 图形化工具创建和管理数据表的方法。

9.2.1　创建数据表

以下是通过对象资源管理器创建表 Student 的操作步骤。

(1) 启动 SQL Server Management Studio。

(2) 在“对象资源管理器”窗格中展开服务器节点。

(3) 展开“数据库”节点。

(4) 选中数据库 SelectCourse，展开 SelectCourse 数据库。

(5) 选中“表”并右击，在出现的快捷菜单中选择“表”选项，如图 9-10 所示。

输入完成后的结果如图 9-11 所示。

在图 9-11 中，每个列都对应一个“列属性”对话框，其中各个选项的含义如下。

①名称：指定字段名称。

②长度：数据类型的长度。

③默认值或绑定：在新增记录时，如果没有把值赋予该字段，则此默认值为字段值。

④数据类型：字段的数据类型，用户可以单击该栏，然后单击出现的下三角按钮，即可进行选择。

⑤允许 NULL 值：指定是否可以输入空值。

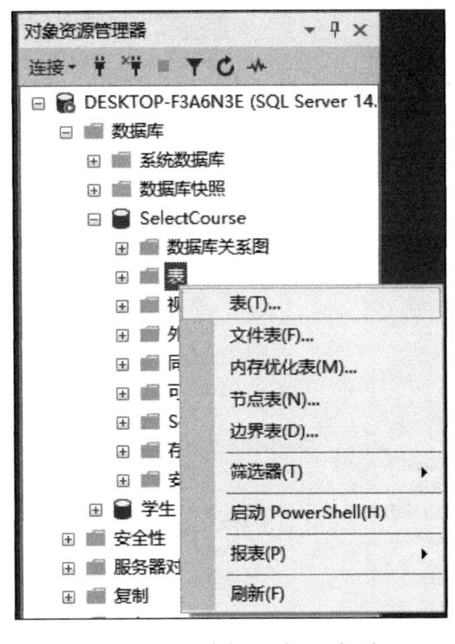

图 9-10　选择“表”选项

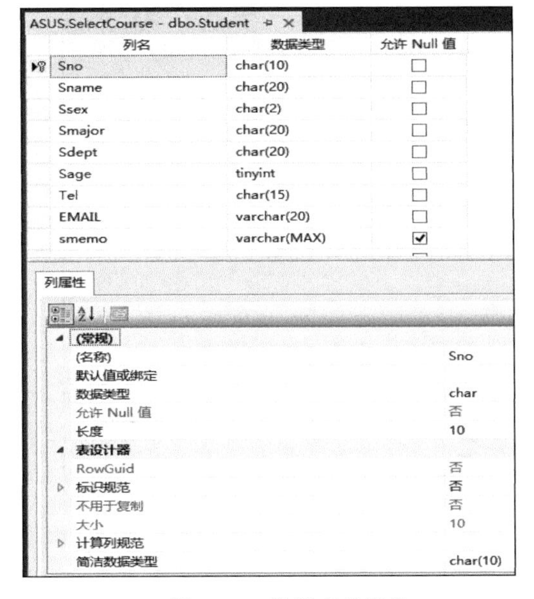

图 9-11　设置表的字段

⑥RowGuid：可以让 SQL Server 产生一个全局唯一的字段值，字段的类型必须是uniqueidentifier。有此属性的字段会自动产生字段值，不需要用户输入(用户也不能输入)。

⑦排序规则：指定该字段的排序规则。

⑧说明：输入该字段的说明信息。

(6) 在 Sno 行上右击，在出现的快捷菜单中选择“设置主键”选项，如图 9-12 所示，从而将 Sno 字段设置为该表的主键，此时，该字段前面会出现一个钥匙图标。

注意：如果要将多个字段设置为主键，可以按住 Ctrl 键，单击每个字段前面的按钮来选择多个字段，然后再依照上述方法设置主键。

(7) 单击工具栏中的保存按钮，出现如图 9-13 所示的对话框，输入表的名称 Student，单击“确定”按钮。此时便建好了 Student 表(表中没有数据)。

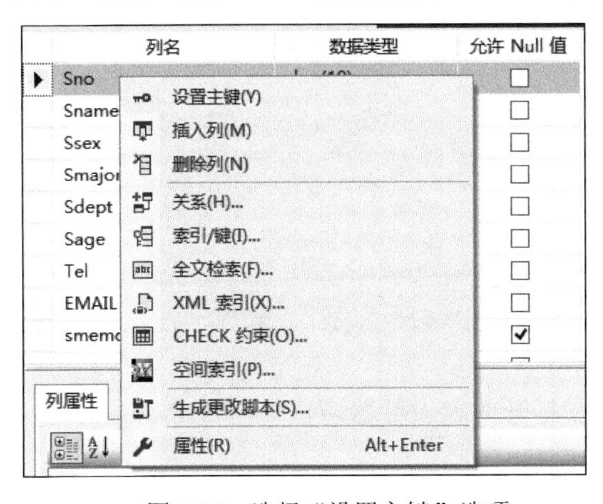

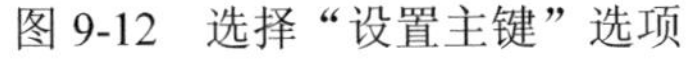
图 9-12　选择“设置主键”选项

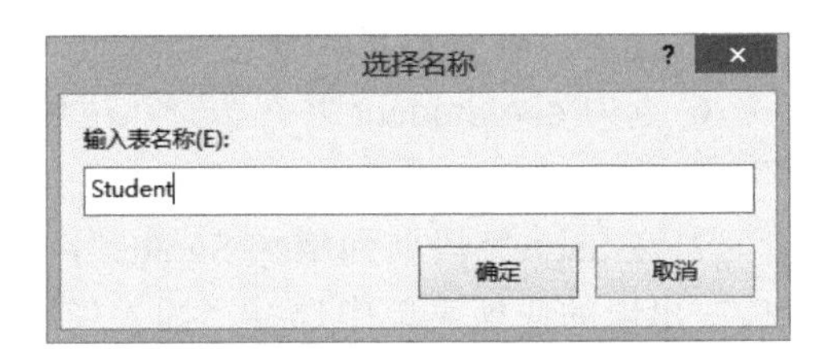

图 9-13　设置表的名称

(8) 依照上述步骤，再创建其他两个表。创建课程表，名称为 Course，如图 9-14 所示；创建成绩表，名称为 SC，如图 9-15 所示。

图 9-14　创建 Course 表

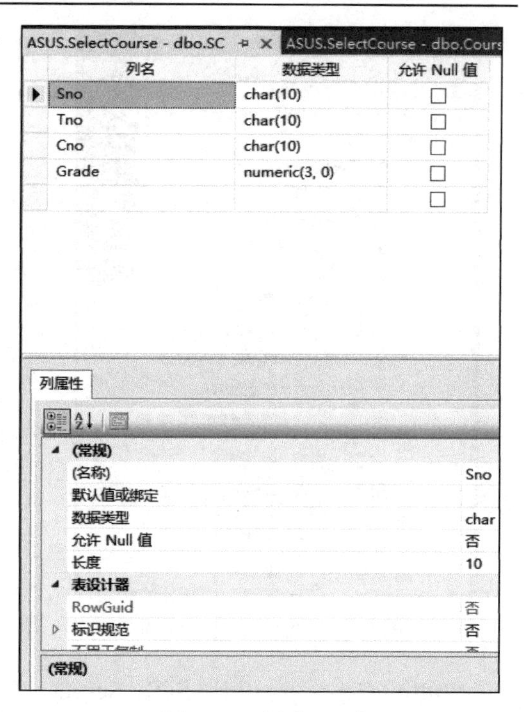

图 9-15　创建 SC 表

9.2.2　修改表结构

在创建了一个表之后，使用过程中可能需要对表结构进行修改。对一个已存在的表可以进行的修改操作包括更改表名、增加列、删除列、修改已有列的属性(列名、数据类型、是否为空值等)。

采用界面方式修改和查看数据表结构十分简单，修改表结构和创建表结构的过程相同。

【例 9-1】 使用对象资源管理器先在 Student 表中增加一个 Sgrade(奖学金等级，数据类型为 tinyint)字段，然后进行删除。

其操作步骤为：

(1) 启动 SQL Server Management Studio。

(2) 在“对象资源管理器”窗格中展开服务器节点。

(3) 展开“数据库”节点。

(4) 选中 SelectCourse，展开 SelectCourse 数据库。

(5) 选中“表”将其展开。

(6) 选中 dbo.Student 并右击，在出现的快捷菜单中选择“设计”选项，打开“表设计器”窗口。

(7) 在 Sage 字段前面增加 Sgrade 字段。在打开的表设计器窗口中，右击 Sage 字段，然后在出现的快捷菜单中选择“插入列”选项。

(8) 在新插入列中，输入 Sgrade，设置数据类型为 tinyint，如图 9-16 所示。

(9) 删除刚增加的字段 Sgrade。右击 Sgrade 字段，然后在出现的快捷菜单中选择“删除列”选项，如图 9-17 所示，这样就删除了 Sgrade 列。

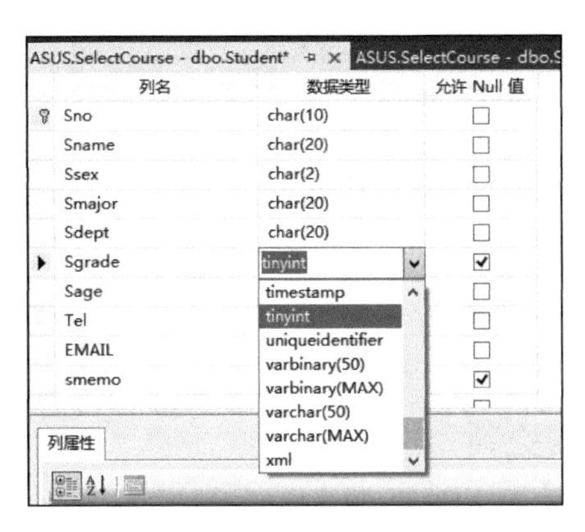

图 9-16　增加新列

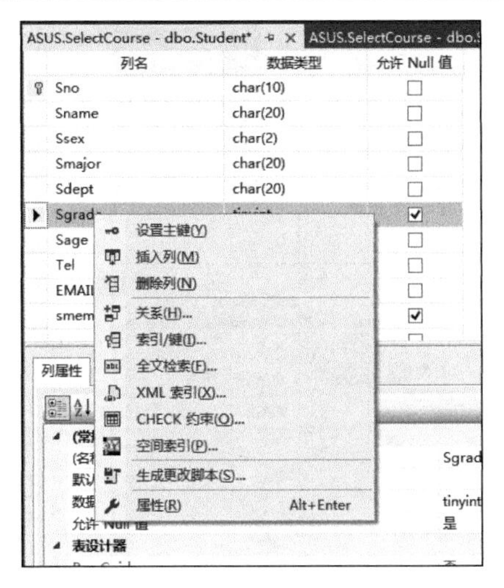

图 9-17　删除新列

(10) 单击工具栏中的保存按钮，保存所进行的修改。

在有些情况下需要更改表的名称，被更改的表必须已经存在。使用 SQL Server Management Studio 更改表名十分容易。

【例 9-2】 将数据库学生选课系统中的 Student 表名更名为 st。

其操作步骤为：

(1) 启动 SQL Server Management Studio。

(2) 在“对象资源管理器”窗格中展开服务器节点。

(3) 展开“数据库”节点。

(4) 选中“学生选课系统”，展开学生选课系统数据库。

(5) 选中“表”，将其展开。

(6) 选中 dbo.Student 并右击，在出现的快捷菜单中选择“重命名”选项，如图 9-18 所示。

(7) 此时表名称变为可编辑的，直接将其修改成 st 即可。

说明：根据本书举例的需要，按照表更名的操作过程将表 st 仍更名为 Student。

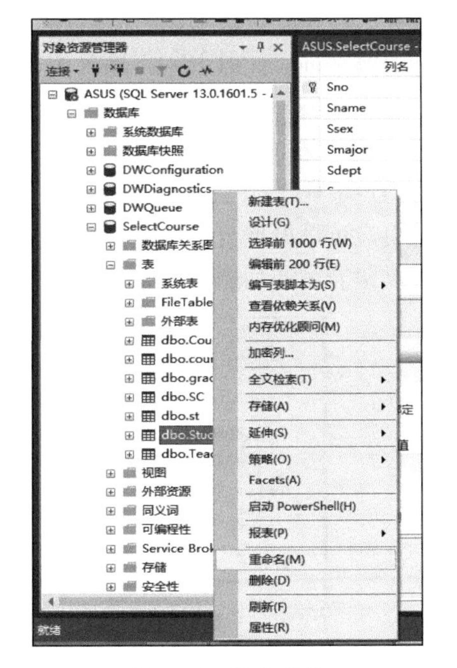

图 9-18　修改表名

9.2.3　删除表

有时需要删除表(如要实现新的设计或释放数据库的空间时)。删除表时，表的结构定义、数据、全文索引、约束和索引都将永久地从数据库中删除，原来存放表及其索引的存储空间可用来存放其他表。

下面通过一个例子来说明删除表的过程。

【例 9-3】 删除数据库 SelectCourse 中 student2 表(已创建)。

其操作步骤为：

图 9-19 删除数据表

(1) 启动 SQL Server Management Studio。

(2) 在“对象资源管理器”窗格中展开服务器节点。

(3) 展开“数据库”节点。

(4) 选中 SelectCourse，展开 SelectCourse 数据库。

(5) 选中“表”，将其展开。

(6) 选中 dbo.student2 并右击，在出现的快捷菜单中选择“删除”选项，如图 9-19 所示。

(7) 此时系统弹出“删除对象”窗口，直接单击“确定”按钮即可将 student2 表删除。

9.2.4 数据更新

数据的管理

1. 插入记录

插入记录时将新记录添加在表尾，可以向表中插入多条记录。插入记录的操作方法是：将光标定位到当前表尾的下一行，然后逐列输入值。每输入完一列的值，按回车键，光标将自动跳转到下一列，便可编辑该列。若当前列是本行的最后一列，则该列编辑完后按下回车键，光标将自动跳转到下一行的第一列，此时上一行输入的数据已保存，可以增加下一行。

若表的某一列不允许为空值，则必须为该列输入值，否则无法进行下一列的编辑，如 Student 表的 Sno 列。若列允许为空值，那么不输入该列值，则在表格中将显示<NULL>字样，如 Student 表的 smemo 列。

用户可以根据自己的需要向表中插入数据，插入的数据要符合列的约束条件，例如，不可以向非空的列插入 NULL 值。图 9-20 所示是插入数据后的 Student 表。

ASUS.SelectCourse - dbo.Student　ASUS.SelectCourse - dbo.Student

Sno	Sname	Ssex	Smajor	Sdept	Sage	Tel	EMAIL	smemo
G2016001	李素素	女	行政管理	管理学院	22	15600000000	susu@sina.com	NULL
G2016002	朱萍	女	行政管理	管理学院	21	15300000000	zhuping@163....	NULL
G2016003	叶家裕	男	财务管理	管理学院	20	15800000000	jiayu@126.com	NULL
G2016004	邓家如	女	财务管理	管理学院	20	15600000000	jiaru@sina.com	NULL
G2016005	高晓	女	财务管理	管理学院	21	15400000000	gaoxiao@163...	NULL
J2016001	杨华	男	计算机应用	计算机科学学...	20	15200000000	yanghua@163...	NULL
J2016002	刘全珍	女	计算机应用	计算机科学学...	21	15300000000	liuqunz@163....	NULL
J2016003	王国	男	计算机科学	计算机科学学...	21	15500000000	wangguo@16...	NULL
J2016004	孙荣	男	计算机科学	计算机科学学...	21	15400000000	sunrong@sin...	NULL
J2016005	胡娟	女	信息安全	计算机科学学...	20	15500000000	hujuan@126.c...	NULL
J2016006	黄小小	女	电子商务	计算机科学学...	18	13000000000	hxiaoxiao@16...	NULL
L2016001	张茂桦	男	光电子学	理学院	20	18100000000	zmaohua@12...	NULL
L2016002	方杰	男	光电子学	理学院	21	18200000000	fangjie@163.c...	NULL
L2016003	刘可	女	基础数学	理学院	20	18300000000	liuke@126.com	NULL
L2016004	黄一秋	男	基础数学	理学院	21	18600000000	hyiqiu@sina.c...	NULL
L2016005	唐治	男	理论力学	理学院	20	18200000000	tangzhi@sina....	NULL
L2016006	韩云	男	理论力学	理学院	20	18300000000	hanyun@126....	NULL
S2016001	徐川	男	石油工程	石油工程学院	20	18000000000	xuchuan@126...	NULL
S2016002	汤洪	男	石油工程	石油工程学院	21	18100000000	tanghong@si...	NULL
S2016003	马秋婷	女	油气储运	石油工程学院	20	18600000000	mqiuting@16...	NULL
S2016004	周英	女	油气储运	石油工程学院	20	18700000000	zhouying@sin...	NULL
S2016005	曹林	男	油气储运	石油工程学院	21	13200000000	caolin@126.c...	NULL

图 9-20 向表中插入记录

注意：在界面中插入 bit 类型数据的值时不可以直接写入 1 或 0，而是用 True 或 False 来代替，True 表示 1，False 表示 0，否则会出错。

2. 修改记录

在操作表数据的窗口中修改记录数据的方法是：先定位被修改的记录字段，然后对该字段值进行修改，修改之后将光标移到下一行即可保存修改的内容，如图 9-21 所示。

ASUS.SelectCourse - dbo.Student　ASUS.SelectCourse - dbo.Student

	no	Sname	Ssex	Smajor	Sdept	Sage	Tel	EMAIL	smemo
	2016001	李素素 ...	女	行政管理 ...	管理学院 ...	22	15600000000 ...	susu@sina.com	adfsdfdfs
	2016002	朱萍	女	行政管理 ...	管理学院 ...	21	15300000000 ...	zhuping@163....	scaskcnaic
	2016003	叶家裕 ...	男	财务管理 ...	管理学院 ...	20	15800000000 ...	jiayu@126.com	cacacka
▸	2016004	邓家如 ...	女	财务管理 ...	管理学院 ...	20	15600000000 ...	jiaru@sina.com	Cxcxc
	2016005	高晓	女	财务管理 ...	管理学院 ...	21	15400000000 ...	gaoxiao@163...	NULL
	016001	杨华	男	计算机应用 ...	计算机科学学...	20	15200000000 ...	yanghua@163...	NULL
	016002	刘全珍 ...	女	计算机应用 ...	计算机科学学...	21	15300000000 ...	liuqunz@163....	NULL
	016003	王国	男	计算机科学 ...	计算机科学学...	21	15500000000 ...	wangguo@16...	NULL
	016004	孙荣	男	计算机科学 ...	计算机科学学...	21	15400000000 ...	sunrong@sin...	NULL
	016005	胡娟	女	信息安全 ...	计算机科学学...	20	15500000000 ...	hujuan@126.c...	NULL
	016006	黄小小 ...	女	电子商务 ...	计算机科学学...	18	13000000000 ...	hxiaoxiao@16...	NULL
	016001	张茂桦 ...	男	光电子学 ...	理学院 ...	20	18100000000 ...	zmaohua@12...	NULL
	016002	方杰	男	光电子学 ...	理学院 ...	21	18200000000 ...	fangjie@163.c...	NULL
	016003	刘可	女	基础数学 ...	理学院 ...	20	18300000000 ...	liuke@126.com	NULL
	016004	黄一秋 ...	男	基础数学 ...	理学院 ...	21	18600000000 ...	hyiqiu@sina.c...	NULL
	016005	唐治	男	理论力学 ...	理学院 ...	20	18200000000 ...	tangzhi@sina....	NULL
	016006	韩云	男	理论力学 ...	理学院 ...	20	18300000000 ...	hanyun@126....	NULL
	016001	徐川	男	石油工程 ...	石油工程学院 ...	20	18000000000 ...	xuchuan@126...	NULL
	016002	汤洪	男	石油工程 ...	石油工程学院 ...	21	18100000000 ...	tanghong@si...	NULL
	016003	马秋婷 ...	女	油气储运 ...	石油工程学院 ...	20	18600000000 ...	mqiuting@16...	NULL
	016004	周英	女	油气储运 ...	石油工程学院 ...	20	18700000000 ...	zhouying@sin...	NULL
	016005	曹林	男	油气储运 ...	石油工程学院 ...	21	13200000000 ...	caolin@126.c...	NULL
•	ULL	NULL	NULL	NULL	NULL	NULL	NULL	NULL	NULL

图 9-21　修改 smemo 列中的记录

3. 删除记录

当表中的某些记录不再需要时，要将其删除。在“对象资源管理器”窗格中删除记录的方法是：在表数据窗口中定位需要被删除的记录，单击该行最前面的黑色箭头处选择全行，右击，选择“删除”选项，如图 9-22 所示。

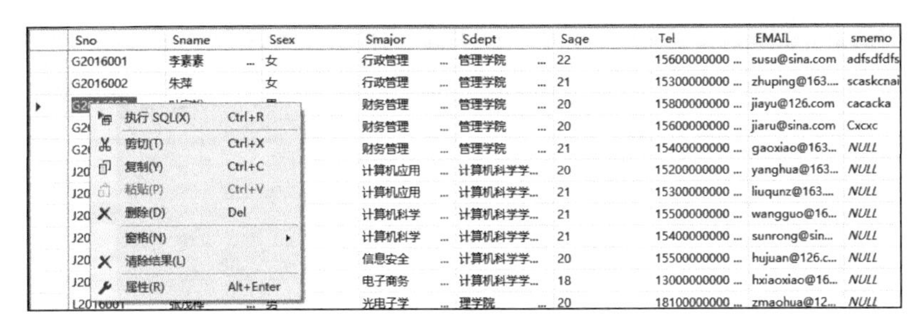

	Sno	Sname	Ssex	Smajor	Sdept	Sage	Tel	EMAIL	smemo
	G2016001	李素素 ...	女	行政管理 ...	管理学院 ...	22	15600000000 ...	susu@sina.com	adfsdfdfs
	G2016002	朱萍	女	行政管理 ...	管理学院 ...	21	15300000000 ...	zhuping@163....	scaskcnai
▸	G2			财务管理 ...	管理学院 ...	20	15800000000 ...	jiayu@126.com	cacacka
	G2			财务管理 ...	管理学院 ...	20	15600000000 ...	jiaru@sina.com	Cxcxc
	G2			财务管理 ...	管理学院 ...	21	15400000000 ...	gaoxiao@163...	NULL
	J20			计算机应用 ...	计算机科学学...	20	15200000000 ...	yanghua@163...	NULL
	J20			计算机应用 ...	计算机科学学...	21	15300000000 ...	liuqunz@163....	NULL
	J20			计算机科学 ...	计算机科学学...	21	15500000000 ...	wangguo@16...	NULL
	J20			计算机科学 ...	计算机科学学...	21	15400000000 ...	sunrong@sin...	NULL
	J20			信息安全 ...	计算机科学学...	20	15500000000 ...	hujuan@126.c...	NULL
	J20			电子商务 ...	计算机科学学...	18	13000000000 ...	hxiaoxiao@16...	NULL
	L2016001	张茂桦	... 男	光电子学 ...	理学院 ...	20	18100000000 ...	zmaohua@12...	NULL

图 9-22　删除记录

选择“删除”选项后，将出现一个确认对话框，单击“是”按钮将删除所选择的记录，单击“否”按钮将不删除该记录。

创建约束

9.3　约束的创建与管理

9.3.1　主键约束

在“对象资源管理器”窗口中，展开“数据库”节点下某一具体数据库，展开“表”节点，右击要创建主键的表，从弹出的快捷菜单中选择“设计”选项，这时“文档”窗口中将打开“表设计器”页，可对表进行进一步定义：选中表中的某列，右击，从弹出的快捷菜单中选择“设置主键”选项即可为表设置主键，如图 9-23 所示。

图 9-23　设置主键

9.3.2　UNIQUE 约束

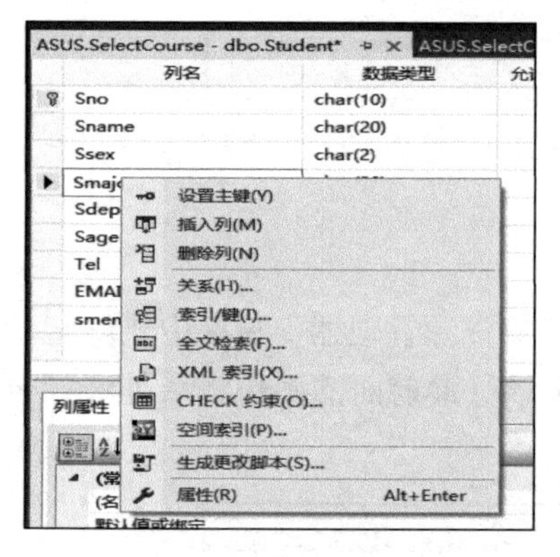

图 9-24　设置索引/键

右击表，从弹出的快捷菜单中选择“设计”选项，打开表设计页面，右击某列，从弹出的快捷菜单中选择“索引/键”选项，如图 9-24 所示，或者单击工具栏中的“管理索引和键”按钮，为表创建唯一性索引。

在弹出的“索引/键”对话框中，单击“添加”按钮，添加新的主/唯一键或索引；在“常规”区域的“类型”中选择“唯一键”选项，再根据需要选中要创建的列名和排序规律等即可创建完成，如图 9-25 所示。

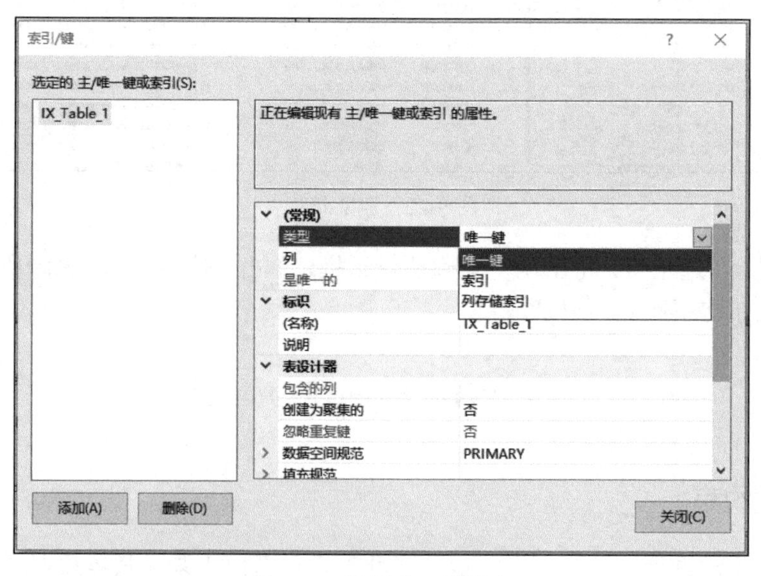

图 9-25　设置唯一键约束

9.3.3　CHECK 约束

这里使用 Management Studio 添加 CHECK 约束。在“表设计器”中选中需要设置 CHECK 约束的字段，右击，在弹出的快捷菜单中选择“CHECK 约束”选项。在“检查约束”对话框中，单击“添加”按钮，如图 9-26 所示。在该对话框右边的“表达式”一栏输入 CHECK 约束的具体内容，如 Ccredit>=1 AND Ccredit<=10。

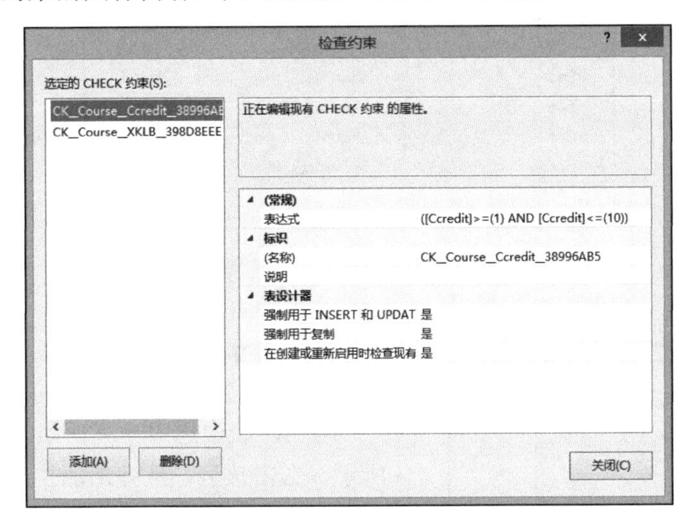

图 9-26　“检查约束”对话框

9.3.4　DEFAULT 约束

在 SSMS 图形化界面中，选中某一个具体的表，如 Student 表。选中 Student 表中的一列，如 Sdept 列，在“表设计器”下方的“默认值或绑定”中，设定一个默认值“computer science”。在以后添加数据时，如果该列没有指定具体值，那么该值就为 computer science，如图 9-27 所示。

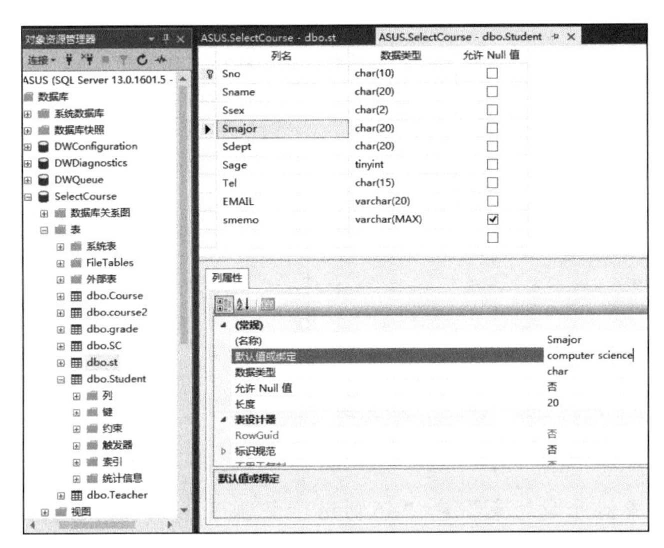

图 9-27　设置 DEFAULT 约束

9.3.5　NULL 约束

在 SSMS 中，找到某一个具体的表，如 SC 表，右击，从弹出的快捷菜单中选择“设计”选项，打开此表。选中表中的某一列 Grade，选择该行的“允许 NULL 值”的复选框，则表示允许该列为空，如图 9-28 所示。

ASUS.SelectCourse - dbo.SC　ASUS.SelectCourse - dbo.st

列名	数据类型	允许 Null 值
Sno	char(10)	☐
Tno	char(10)	☐
Cno	char(10)	☐
Grade	numeric(3, 0)	☑
		☐

图 9-28　设置 NULL 约束

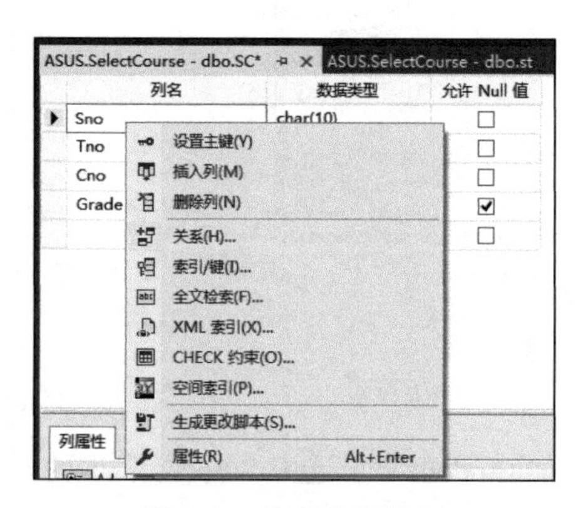

图 9-29　选择参照关系

9.3.6　FOREIGN 约束

在 SC 表中选中一列，如 Sno 列，如图 9-29 所示。右击该列，从弹出的快捷菜单中选择“关系”选项，就会弹出“外键关系”对话框，如图 9-30 所示。单击“添加”按钮即可添加新的约束关系；设置“在创建或重新启用时检查现有数据”为“是”；对外键“名称”、“强制外键约束”和“强制用于复制”选项进行设置；单击“表和列规范”后的 ... 按钮，在弹出的“表和列”对话框中设置表与列之间的参照关系，如图 9-31 所示。

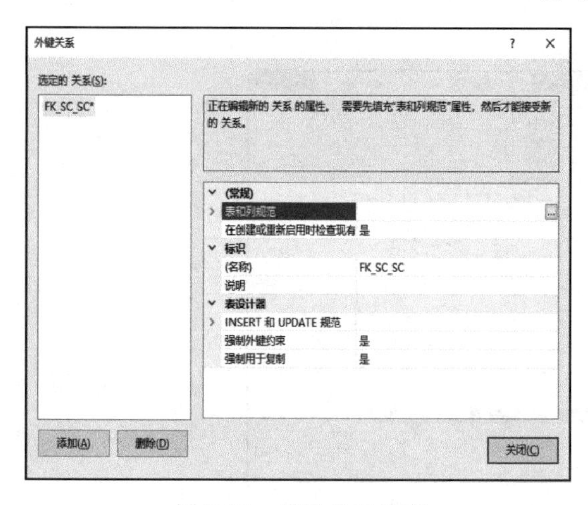

图 9-30　设置外键约束

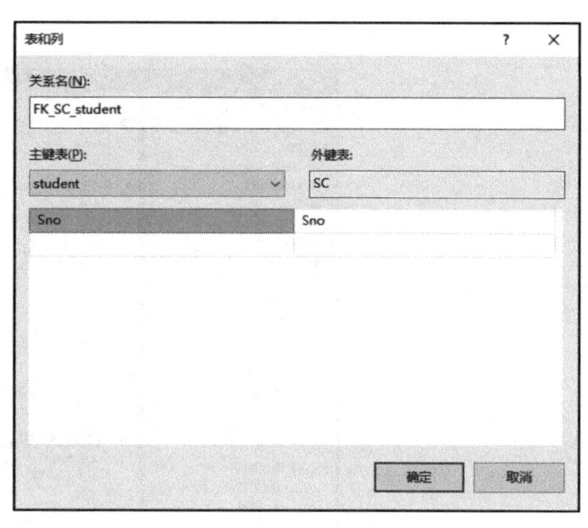

图 9-31　设置表和列

提示：如果“强制外键约束”和“强制用于复制”选项都设置为“是”，则能保证任何数据添加、修改或删除都不会违背参照关系。

9.4　视图的创建与管理

视图

9.4.1　创建视图

创建视图与创建数据表一样，可以使用 SQL Server Management Studio 中的对象资源管理器和 T-SQL 语句两种方法。

下面介绍利用对象资源管理器创建视图，以在 SelectCourse 数据库中建立 st1_degree 视图为例，介绍如何通过对象资源管理器创建视图。

(1) 启动 SQL Server Management Studio，连接到本地默认实例，在“对象资源管理器”窗格里，展开“数据库”→SelectCourse→“视图”节点。右击“视图”，在弹出的快捷菜单里选择“新建视图”选项，如图 9-32 所示。

(2) 打开如图 9-33 所示的“添加表”对话框，在显示出来的表格名称中选中要引用的表，然后单击“添加”按钮。例如，添加 Student、Course、SC 三个表。

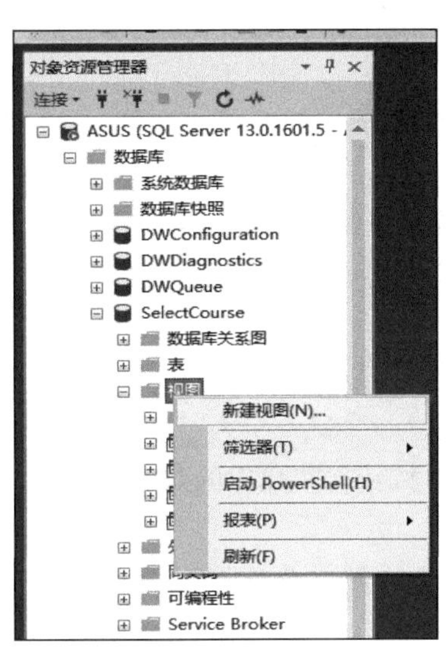

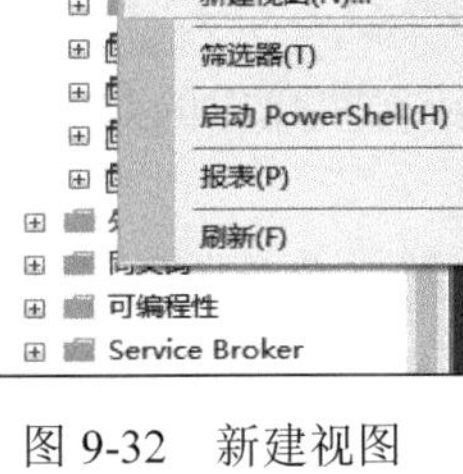

图 9-32　新建视图

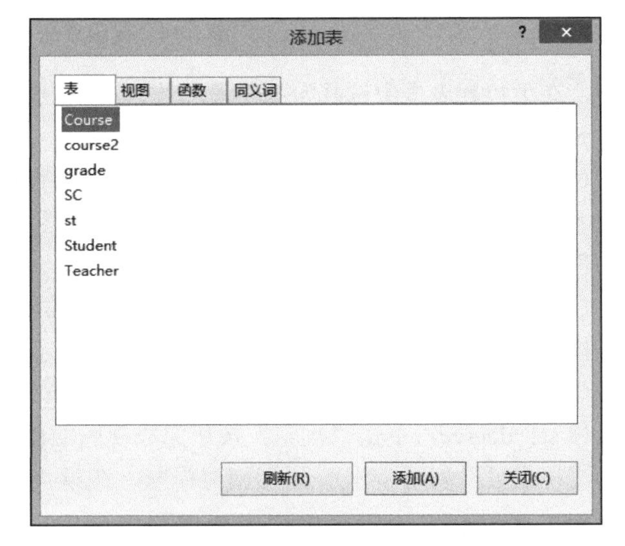

图 9-33　视图设计及添加表对话框

(3) 添加完数据表之后，单击“关闭”按钮，返回到视图设计窗口，如图 9-34 所示。如果还要添加新的数据表，可以右击如图 9-34 所示关系图窗格的空白处，在弹出的快捷菜单中选择“添加表”选项，则会再次弹出如图 9-33 所示的“添加表”对话框，然后继续为视图添加引用表或视图。如果要移除已经添加的数据表或视图，可以在“关系图窗格”里右击要移除的数据表或视图，在弹出的快捷菜单中选择“移除”选项，或选中要移除的数据表或视图后，直接单击 Delete 按钮移除。

(4) 在关系图窗格里建立表与表之间的关系，如要将 Student 表的 Sno 与 SC 表中的 Sno 相关联，只需将 Student 表中的 Sno 字段拖曳到 SC 表中的 Sno 字段上即可，关系成功后两个表之间会有一根线连着。

(5) 在关系图窗格里选择数据表字段前的复选框，或者在条件窗格中的“列”字段中

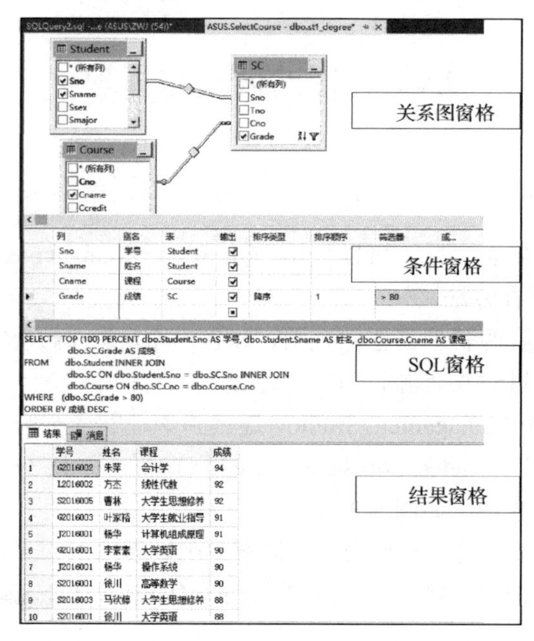

图 9-34　视图设计窗口

单击，在下拉列表框中选择数据字段名称，可以设置视图要输出的字段。在图 9-34 中，选中 Student 表中的 Sno 等 4 个字段。

(6) 在条件窗格的“筛选器”中设置要过滤的查询条件，如在 Grade 字段后的筛选器中写入“>80”。设置完后的 SQL 语句，会显示在图 9-34 中的 SQL 窗格里，这个 SELECT 语句也就是视图所要存储的查询语句。

(7) 单击工具栏上的 执行(X) (执行 SQL) 按钮，试运行 SELECT 语句是否正确，如果正确，执行结果将在如图 9-34 所示的结果窗格中显示出来。

(8) 在一切测试都正常之后单击工具栏中的 (保存) 按钮，在弹出的对话框中输入视图名称 st1_degree，单击“确定”按钮完成视图的创建。

注：也可以利用 T-SQL 语句创建视图，在第 4 章已经介绍，此处不再赘述。

9.4.2　管理视图

视图定义后就可以查看了，查看视图定义的方法与查看数据表定义的方法很类似，只是在修改视图方面有一些区别。

1. 查看视图定义

1) 在 SQL Server Management Studio 中查看视图定义

下面以查看视图 st1_degreee 为例介绍如何查看视图定义。

(1) 启动 SQL Server Management Studio，连接到本地默认实例，在“对象资源管理器”窗格里，展开“数据库”→SelectCourse→“视图”节点，展开“视图”前面的+，右击视图 st1_degree，在弹出的快捷菜单中选择“设计”选项，打开“视图设计”窗口。

(2) 在“视图设计”窗口中可以查看视图 st1_degree 的定义信息，如图 9-35 所示。

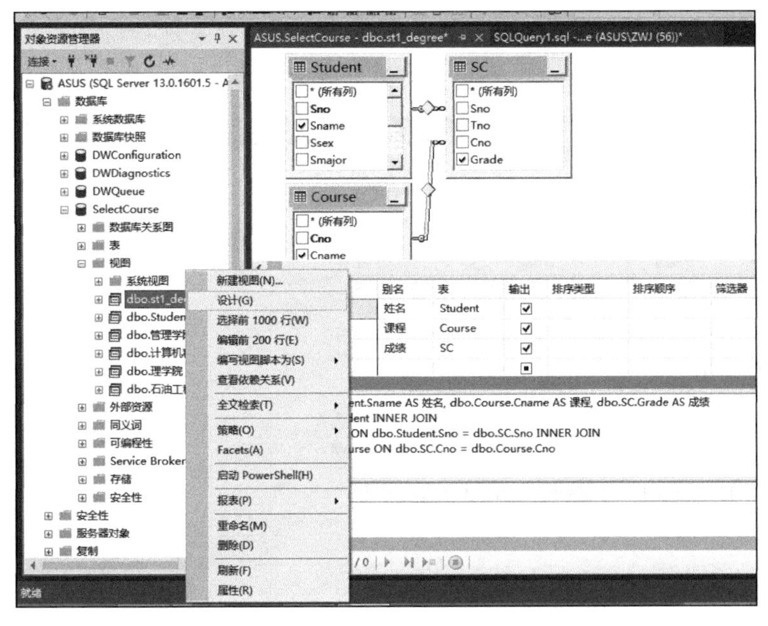

图 9-35　查看视图定义

2) 利用 T-SQL 语句查看视图定义

视图的定义信息保存在系统数据库中，所以可以通过系统提供的存储过程来查看视图的定义信息。下面以查看 st1_degree 视图为例介绍查看的方法。

单击工具栏上的“新建查询”按钮，打开查询设计器，并输入如下命令：

```
Exec sp_helptext st1_degree
```

则可以在“结果”区域中看到该视图的定义信息，如图 9-36 所示。

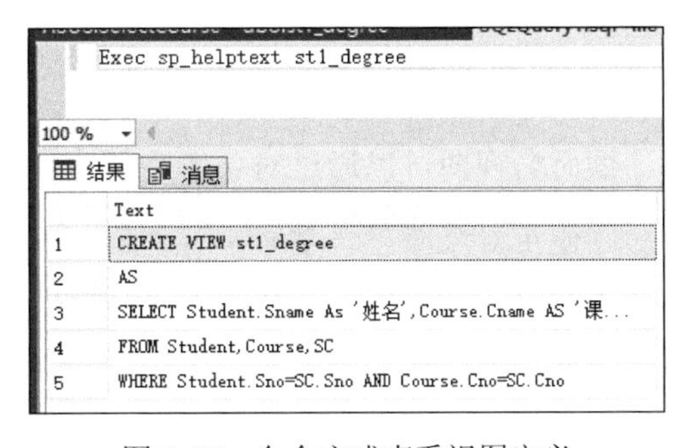

图 9-36　命令方式查看视图定义

2. 修改视图定义

使用 SQL Server Management Studio 修改视图事实上只是修改该视图所存储的 T-SQL 语句，下面以修改视图 st1_degree 为例介绍如何在 SQL Server Management Studio 中修改视图，使其降序显示学生成绩。

(1) 启动 SQL Server Management Studio，连接到本地默认实例，在“对象资源管理器”窗格里展开树形目录，展开“数据库”→SelectCourse→“视图”→st1_degree 节点。

(2) 右击 st1_degree，在弹出的快捷菜单中选择“设计”选项，打开如图 9-37 所示的“视图设计”窗口。在条件窗格中将 Grade 字段的“排序类型”修改为“降序”。

(3) 修改完成后单击工具栏中的 ▶ 执行(X) 按钮，测试新视图的运行情况，其结果会在结果窗格中显示，最后单击“保存”按钮，完成视图的修改。

注意：视图是个查询结果集，是没有排序的，如果使用了 ORDER BY，那么必须与

TOP 关键字一起使用，这里 ORDER BY 并不是对视图的结果进行排序，只是为了让 TOP 提取结果。当使用视图进行查询，并且查询结果集需要排序时，要重新使用 ORDER BY。

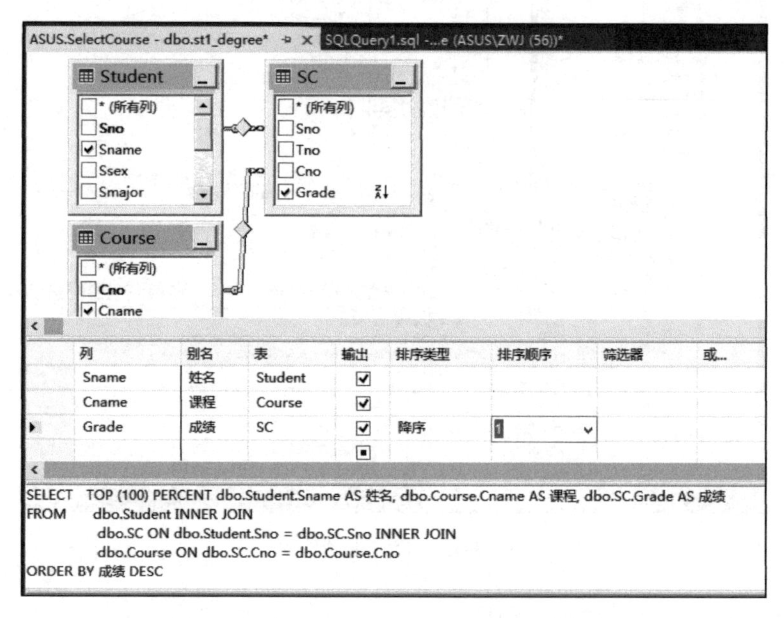

图 9-37　在 Management Studio 中修改视图

3. 重命名视图

重命名视图可以通过对象管理器来完成，也可以通过相关存储过程来完成。

1）使用对象管理器重命名视图

在对象管理器中，可以像在资源管理器中更改文件夹或者文件名一样，在需要重命名的视图上右击，在弹出的菜单中选择“重命名”选项，然后输入新的视图名称即可。

2）使用存储过程 sp_rename 重命名视图

利用系统提供的存储过程 sp_rename 可以对视图进行重命名，其语法格式为：

```
sp_rename [ @objname = ]'object_name',
[ @newname = ] 'new_name'
[ , [ @objtype = ] 'object_type' ]
```

参数说明：

[@objname =]'object_name'是用户对象（表、视图、列、存储过程、触发器、默认值、数据库、对象或规则）或数据类型的当前名称。如果要重命名的对象是表中的一列，那么 object_name 必须为 table.column 形式。如果要重命名的是索引，那么 object_name 必须为 table.index 形式。object_name 为 nvarchar（776）类型，无默认值。

[@newname =] 'new_name'是指定对象的新名称。new_name 必须是名称的一部分，并且要遵循标识符的规则。newname 是 sysname 类型，无默认值。

[@objtype =] 'object_type'是要重命名的对象的类型。object_type 为 varchar（13）类型，其默认值为 NULL，可取表 9-1 所示的值。

表 9-1　object_type 的取值及其含义

取值	说明
COLUMN	要重命名的列
DATABASE	用户定义数据库。重命名数据库时需要此对象类型
INDEX	用户定义索引
OBJECT	在 sys.objects 中跟踪的类型的项目。例如，OBJECT 可用于重命名约束(CHECK、FOREIGN KEY、PRIMARY/UNIQUE KEY)、用户表和规则等对象
USERDATATYPE	通过执行 CREATE TYPE 或 sp_addtype 添加 CLR 用户定义类型

【例 9-4】 将视图 st1_degree 更名为 view_score。

```
USE SelectCourse
GO
EXEC sp_rename 'st1_degree','view_score'
GO
```

重命名视图时还需要注意以下几点。

(1) 重命名时的视图必须位于当前数据库中。

(2) 新名称必须遵守标识符规则。

(3) 只能命名自己拥有的视图。

(4) 数据库所有者可以更改任何用户视图的名称。

4. 删除视图

当一个视图不再需要时，可以将其删除。删除视图同样也可以通过 SQL Server Management Studio 和 T-SQL 两种方式实现，本章仅介绍 SSMS 图形化方式。

下面以删除 st1_degree 为例介绍如何在 SQL Server Management Studio 中删除视图。

(1) 启动 SQL Server Management Studio，连接到本地数据库默认实例。

(2) 在“对象资源管理器”窗格里展开树形目录，执行“数据库”→SelectCourse→“视图”→st1_degree 命令。右击 st1_degree，在弹出的快捷菜单里选择“删除”选项。

(3) 在弹出的“删除对象”窗口里可以看到要删除的视图名称。单击“确定”按钮完成删除操作。

9.4.3　利用视图管理数据

1. 利用视图查询数据

在 SQL Server Management Studio 中查询视图内容的方法与查询数据表内容的方法几乎一致，下面以查询视图 st1_degree 为例介绍如何查询视图。

(1) 启动 SQL Server Management Studio，连接到本地默认实例，在“对象资源管理器”窗格里，展开“数据库”→SelectCourse→“视图”→st1_degree 节点。

(2) 右击 st1_degree，在弹出的快捷菜单里选择“选择前 1000 行”选项，如图 9-38 所示。打开“查看视图”窗口，如图 9-39 所示，该窗口界面与查看数据表的窗口界面十分相似。

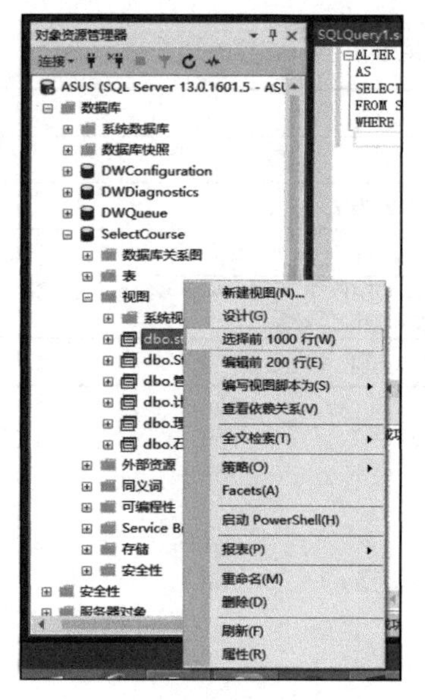

图 9-38　选择前 1000 行

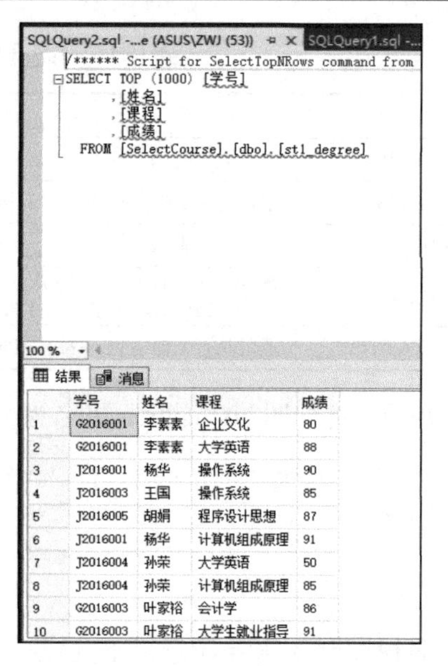

图 9-39　“查看视图”窗口

视图还可以作为数据库的一种安全措施来限制用户对基表的访问。例如，若限定某用户只能查询 st1_degree 视图，实际上就是限制该用户只能访问“学号”“姓名”“课程”“成绩”这 4 个字段，从而保证了其他字段的安全。

注意：如果与视图相关联的表或视图被删除，则该视图将不能再使用。

2. 利用视图修改数据

由于视图使用起来与数据表类似，因此可以通过视图修改基表的数据，包括插入、更新和删除。但是使用视图对数据进行修改有一定的限制，就是要求所使用的视图必须是可更新的。可更新视图需要满足的条件如下。

(1) 在视图中修改的列必须直接引用表列中的基础数据。它们不能通过其他方式派生，例如，通过聚合函数(AVG、COUNT、SUM、MIN、MAX 等)或者通过表达式并使用列计算出其他列的情况。使用集合运算符(UNION、UNION ALL、CROSSJON、EXCEPT 和 INTERSECT)形成的列得出的计算结果不可更新。

(2) 被修改的列不受 GROUP BY、HAVING 或 DISTINCT 子句的影响。

(3) 创建视图的 SELECT 语句的 FROM 子句中只能包含一个基表。

上述限制应用于视图的 FROM 子句中的任何子查询，就像其应用于视图本身一样。

注释：除了满足上述条件的视图是可更新的外，也可以创建可更新分区视图和使用 INSTEAD OF 触发器创建可更新视图。

【例 9-5】 分析以下两个视图是否可更新。

```
CREATE VIEW view_student                    --新建视图 view_student
AS
SELECT Sno,Sname,Ssex,Sage
FROM Student
GO
```

```
CREATE VIEW st2_degree(学号,平均成绩)        --新建视图 st2_degree
AS
SELECT Student.Sno,AVG(SC.Grade)
FROM Student,Course,SC
WHERE Student.Sno = SC.Sno and Course.Cno =SC.Cno
GROUP BY Student.Sno
GO
```

view_student 视图符合以上条件，是可更新的；而 st2_degree 视图中包含聚合函数 AVG，所以是不可更新的。

1) 利用视图插入数据

下面介绍如何在 SQL Server Management Studio 中和 T-SQL 语句中实现数据插入。

(1) 使用 Management Studio 插入数据。

①启动 SQL Server Managemnt Studio，连接到本地默认实例，在“对象资源管理器”窗口里，展开“数据库”→SelectCourse→“视图”→view_student 节点。

②右击 view_student，在弹出的快捷菜单中选择“编辑前 200 行”选项，如图 9-40 所示。打开“视图编辑”窗口，如图 9-41 所示。

图 9-40　选择“编辑前 200 行”

ASUS.SelectCours...dbo.view_student　SQLQuery1.sql -...e (ASUS

Sno	Sname	Ssex	Sage
G2016001	李素素	女	22
G2016002	朱萍	女	21
G2016003	叶家裕	男	20
G2016004	邓家如	女	20
G2016005	高晓	女	21
J2016001	杨华	男	20
J2016002	刘全珍	女	21
J2016003	王国	男	21
J2016004	孙荣	男	21
J2016005	胡娟	女	20
J2016006	黄小小	女	18
L2016001	张茂桦	男	20
L2016002	方杰	男	21
L2016003	刘可	女	20
L2016004	黄一秋	男	21
L2016005	唐治	男	20
L2016006	韩云	男	20
S2016001	徐川	男	20
S2016002	汤洪	男	21
S2016003	马秋婷	女	20
S2016004	周英	女	20
S2016005	曹林	男	21

图 9-41　“视图编辑”窗口

③在“视图编辑”窗口中定位到最后一条记录下面，有一条所有字段都为 NULL 的记录，在此可以输入新记录的内容。

(2) 使用 INSERT 语句插入数据

【例 9-6】 向 view_student 视图中插入以下记录“2010190030、梁飞龙、男、24”。

```
INSERT INTO view_student
VALUES('2010190030','梁飞龙','男','24')
```

执行成功后查 view_student 视图可以看到记录已经成功添加到视图结果集中，如图 9-42 所示最后一条记录。再次查看 view_student 视图的基表 Student 表可以发现，上述记录插入到数据表中，并且除题中给定的 4 个字段外其他字段都为系统默认值 NULL，如图 9-43 所示最后一条记录。

ASUS.SelectCourse - dbo.Student2　ASUS.SelectCours...dbo.view_stu

Sno	Sname	Ssex	Sage
2010190030	梁飞龙	男	24
G2016001	李素素	女	18
G2016002	朱萍	女	21

图 9-42　view_student 视图结果集

ASUS.SelectCourse - dbo.Student　SQLQuery2.sql -...e (ASUS\ZWJ (54))*

Sno	Sname	Ssex	Smajor	Sdept	Sage	Tel	EMAIL
G2016001	李素素	女	行政管理	管理学院	18	15600000000	susu@sina.cc
G2016002	朱萍	女	行政管理	管理学院	21	15300000000	zhuping@163
G2016003	叶家裕	男	财务管理	管理学院	20	15800000000	jiayu@126.co
G2016004	邓家如	女	财务管理	管理学院	20	15600000000	jiaru@sina.co
G2016005	高晓	女	财务管理	管理学院	21	15400000000	gaoxiao@163
J2016001	杨华	男	计算机应用	计算机科学学...	20	15200000000	yanghua@16
J2016002	刘全珍	女	计算机应用	计算机科学学...	21	15300000000	liuqunz@163.
J2016003	王国	男	计算机科学	计算机科学学...	21	15500000000	wangguo@1
J2016004	孙荣	男	计算机科学	计算机科学学...	21	15400000000	sunrong@sin
J2016005	胡娟	女	信息安全	计算机科学学...	20	15500000000	hujuan@126.
J2016006	黄小小	女	电子商务	计算机科学学...	18	13000000000	hxiaoxiao@1
L2016001	张茂桦	男	光电子学	理学院	20	18100000000	zmaohua@12
L2016002	方杰	男	光电子学	理学院	21	18200000000	fangjie@163.
L2016003	刘可	女	基础数学	理学院	20	18300000000	liuke@126.co
L2016004	黄一秋	男	基础数学	理学院	21	18600000000	hyiqiu@sina.c
L2016005	唐治	男	理论力学	理学院	20	18200000000	tangzhi@sina
L2016006	韩云	男	理论力学	理学院	20	18300000000	hanyun@126.
S2016001	徐川	男	石油工程	石油工程学院	20	18000000000	xuchuan@12
S2016002	汤洪	男	石油工程	石油工程学院	21	18100000000	tanghong@si
S2016003	马秋婷	女	油气储运	石油工程学院	20	18600000000	mqiuting@16
S2016004	周英	女	油气储运	石油工程学院	20	18700000000	zhouying@si
S2016005	曹林	男	油气储运	石油工程学院	21	13200000000	caolin@126.c
2010190030	梁飞龙	男	NULL	NULL	24	NULL	NULL
NULL	NULL	NULL	NULL	NULL	NULL	NULL	NULL

图 9-43　Student 数据表内容

一般来说，不建议在视图中插入新记录，因为视图中往往显示的是表中的某几个字段，而如果通过视图插入新记录，则视图中没有指定的字段内容将自动置空。如果视图中不包含基表中的主键，则插入操作就会因主键不能置空而失败。而且当视图所依赖的基表有多个时，也不能向该视图插入数据，因为这将影响多个基表。例如，不能向 st1_degree 视图中插入数据，因为该视图依赖 Student、Course 和 SC 三张基表。

2) 利用视图更新数据

(1) 使用 Management Studio 更新数据。

①启动 SQL Server Management Studio，连接到本地默认实例，在“对象资源管理器”窗口里，展开“数据库”→SelectCourse→“视图”→view_student 节点。

②右击 view_student，在弹出的快捷菜单里选择“编辑前 200 行”选项，打开“视图编辑”窗口，在“视图编辑”窗口中找到要修改的记录，在记录上直接修改字段内容，修改完毕之后，只需将光标从该记录上移开，定位到其他记录上，SQL Server 就会将修改的记录保存。

(2) 使用 UPDATE 语句更新数据。

在第 4 章中已经介绍过 UPDATE 语句修改视图中的数据，此处不再赘述。

3) 利用视图删除数据

(1) 使用 Management Studio 删除数据。

①启动 SQL Server Management Studio，连接到本地默认实例，在“对象资源管理器”窗口里，展开“数据库”→SelectCourse→“视图”→view_student 节点。

②右击 view_student，在弹出的快捷菜单里选择“编辑前 200 行”选项，打开“视图编辑”窗口，在“视图编辑”窗口中找到要删除的记录，在弹出的快捷菜单里选择“删除”选项，如图 9-44 所示。

③弹出如图 9-45 所示警告对话框，单击“是”按钮，完成删除操作。

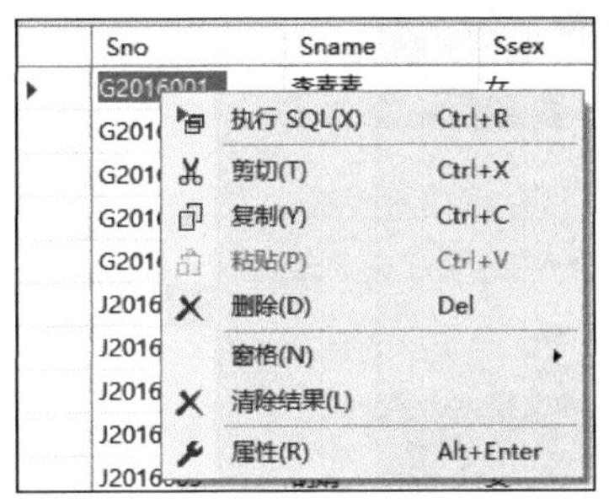

图 9-44　删除选项

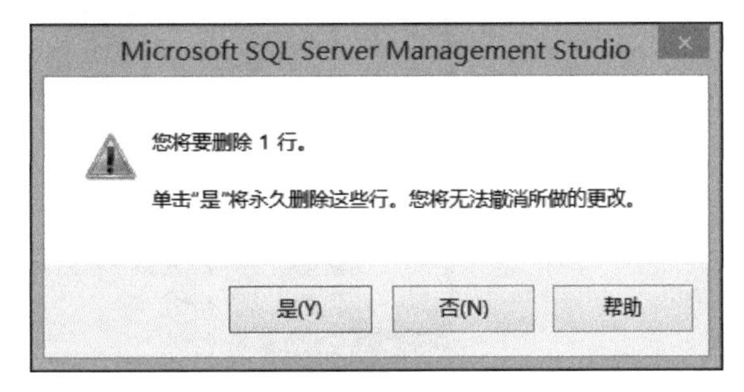

图 9-45　警告对话框

(2) 使用 DELETE 语句删除数据。

【例 9-7】 删除视图 view_student 中姓名为“李素素”的学生记录。

```
DELETE FROM view_student
WHERE Sname='李素素'
```

本例中删除视图 view_student 中的记录实际上是删除了该视图所依赖的基表 Student 中的记录。由于 view_student 视图只对应了一张基表，所以删除能够成功，如果视图依赖的基表涉及多张(不包括分区视图)，则不能通过视图进行删除。

索引

9.5　索引的创建与管理

9.5.1　索引的创建

索引的创建方法有两种，分别是系统自动创建和手动创建。在创建数据表时，如果设定了主键或 UNIQUE 约束，则系统会自动创建与主键名相同的聚集索引或与 UNIQUE 键名相同的唯一索引。本节主要介绍使用 SSMS 图形化界面创建索引的方式。

使用 SQL Server Management Stuadio 可以对索引进行全面的管理，包括创建索引、查看索引、删除索引和重新组织索引等。下面我们以在 SelectCourse 数据库中 Student 表的 Sname 列上创建一个升序的非聚集索引 Index_Sname 为例，介绍索引的创建方法，其操作步骤如下。

(1) 启动 SQL Server Management Studio，连接到本地默认实例，在“对象资源管理器”窗格里，展开“数据库”→SelectCourse→dbo.Student→“索引”节点。

(2) 右击“索引”，在弹出如图 9-46 所示的快捷菜单里选择“新建索引”→“非聚集索引”选项。

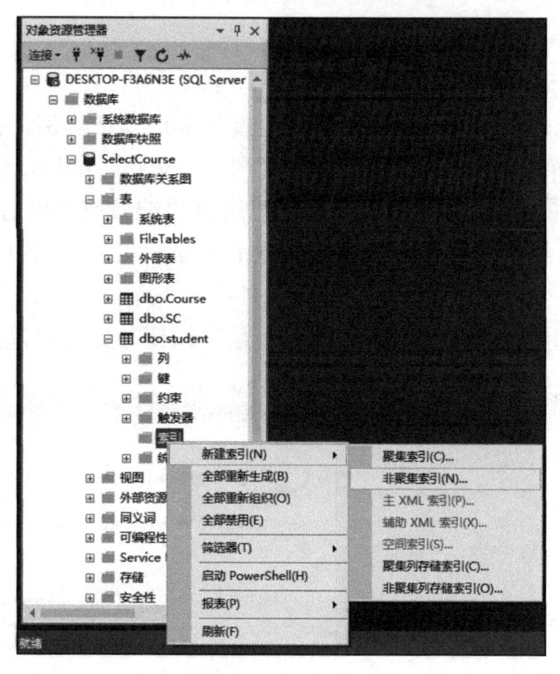

图 9-46　新建索引

(3)弹出“新建索引”窗口，进入“常规”选项卡，如图 9-47 所示，取值各项说明和设置如下：

①“表名”文本框：指出表的名称，用户不能更改。

②“索引名称”文本框：输入所建索引的名称，由用户决定。这里输入索引名称为 Index_Sname。

③“索引类型”组合框：由于新建的是非聚集索引，因此索引类型默认为“非聚集”，且不能修改。

④“唯一”复选框：选中表示创建唯一性索引，这里勾选。

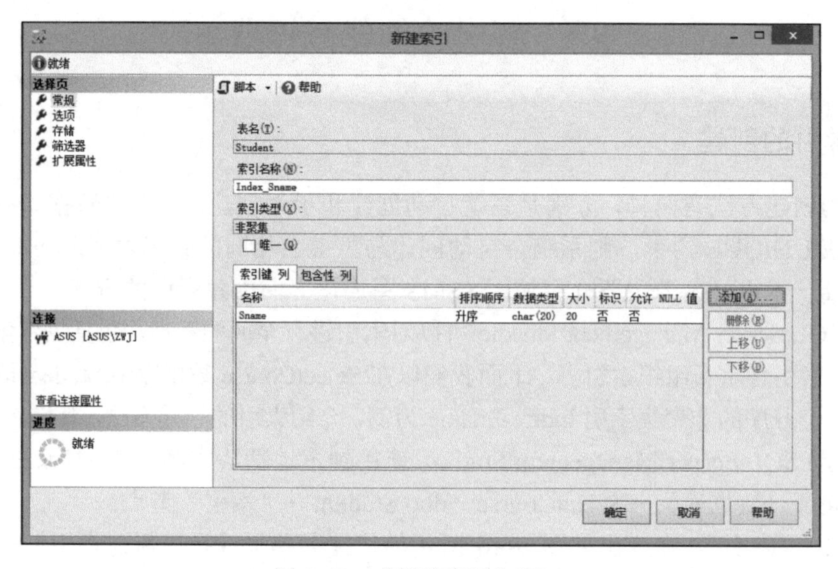

图 9-47　“新建索引”窗口

注释： 如果创建的是聚集索引，而且被创建的列已经创建为主键，则在将“索引类型”框选择为“聚集”，会弹出“是否删除现有索引”对话框。创建主键时会自动创建一个主键到聚集索引，而一张表只能有一个聚集索引，因此，需要删除原来的聚集索引才能创建新的聚集索引。

(4) 设置完成后，单击“添加”按钮，出现如图 9-48 所示的“从 dbo.student 中选择列”窗口，从“选择要添加到索引的表列”列表中勾选要建立索引的列，一次可以选择一个或多列；这里勾选 Sname 列，单击“确定”按钮。

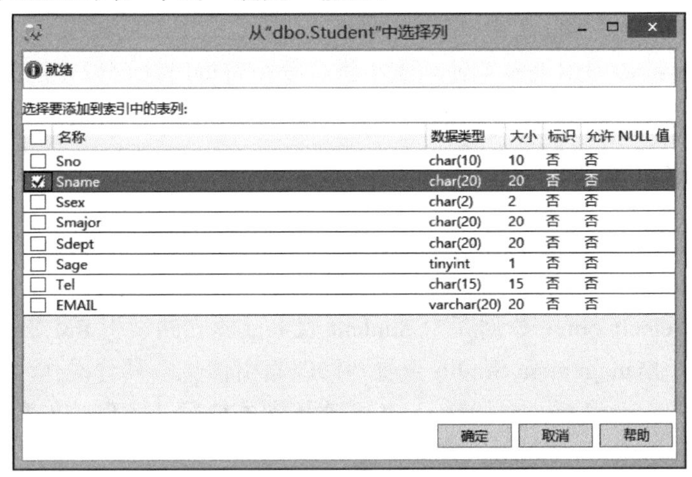

图 9-48　选择列窗口

(5) 返回到如图 9-47 所示的“新建索引”窗口，单击“索引键列”中的“排序顺序”，从中选择索引键的排序顺序，这里选择“升序”项。

(6) 在图 9-47 所示的“新建索引”窗口中单击左侧“选择页”的“选项”，可以打开如图 9-49 所示的标签页，在这里根据需要选择各复选框按钮来设置各索引选项。以下为几个常用的选项。

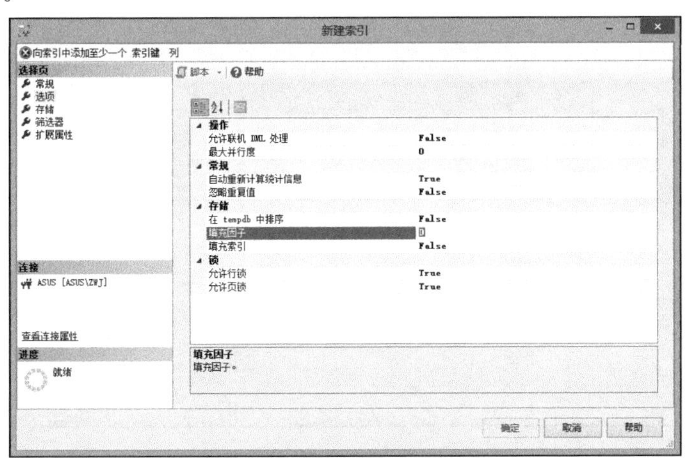

图 9-49　索引选项标签页

①忽略重复值：如果选择此项，当插入一个重复值到索引字段中时，系统将会发出警告并忽略插入操作。如果不选，则系统会发出错误信息，并回滚插入操作。该项只有索引是唯一时才能使用。

②自动重新计算统计信息：该项用来自动更新访问索引字段的统计数据，有利于达到最优的查询效率，建议选中该选项。

③填充因子：填充因子是指在创建索引页时，每个叶子节点填入数据的填满率，即是否预留或预留多少以后新增加的索引数据的位置。填充因子越小，则每个叶子节点索引页里存放的数据就越少。例如，填充因子为 90，表示每个叶子节点只是用 90%的空间存放索引数据，剩下 10%预留给以后增加的索引数据。默认数据全部填满。

④填充索引：在设置填充因子的情况下，对中间节点索引页也预留与填充因子相同的空间用来存储新增加的索引。

⑤最大并行度：该项用来设置使用索引进行单个查询时，可以使用的 CPU 数量。

(7) 完成各种设置以后，单击“确定”按钮，这样就建立好了 Index_Sname 非聚集索引。

9.5.2　查看和修改索引

在索引建立好后，有时需要查看和修改索引属性，其方法主要有两种：使用 SQL Server Management Studio 和 T-SQL 语句，本节主要介绍 SSMS 图形化方式。

下面以查看 SelectCourse 数据库中 Student 表上已建立的索引 PK_Student 为例介绍如何使用 SQL Server Management Studio 查看和修改索引信息。具体操作步骤如下。

(1) 启动 SQL Server Management Studio，连接到本地默认实例，在“对象资源管理器”窗格下，展开“数据库”→SelectCourse→dbo.Student→“索引”节点。

(2) 展开“索引”列表，右击 PK_Student 索引，在弹出的快捷菜单中选择“属性”选项，打开图 9-50 所示的“索引属性”窗口，在其中对索引的各选项进行查看和修改。

(3) 单击“确定”按钮完成查看和修改操作。

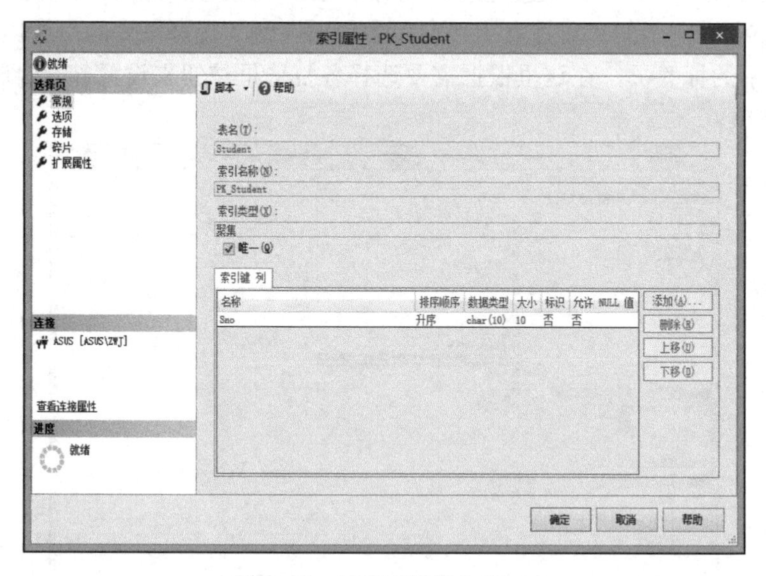

图 9-50　“索引属性”窗口

9.5.3　重命名索引

下面将以 SelectCourse 数据库中 Student 表上建立的 Index_Smajor 索引重命名为

Index_fh 为例，介绍使用 SSMS 重命名索引的方法，其操作步骤如下。

(1) 启动 SSMS，连接到本地默认实例，在“对象资源管理器”表格里，展开“数据库”→SelectCourse→dbo.student→“索引”节点。

(2) 展开“索引”列表，右击 Index_Smajor 索引，在弹出的快捷菜单中选择“重命名”选项。

(3) 重新输入新的索引名称 Index_fh，按回车键完成操作。

9.5.4 禁用索引

禁用索引可以防止用户在查询记录时访问指定索引。对于聚集索引，还可以防止用户访问聚集索引所在的数据表。禁用的索引要重新生成后才能使用。

下面以禁用 SelectCourse 数据库中 Student 表上建立的 Index_Sname 索引为例，介绍使用 SSMS 禁用索引的方法，其操作步骤如下。

(1) 启动 SSMS，连接到本地默认实例，在“对象资源管理器”窗格里，展开“数据库”→SelectCourse→dbo.student→“索引”节点。

(2) 展开“索引”列表，右击 Index_Sname 索引，在弹出的快捷菜单中选择“禁用”选项。

(3) 打开“禁用索引”窗口，单击“确定”按钮，完成操作。

9.5.5 删除索引

下面以删除 SelectCourse 数据库中 Student 表上建立的 Index_Sname 索引为例，介绍使用 SSMS 删除索引的方法，其操作步骤如下。

(1) 启动 SSMS，连接到本地默认实例，在“对象资源管理器”窗格里，展开“数据库”→SelectCourse →dbo.student→“索引”节点。

(2) 展开“索引”列表，右击 Index_Sname 索引，在弹出的快捷菜单中选择“删除”选项。

(3) 在弹出的“删除对象”窗口中单击“确定”按钮，如图 9-51 所示，完成索引删除。

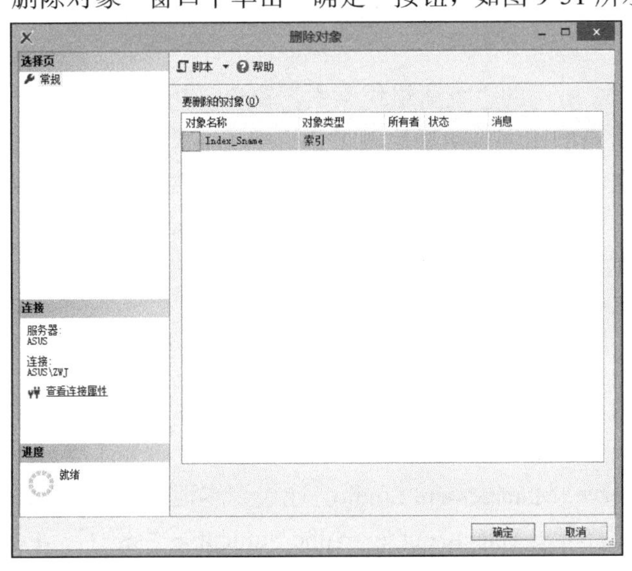

图 9-51 “删除对象”窗口

注释：在建立索引后，在系统表 sysindexes 中 name 列会保存该索引的名称，通过搜索名称可以判断索引是否存在。

9.5.6 重建索引

在 SQL Server 中索引的数据是系统自动维护的，这就意味着随着数据库的使用，数据不断发生变化，经过多次的增加、修改和删除等更新操作后，索引的数据可能会分散到硬盘的各个位置，也可能将本应该存储在同一个页中的索引分散到多个页中，这样就产生了很多索引碎片。这些碎片与操作系统中的硬盘碎片一样，会影响系统性能。当碎片增多时，SQL Server 的查询速度会明显降低。在 SQL Server 2017 中，可以通过重新组织索引或重新生成索引两种方法来整理索引碎片。

重新组织索引是一种使用最少系统资源来重新组织索引的方法，并不删除原有索引，只是通过对页进行物理重新排序，使其与叶节点的逻辑顺序(从左到右)相匹配，从而对表或视图的聚集索引和非聚集索引的叶级别进行碎片整理。重新组织索引还会压缩索引页，压缩基于现有的填充因子。

重新生成索引将删除该索引并创建一个新索引。此过程中将删除碎片，通过使用指定的或现有的填充因子设置压缩页来回收磁盘空间，并在连续页中对索引行重新排序(根据需要分配新页)。这样可以减少获取所请求数据所需的页读取数，从而提高磁盘性能。但是这种方法的缺点是索引在删除和重新创建周期内为脱机状态，并且操作属原子级。如果中断索引创建，则不会重新创建该索引。

1) 重新组织索引

下面以重新组织 SelectCourse 数据库的 Student 表中的索引 Index_Sname 为例，介绍如何使用 SQL Server Managemnt Studio 重新组织索引。具体步骤如下。

(1) 启动 SQL Server Management Studio，连接到本地默认实例，在“对象资源管理器”窗格里，展开“数据库”→SelectCourse →dbo.Student→“索引”节点。

(2) 展开“索引”列表，右击 Index_Sname 索引，在弹出的快捷菜单中选择“重新组织”选项。

(3) 弹出如图 9-52 所示的“重新组织索引”窗口。在“碎片总计”栏可以看到索引逻辑碎片在索引页中所占的比例。如果比例很小，则不需要重新组织索引。选择“压缩大型对象列数据”复选框，表示在重新组织索引时将压缩包含大型对象数据的页。大型数据对象包括 image、text、ntext、varbinary(max)、varchar(max)、nvarchar(max)和 XML 数据类型。压缩这些数据可以提高磁盘空间的利用率。

(4) 设置完成后，单击“确定”按钮，完成操作。

2) 重新生成索引

下面以重新生成 SelectCourse 数据库的 Student 表中的索引 Index_Sname 为例，介绍如何使用 SQL Server Management Studio 重新生成索引。具体步骤如下。

(1) 启动 SQL Server Management Studio，连接到本地默认实例，在“对象资源管理器”窗格里，展开“数据库”→SelectCourse →dbo.Student→“索引”节点。

(2) 展开“索引”列表，右击 Index_Sname 索引，在弹出的快捷菜单中选择“重新生成”选项。

图 9-52　“重新组织索引”窗口

(3) 弹出如图 9-53 所示的“重新生成索引”窗口。

(4) 单击“确定”按钮，完成操作。

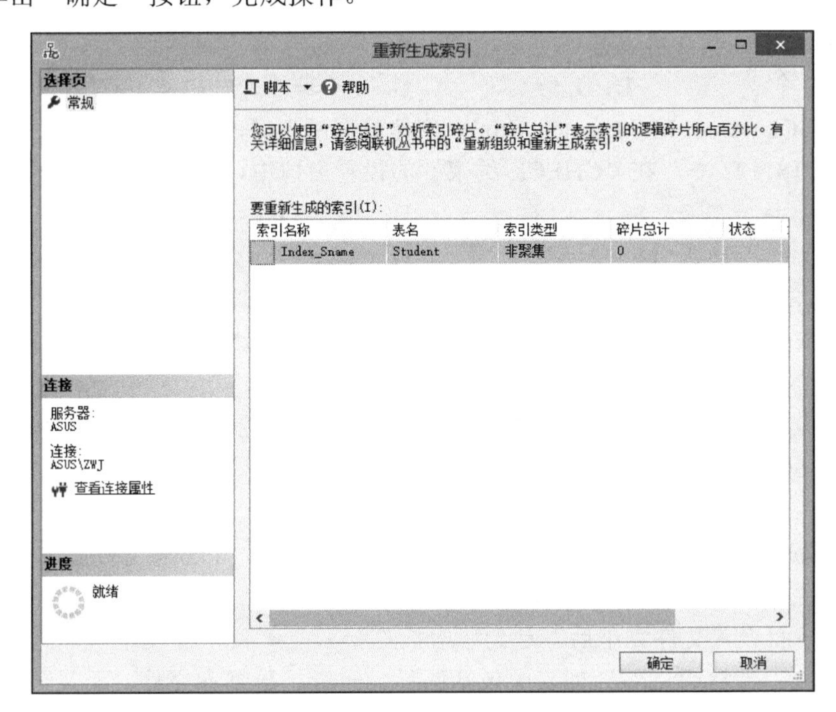

图 9-53　“重新生成索引”窗口

注意： 重新生成索引是一个删除并重建索引的过程，需要占用许多系统资源，尤其是重新生成聚集索引占用更多。

9.6　小　结

本章介绍了如何利用 SQL Server Management Studio 创建和管理数据库及数据表，创建和管理视图及索引等，为数据库的管理提供了一种图形化的操作方式，更加直观方便。

习　题

一、选择题

1．在下列选项中，说法错误的是（　　）。

A．在 SQL Server 中，表中行的数据大小不能低于 8KB

B．数据文件主要用于存放数据

C．主数据文件的扩展名是.mdf

D．在 SQL Server 中，数据库由数据文件和日志文件组成

2．在 SQL 语言中，关键短语 unique 的作用是（　　）。

A．限制列取值非空，但不能重复

B．指定列的取值范围，并且不能为空

C．限制列取值不能重复，但可以为空

D．指定列的默认值

3．候选码中的属性可以有（　　）。

A．0 个　　B．1 个　　C．1 个或多个　　D．多个

4．利用 SQL Server Management Studio 创建数据库表时，为列“Sage”添加检查约束，要求 Sage 在 18～25 岁，在“CHECK 约束”的设置窗口中，表达式应该输入（　　）

A．Sage<=25 && Sage>=18　　B．18<=Sage<=25

C．Sage>=18 And Sage<=25　　D．Sage>=18 OR Sage<=25

5．利用 SQL Server Management Studio 管理数据库表时，为列“Sdept”添加外键约束，需要右击要定义外键的表，再单击“设计”选项，右键单击“Sdept”列，在弹出的“表设计器”菜单中选择（　　）

A．关系　　B．索引/键　　C．CHECK 约束　　D．外键约束

6．利用 SQL Server Management Studio 新建数据库“学生管理”，下列说法正确的是（　　）

A．系统默认产生 3 个文件，其中 2 个数据文件，一个日志文件

B．主数据文件的大小无上限

C．一旦设置文件大小后，是无法增长的

D．在“数据库文件”列表中包括两行，一行是数据库文件，而另一行是日志文件。通过单击下面的“添加”“删除”按钮添加或删除数据库文件

二、填空题

1. 利用 SQL Server Management Studio 新建数据库时，在“数据库文件”列表中，包含两行：一行是数据文件，而另一行是________。

2. 在 SQL Server 2017 中数据文件的默认值为________MB，日志文件的默认值为________MB。

3. 使用 SQL Server Management Studio 给表中的 Sno 列添加唯一约束，需要打开表设计页面，右击 Sno 列从弹出的快捷菜单中选择________命令，再进行后续设置。

三、判断题

1. 一个表只允许在一个列上创建主键约束。（　）

2. 利用 SQL Server Management Studio 创建数据库表时，为某列设置外键约束需要指定外键所引用的列。（　）

3. 利用 SQL Server Management Studio 删除表中的某一列时，只需要选中该列然后点击右键，选择删除即可。（　）

4. 利用 SQL Server Management Studio 新建数据库时，在“数据库”节点上右击，从弹出的快捷菜单中选择“新建”命令即可。（　）

5. 利用 SQL Server Management Studio 新建数据库时，数据库名称是必填项目。（　）

上 机 练 习

下述练习均用 SSMS 工具实现。

1. 分别用图形化方法和 CREATE DATABASE 语句创建符合如下条件的数据库(可先用一种方法建立数据库，然后删除数据库，再用另一种方法建立)：

数据库的名字为 “SelectCourse”。

数据文件的逻辑文件名为“SelectCourse_dat”，物理文件名为“SelectCourse.mdf”，存放在“D:\AAA”目录下(若 D 盘中无此子目录，可先建立此目录，然后再创建数据库)，文件的初始大小为 15MB，增长方式为自动增长，每次增加 2MB。

日志文件的逻辑文件名为“SelectCourse_log”，物理文件名为“SelectCourse.ldf”，也存放在“D:\AAA”目录下，日志文件的初始大小为 10MB，增长方式为自动增长，每次增加 10%。

2. 分别用图形化方法和 CREATE DATABASE 语句创建符合如下条件的数据库，此数据库包含两个数据文件和两个事务日志文件：

数据库的名字为“工资数据库”。

数据文件 1 的逻辑文件名为“工资数据 1”，物理文件名为“工资数据 1.mdf”，存放在“D:\工资数据”目录下(若 D 盘中无此子目录，可先建立此目录，然后再创建数据库)，文件的初始大小为 15MB，增长方式为自动增长，每次增加 5MB。

数据文件 2 的逻辑文件名为“工资数据 2”，物理文件名为“工资数据 2.mdf”，存放在与主数据文件相同的目录下，文件的初始大小为 10MB，增长方式为自动增长，每次增加 10%。

日志文件 1 的逻辑文件名为“工资日志 1”，物理文件名为“工资日志 1_log.ldf”，存放在“D:\工资日志”目录下，初始大小为 1MB，增长方式为自动增长，每次增加 10%。

日志文件 2 的逻辑文件名为“工资日志 2”，物理文件名为“工资日志 2_log.ldf”，存放在“D:\工资日志”目录下，初始大小为 2MB，不自动增长。

3．删除新建立的工资数据库，观察该数据库包含的文件是否被一起删除了。

4．在第一题建立的 SelectCourse 数据库中，利用 SMSS 工具用图形化方法分别创建满足如下条件的表(注：“说明”信息不作为创建表的内容)：

学生表的属性信息

属性	数据类型	是否为空/约束条件
Sno	CHAR(10)	主键
Sname	CHAR(20)	否
Ssex	CHAR(2)	“男”“女”
Smajor	CHAR(20)	否
Sdept	CHAR(20)	否
Sage	TINYINT	在 1~80 取值
Tel	CHAR(15)	否

教师表的属性信息

属性	数据类型	是否为空/约束条件
Tno	CHAR(10)	主键
Tname	CHAR(20)	否
Tsex	CHAR(2)	“男”“女”
Tdept	CHAR(20)	否
Tage	TINYINT	在 1~80 取值
Tprot	CHAR(10)	“讲师”“教授”“副教授”
Tel	CHAR(15)	否
EMAIL	VARCHAR(30)	否

课程表的属性信息

属性	数据类型	是否为空/约束条件
Cno	CHAR(10)	主键
Cname	CHAR(30)	否
Ccredit	TINYINR	在 1~10 取值
XKLB	CHAR(5)	“必修”、“选修”

选课表的属性信息

属性	数据类型	是否为空/约束条件
Sno	CHAR(10)	否

续表

属性	数据类型	是否为空/约束条件
Tno	CHAR(10)	否
Cno	CHAR(10)	否
Grade	NUMERIC(3)	允许为空；若不为空，取值为 0~100

5．利用 SSMS 工具用图像化方法修改表结构。

(1) 在选课表中添加一个选课类别列：列名为 Type，类型为 char(4)。

(2) 将选课表中的 Type 列的类型改为 char(8)。

(3) 删除课程表中的 XKLB 列。

第10章　安　全　管　理

【本章导读】

数据库的安全性是指保护数据库以防不合法的使用造成数据泄露、更改或破坏。数据库中存储了大量的数据，如个人信息、商业机密、技术资料。如果有人未经授权非法访问了数据库，并获得查看甚至修改数据的权限，可能对数据库用户造成极大的危害。SQL Server 2017 对数据库的安全提供了多级保护，防止数据资源受到侵害。本章首先介绍数据库的安全控制模型，然后介绍 SQL Server 安全控制的过程。

【学习目标】

(1) 了解什么是数据库的安全控制。

(2) 理解安全控制的 3 个步骤。

(3) 掌握 SQL Server 2017 安全控制的实现方法。

数据库安全管理

10.1　安全管理概述

在数据库系统中，集中存放着大量数据，如金融系统、航空和铁路运营系统、个人身份信息管理系统等。这些数据的完整性、准确性和保密性关系到国计民生，但又往往被多个最终用户共享。数据共享必然带来数据库的安全性问题。数据库系统中的数据共享不是无条件的共享，如军事秘密、国家机密、新产品实验数据、市场需求分析、市场营销策略、销售计划、客户档案、医疗档案、银行储蓄数据等必须严格保密。在计算机系统中，可以设计完备的安全控制策略来维护系统，采用具有安全性的硬件、软件来实现对计算机系统及其存储数据的安全保护。数据的安全性是指保护数据以防止因不合法的使用而造成数据的泄漏和破坏。安全性对于任何一个数据库管理系统来说都至关重要。

数据库的安全控制是指在数据库应用系统的不同层次提供对有意和无意损害行为的安全防护。数据库的安全控制模型如图 10-1 所示。

图 10-1 显示了用户从登录计算机系统到访问后台数据库数据的 4 个安全控制步骤，包括访问计算机操作系统、登录数据库服务器、访问数据库以及访问数据库对象。其中，由数据库管理系统 SQL Server 提供的安全控制包含后 3 个过程。第一个过程，确认用户是否是数据库服务器的合法用户(具有登录账户)；第二个过程，确认用户是否是特定数据库的合法用户(具有访问数据库的权限)；第三个过程，确认用户是否具有合适的操作权限(具有操作数据库数据的权限)。

用户登录到数据库服务器后，不能访问任何数据库。只有当用户成为某个数据库的合法用户之后，才能对数据库进行访问。用户成为数据库的合法用户后，对数据没有操作权限，需要通过第三步认证被授予一定的操作权限。下面分别介绍在 SQL Server 2017 中如何实现这一过程。

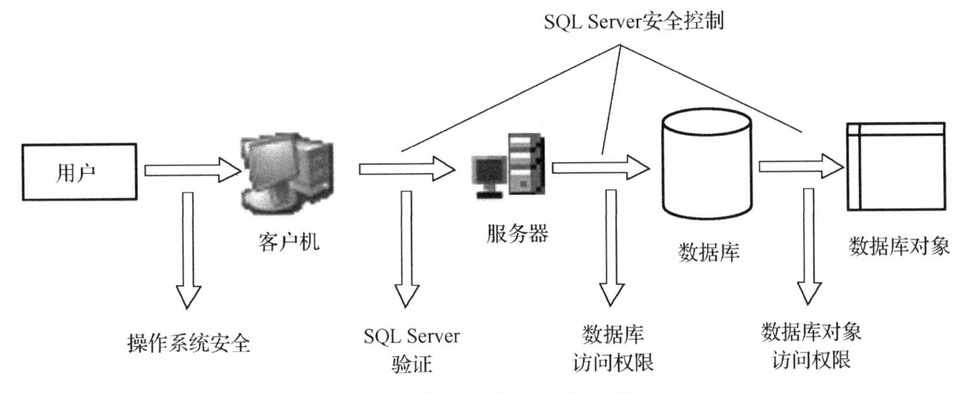

图 10-1 数据库的安全控制模型

10.2 安全账户认证

安全账户认证

SQL Server 提供安全控制的第一步是确认登录服务器用户的登录账号和密码的正确性，验证是否具有连接 SQL Server 的权限。用户的身份用登录标识符(Login ID)表示，是访问 SQL Server 数据库服务器的登录名。如果用户不具有有效的登录 ID，则不能连接到数据库服务器上。

10.2.1 身份认证模式

SQL Server 提供了两种身份认证模式：Windows 身份认证模式和混合身份认证模式。

1. Windows 身份认证模式

由于 SQL Server 和 Windows 操作系统都是微软公司的产品，微软公司将 SQL Server 和 Windows 操作系统的用户身份认证进行了绑定，提供以 Windows 操作系统用户身份登录到 SQL Server 的方式，即 Windows 操作系统的合法用户则自动成为 SQL Server 服务器的合法用户。

使用 Windows 身份认证时，用户首先登录到 Windows 中，然后再登录 SQL Server，系统从用户登录 Windows 时提供的用户名和密码中查找当前用户的登录信息，判断是否是 SQL Server 的合法用户。

2. 混合身份认证模式

混合身份认证模式表示 SQL Server 服务器同时允许 Windows 授权用户和由 SQL Server 单独授权的用户登录到 SQL Server 服务器上。如果允许非 Windows 操作系统的用户也能登录到 SQL Server 服务器上，则应当选择混合身份认证模式。在混合身份认证模式下，当选用 SQL 授权用户登录数据库服务器时，需提供用户名和密码以验证用户身份。

10.2.2　用 SQL Server 建立登录名

建立 SQL Server 服务器登录名有两种方法，一种是通过 SQL Server 的 SSMS 工具实现，另一种是通过 T-SQL 语句实现。下面介绍用 SSMS 实现的步骤。

1. 用 SSMS 工具建立 Windows 身份认证的登录名

使用 SSMS 工具建立 Windows 身份认证的登录名前，应确保操作系统中存在合法用户，可以在操作系统中建立 Windows 用户。假设我们已经在操作系统中建立了两个 Windows 用户，用户名为 SQL_user1、SQL_user2。在 SSMS 工具中，建立 Windows 身份认证的登录名步骤如下。

(1) 在打开的 SSMS 的对象资源管理器中，依次单击“安全性”→”登录名”。在“登录名”节点上右击鼠标，将弹出如图 10-2 所示的新建登录名窗口。

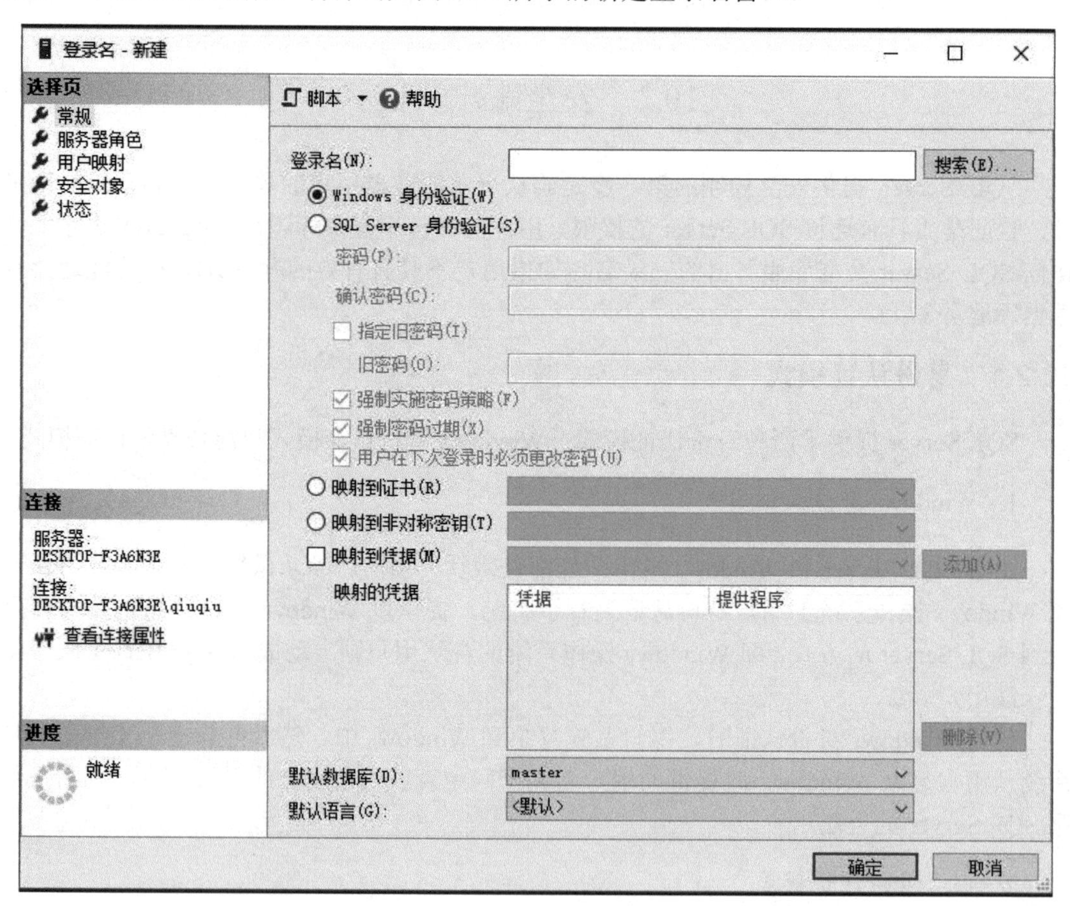

图 10-2　新建登录名窗口

(2) 在图 10-2 所示窗口中单击“搜索”按钮，弹出如图 10-3 所示的“选择用户或组”对话框。

(3) 在图 10-3 所示对话框中单击“高级”按钮，弹出如图 10-4 所示“选择用户或组”的高级选项对话框。

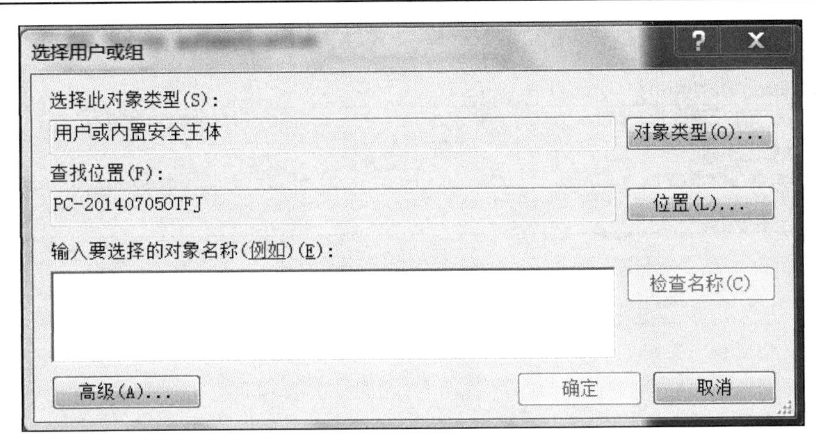

图 10-3　“选择用户或组”对话框

(4) 在图 10-4 所示对话框中单击“立即查找”按钮，在下面的“名称”列表框中将列出查找到的 Windows 用户和组，如图 10-5 所示。

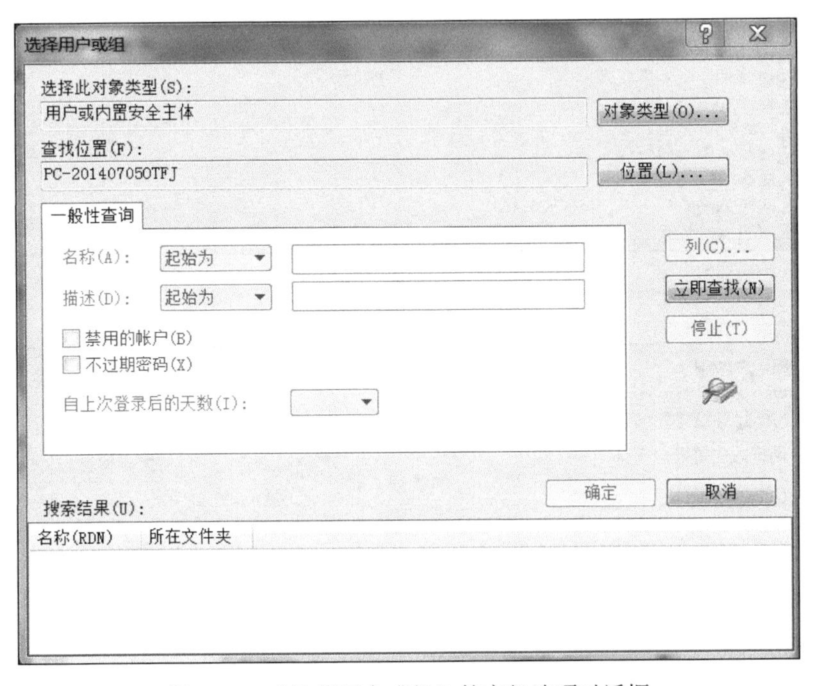

图 10-4　“选择用户或组”的高级选项对话框

(5) 图 10-5 所示搜索结果中显示了全部可用的 Windows 用户和组。如果选择组，表示该组中的全部用户都可以登录到 SQL Server，他们将对应到 SQL Server 的同一个登录名上。这里选中 SWPU_user1，然后单击“确定”按钮，此时回到“选择用户或组”对话框，如图 10-6 所示。

(6) 在图 10-6 所示对话框中单击“确定”按钮，此时回到 10-2 所示窗口，在“登录名”一栏出现“计算机名\SWPU_user1”。单击“确定”按钮，完成对登录名的创建。

用户用 SWPU_user1 登录操作系统后，可连接到 SQL Server，连接界面中的登录名为“计算机名\SWPU_user1”。

图 10-5　查找结果显示

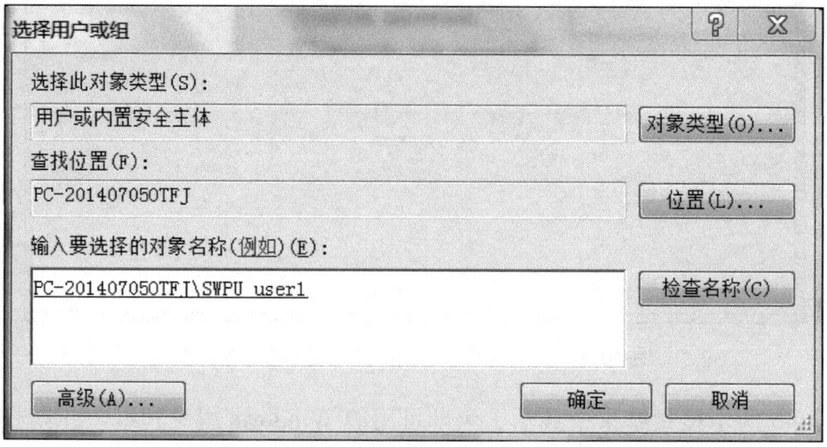

图 10-6　选择好 Windows 登录名后的对话框

2. 用 SSMS 工具建立 SQL Server 身份认证的登录名

通过 SSMS 工具建立 SQL Server 身份认证的登录名步骤如下。

(1) 以系统管理员 (sa) 身份连接到 SSMS，在对象资源管理器中，展开“安全性”→“登录名”节点。在“登录名”节点上右击鼠标，弹出菜单如图 10-2 所示。

(2)在“登录名”文本框中输入 user1，选择“SQL Server 身份验证”，表示建立一个 SQL Server 身份验证模式的登录名 user1，设定“密码”并进行确认。中间几个复选框的说明如下。

强制实施密码策略：对该登录名强制实施密码策略，使用户密码在存储时具有一定复杂性。

强制密码过期：对该登录名强制实施密码过期策略。

用户在下次登录时必须更改密码：首次使用该登录名登录时，系统提示用户输入新密码。

映射到证书：表示此登录名与某个证书相关联。

映射到非对称密钥：表示此登录名与某个非对称密钥相关联。

密钥名称：表示关联某个非对称密钥的名称。

默认数据库：该登录名连接到数据库服务器时默认连接的数据库。

默认语言：该登录名连接到数据库服务器时默认使用的语言。

这里取消选中“强制实施密码策略”复选框，然后单击“确认”按钮，完成对登录名的建立。

10.2.3　用 SQL Server 删除登录名

在 SSMS 中删除登录名的步骤如下。

(1)以系统管理员身份连接到 SSMS，在对象资源管理器中依次单击“安全性”→“登录名”节点。

(2)在要删除的登录名(这里以 user1 为例)上右击，弹出如图 10-7 所示的“删除登录名”窗口。

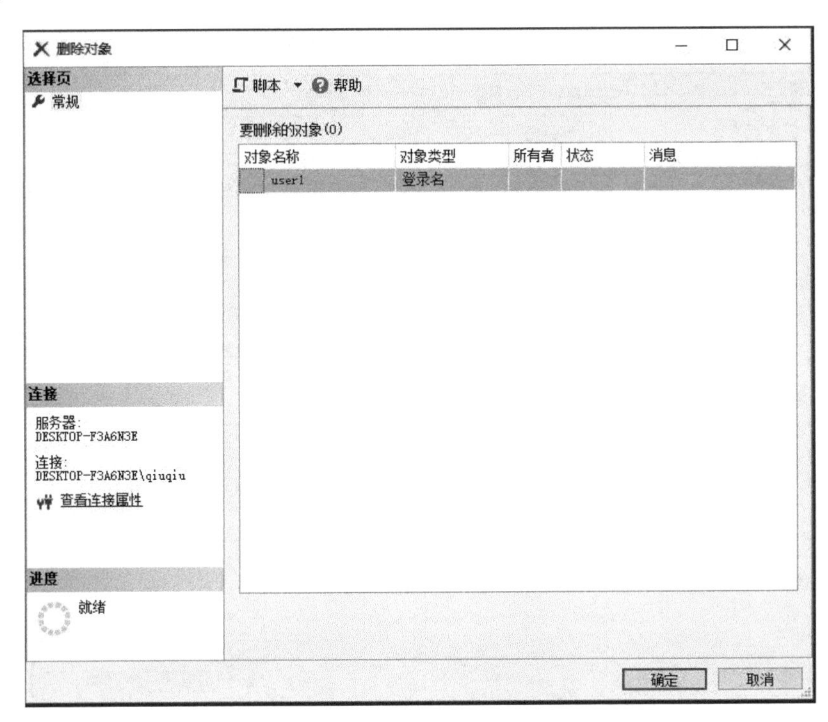

图 10-7　“删除登录名”窗口

(3) 在图 10-7 所示窗口中，如果确实要删除此登录名，则单击“确认”按钮，否则单击“取消”按钮。这里单击“确认”按钮，系统弹出的提示窗口，表示删除登录名并不会删除对应的数据库用户。

需要注意的是，由于一个 SQL Server 登录名可以对应多个数据库用户，在删除登录名时应先将该登录名对应的数据库用户删掉，再删除登录名，否则会产生没有对应登录名的孤立数据库用户。

10.3 数据库用户

用户具有登录名后，可以成功登录数据库服务器，但并不具备访问任何用户数据库的权限。只有成为数据库的合法用户后，才能访问该数据库。数据库用户是数据库级别上的主体。数据库用户一般都来自于服务器上已有的登录名，让登录名成为数据库用户的操作称为映射。一个登录名可以映射为多个数据库中的用户。新建立的数据库只有一个用户 dbo，它是数据库的拥有者。

10.3.1 建立数据库用户

用户登录到数据库服务器后，用该登录名访问某个数据库，实际就是将这个登录名映射为该数据库中的合法用户。这里以“百度外卖”数据库为例，介绍采用 SSMS 建立数据库用户的步骤。

(1) 在 SSMS 的对象资源管理器中，展开要建立数据库用户的数据库。

(2) 单击“安全性”，右击“用户”，在弹出的菜单中选择“新建用户”选项，弹出如图 10-8 所示窗口。

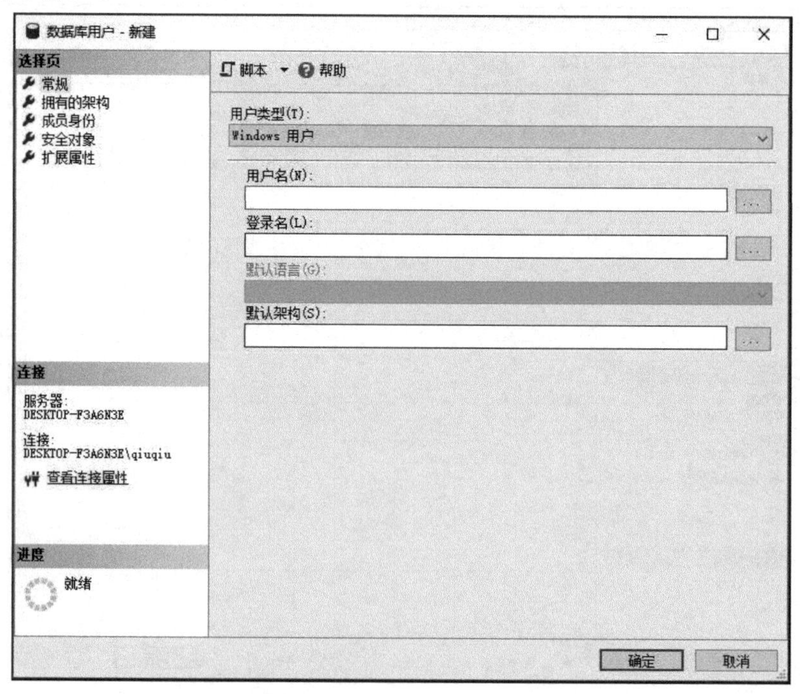

图 10-8 “新建数据库用户”窗口

(3) 在图 10-8 所示窗口中，选择用户类型。在此以选择 Windows user 为例。在“用户名”文本框中输入一个与登录名对应的数据库用户名，在“登录名”处指定要成为此数据库用户的登录名。可单击“登录名”文本框右边的按钮，查找服务器上已存在的登录名。

这里在“用户名”文本框中输入 SQL_user1，然后单击“登录名”文本框右边的按钮，弹出如图 10-9 所示“选择登录名”对话框。

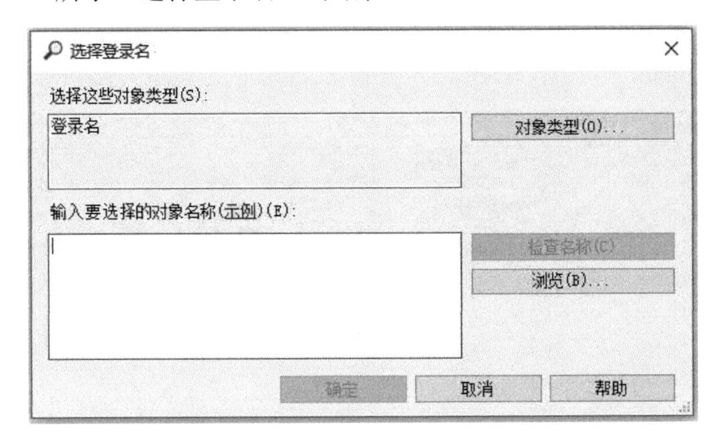

图 10-9　“选择登录名”对话框

(4) 在图 10-9 所示对话框中，单击“浏览”按钮，弹出如图 10-10 所示“查找对象”对话框。

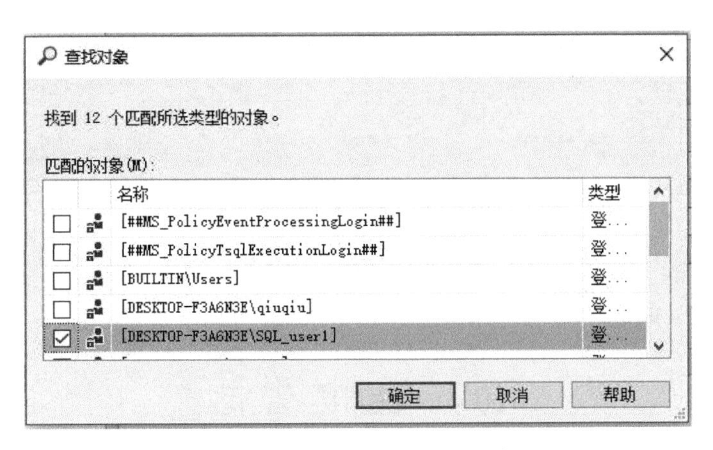

图 10-10　“查找对象”对话框

(5) 在图 10-10 所示对话框中，选择 SQL_user1，表示让该登录名成为 BaiDuWaiMaiDB 数据库中的用户，其对应的用户名也为 SQL_user1。依次单击确认。

(6) 此时展开 BaiDuWaiMaiDB 数据库下的“安全性”→“用户”节点，可以看到 SQL_user1 已经在该数据库的用户列表中。

注意：服务器的登录名和数据库的用户是两个不同的概念。登录名是用户登录到服务器上使用的身份认证，而数据库用户则是登录名在该数据库中的角色，是登录名在具体数据库中的映射。这个映射名(数据库用户名)可以与登录名相同，也可以不同。为了方便，一般采用相同的名字。

10.3.2　删除数据库用户

删除数据库的用户，实际就是解除登录名和数据库用户之间的映射关系。利用 SSMS 删除数据库用户的步骤如下。

(1) 以系统管理员身份连接到 SSMS，在对象资源管理器中，依次展开“数据库”→“百度外卖”→“安全性”→“用户”节点。

(2) 右击将要删除的用户，在弹出的菜单中选择“删除”选项，弹出如图 10-11 所示窗口。

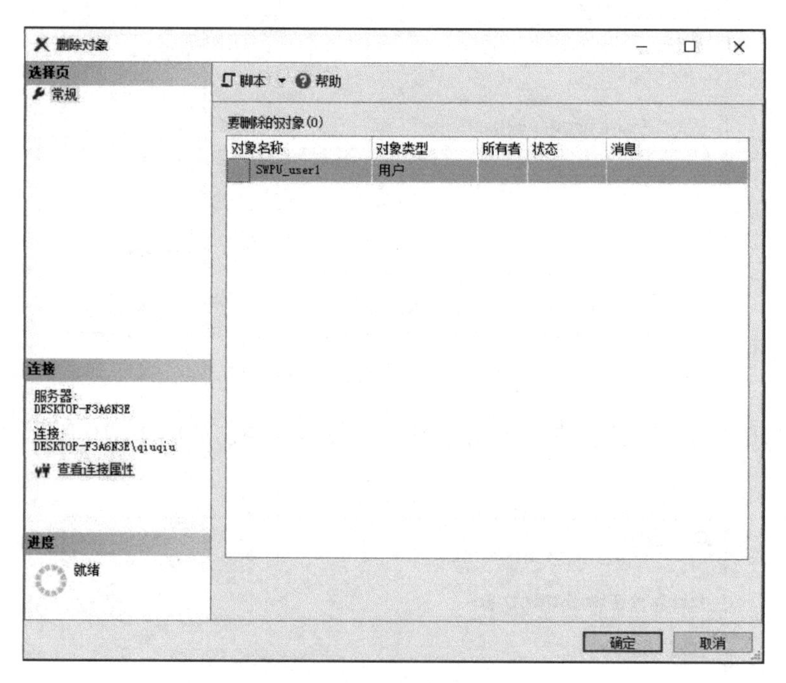

图 10-11　“删除对象”窗口

(3) 在“删除对象”窗口中，选中将要删除的用户，单击“确认”按钮删除此用户，否则单击“取消”按钮。

数据库用户权限

10.4　权 限 管 理

在数据库中，为了维护数据的完整性和保密性，控制用户进行合适的操作，数据库管理系统提供了一整套权限管理机制。例如，在百度外卖数据库系统中，餐厅经理具有查看全部订单、收入、客户信息的权限，而送餐员只能查看本人派送的订单信息。

10.4.1　权限及用户的分类

1. 权限的分类

权限用来指定授权用户可以使用的数据库对象和可以对这些数据库对象执行的操作。SQL Server 中包括 3 种类型的权限：对象权限、语句权限和隐含权限。

对象权限是对数据库的表、视图等对象中的数据的操作权限，主要包括对表和视图数据进行 SELECT、INSERT、UPDATE 和 DELETE 的权限。其中 UPDATE 和 SELECT 可以对表或视图的单个列进行授权。

语句权限约束了是否允许执行 CREATE TABLE、CREATE VIEW、CREATE DATABASE 等与创建数据库对象有关的操作。

隐含权限是由 SQL Server 预定义的服务器角色、数据库角色、数据库拥有者、数据库对象拥有者所具有的权限。例如，数据库拥有者自动地具有对数据库一切操作的权限以及赋予其他用户权限的权限。隐含权限不需要也不能进行设置。

2. 用户的分类

数据库的用户按其操作权限的不同可分为如下 3 类。

1) 系统管理员

系统管理员在数据库服务器上具有全部的权限，如对服务器的配置和管理、对全部数据库的操作。数据库管理系统在安装后具有默认的系统管理员(System Administor，sa)。sa的登录密码在安装数据库管理系统时设定。sa 可以授予其他用户具有系统管理员的权限。

2) 数据库对象拥有者

创建数据库对象的用户即数据库对象拥有者(Database Owener，dbo)。dbo 对其所拥有的对象具有全部权限。

3) 普通用户

普通用户在被授权后，具有对数据库数据的增、删、改、查询等权限。

10.4.2　权限的授予、收回和拒绝

权限管理包括以下 3 个方面。

授予权限：允许用户或角色具有某种操作权。

收回权限：不允许用户或角色具有某种操作权，或者收回曾经授予的权限。

拒绝访问：拒绝某用户或角色具有某种操作权。

1. 对象权限的管理

可以采用 SSMS 工具实现对象权限的管理。下面以在 BaiDuWaiMaiDB 数据库中授予 SQL_user1 用户具有 Restaurant 表的 SELECT 和 INSERT 权限、Orders 表的 SELECT 权限为例，说明在 SSMS 中授予用户权限的过程。

(1) 在 SSMS 工具的对象资源管理器中，依次展开“数据库”→“BaiDuWaiMaiDB”→“安全性”→“用户”，右击 SQL_user1 用户，在弹出的列表中选择“属性”选项，弹出如图 10-12 所示的“数据库用户属性”窗口。

(2) 在图 10-12 所示窗口中单击“查找”按钮，弹出如图 10-13 所示的“添加对象”对话框。

(3) 在“添加对象”对话框中，保持默认是添加“特定对象”，单击“确定”按钮，弹出如图 10-14 所示“选择对象”对话框。

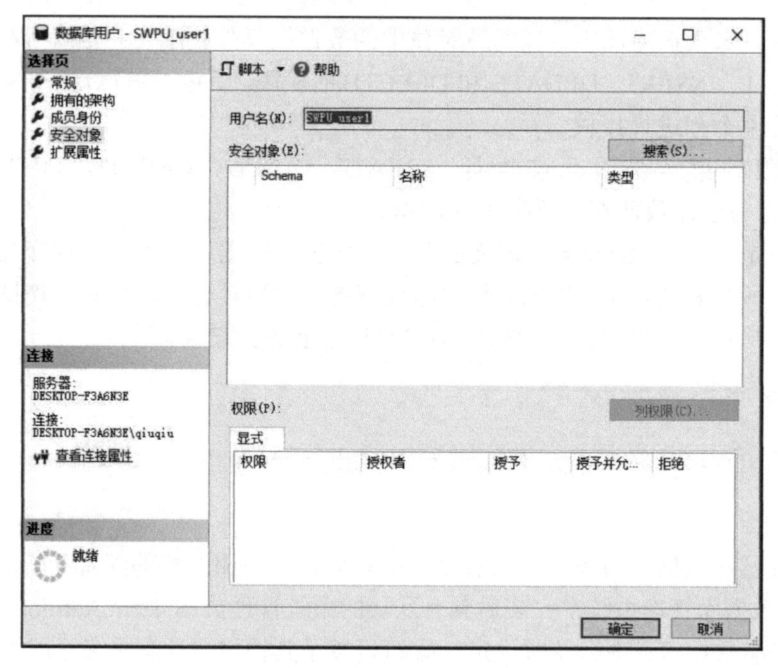

图 10-12 “数据库用户属性”窗口

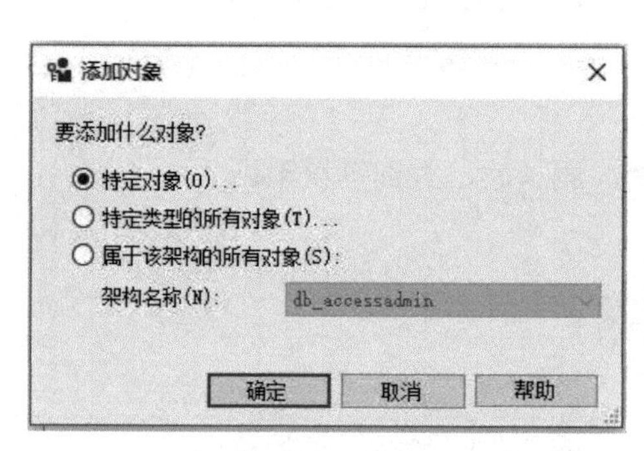

图 10-13 “添加对象窗口”对话框

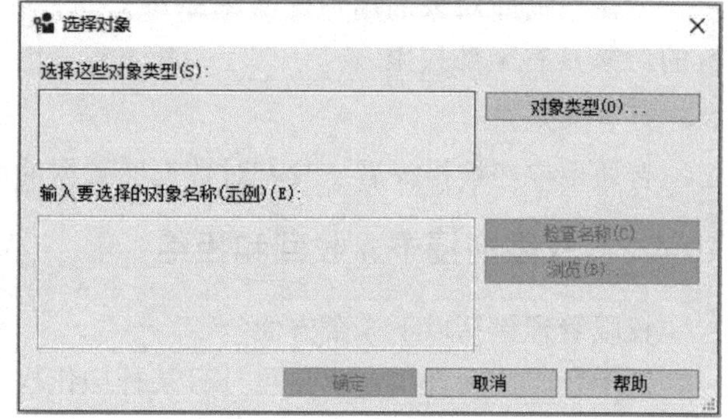

图 10-14 “选择对象”对话框

(4) 在“选择对象”对话框中，单击“对象类型”按钮，弹出如图 10-15 所示“选择对象类型”对话框，选择将要授予权限的数据对象类型，如数据库、表、视图、存储过程等。

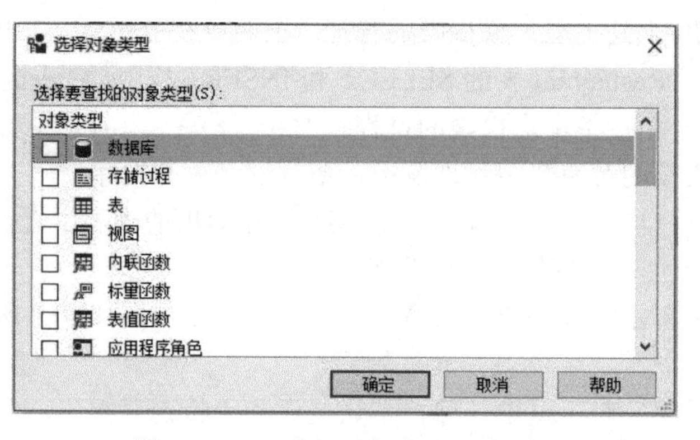

图 10-15 “选择对象类型”对话框

(5) 在此授权 SQL_user1 用户对 Restaurant 和 Orders 两张表的操作权限，在图 10-15 中选择“表”复选框，然后单击“确定”按钮，回到“选择对象”对话框。在该对话框中单击“浏览”按钮，弹出如图 10-16 所示“浏览对象”对话框。该对话框中列出了当前可以被授权的全部表，这里选择 Restaurant 和 Orders 表。

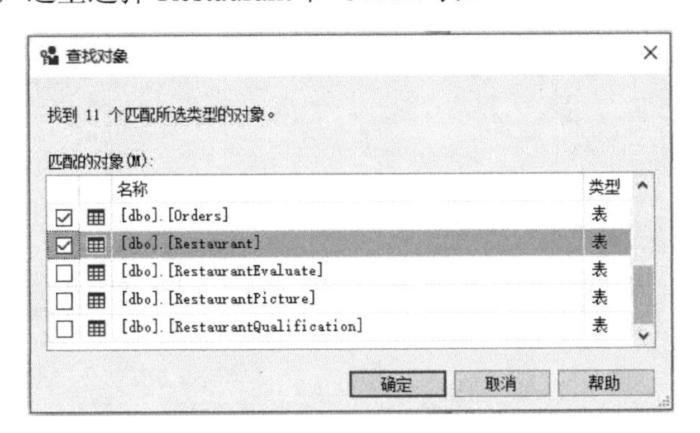

图 10-16 “浏览对象”对话框

(6) 在图 10-16 中单击“确定”按钮，回到“选择对象”对话框，如图 10-17 所示。

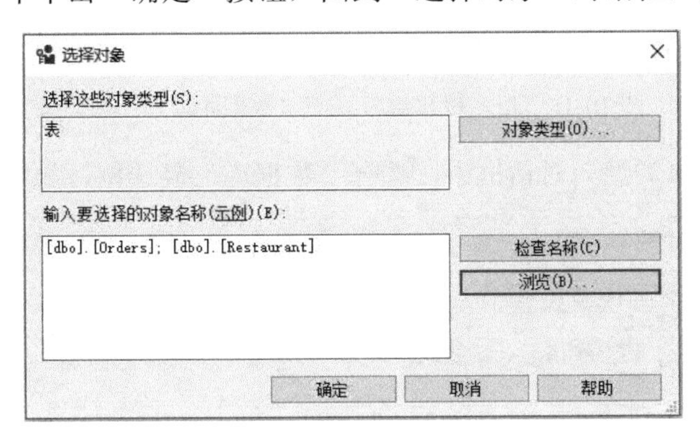

图 10-17 完成选择后的“选择对象”对话框

(7) 在图 10-17 所示对话框中单击“确定”按钮，此时回到“数据库用户”窗口，如图 10-18 所示。

(8) 在图 10-18 所示窗口中，选中“授权”所对应的复选框表示授予该项权限。选中“具有授予权限”表示在授权的同时授予该权限的转授权，用户不但具有权限还能将该权限授予其他人。选中“拒绝”选项表示拒绝该用户获得该权限。不做任何选择表示用户没有此权限。单击“确定”按钮后，完成对数据库用户的授权。这里分别单击表名 Orders 和 Restaurant，选择其对应权限，最后单击“确定”按钮。

2. 语句权限的管理

用 SSMS 工具授予语句权限的过程类似于授予对象权限的过程。

(1) 在 SSMS 的对象管理器中，依次展开“数据库”→“BaiDuWaiMaiDB”→“安全性”→“用户”，在右击 SQL_user1 用户，依次选择“查找”→“特定对象”→“对象类型”选项。

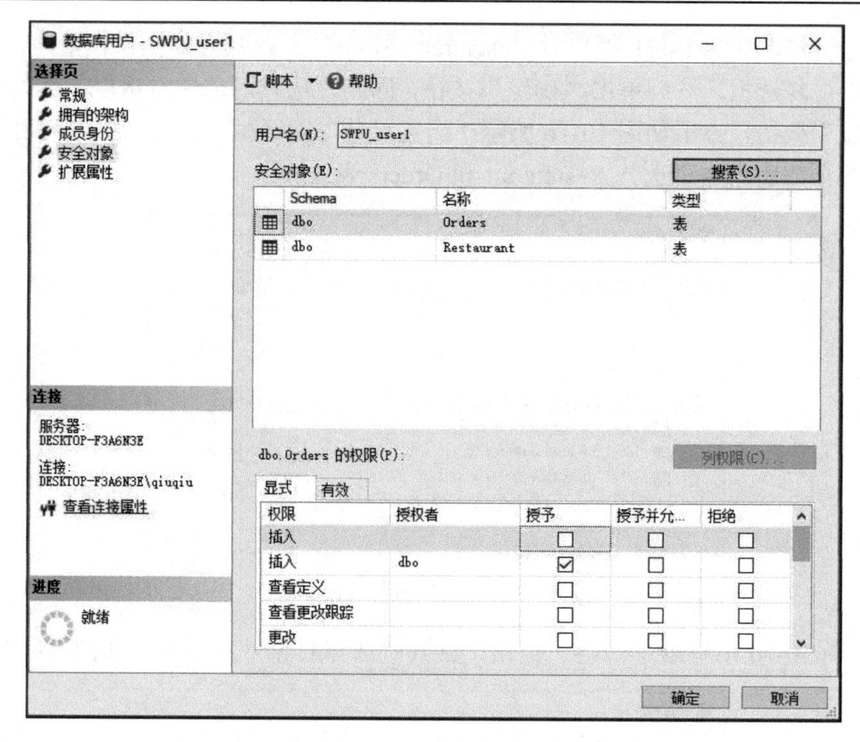

图 10-18　指定授权对象后的“数据库用户”窗口

(2) 在“选择对象类型”对话框中，选择“数据库”复选框，如图 10-19 所示。

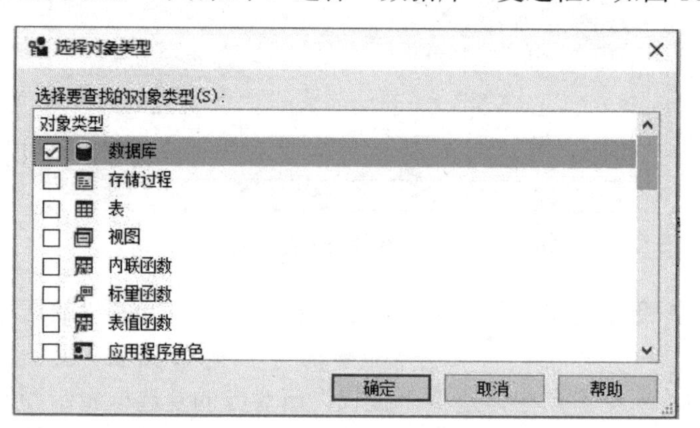

图 10-19　“选择对象类型”对话框

(3) 在图 10-19 中单击“确定”按钮，然后在回到的“选择对象”对话框中单击“浏览”按钮。在弹出的“浏览对象”对话框中选择 BaiDuWaiMaiDB 数据库，单击“确定”按钮回到“选择对象”对话框，此时列表框中列出了 BaiDuWaiMaiDB 数据库。单击“确定”按钮，回到“数据库用户”窗口。选择权限列表框中的 CREATE TABLE，表示授予创建表的权限，如图 10-20 所示。

注意：如果此时用 SQL_user1 身份打开一个新的查询编辑器窗口，并执行下述创建语句：

```
CREATE TABLE Test(var1 int)
```

系统会提示如下错误信息：“指定的架构名称 dbo 不存在，或者您没有使用该名称的权限。”这是因为 SQL_user1 用户没有在 dbo 架构中创建对象的权限，而且没有为 SQL_user1 用户指定默认的架构，因此创建表失败。

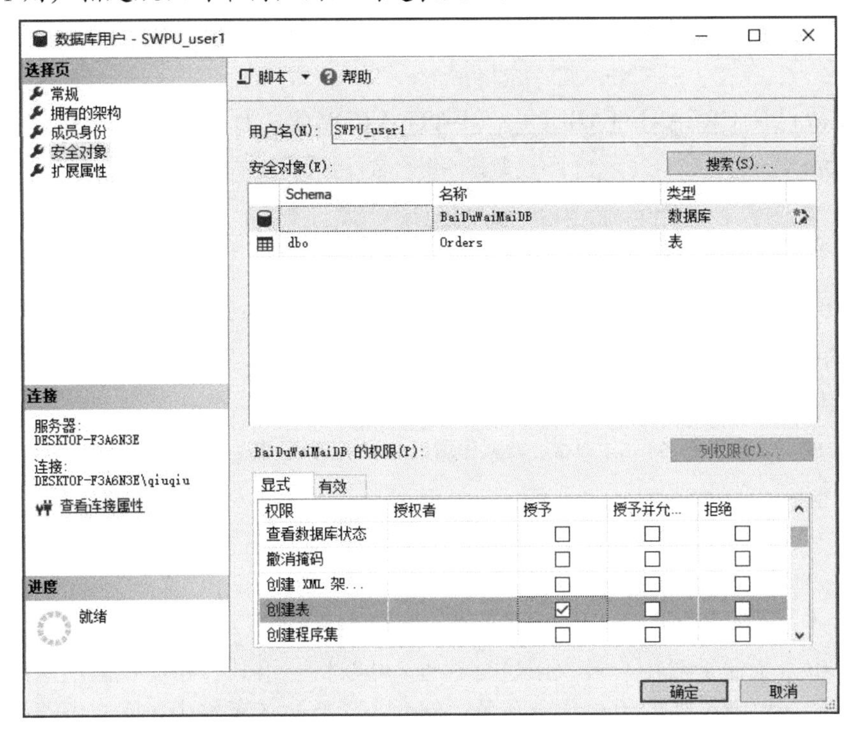

图 10-20 “数据库用户”窗口

解决的办法是让系统管理员定义一个架构，将该架构的所有权赋给 SQL_user1 用户，并将该架构设为 SQL_user1 的默认架构。

```
CREATE SCHEMA TestSchema Authorization SQL_user1
GO
ALTER USER SQL_user1 with Default_Schema=TestSchema
```

然后再让 SQL_user1 用户执行创建表的语句，就不会出现上述错误了。

10.4.3 用 T_SQL 语句实现权限管理

权限和角色

SQL 语句提供了 GRANT、REVOKE 和 DENY 3 种语句来实现权限管理。

1. 授予对象权限

授权语句格式：

```
GRANT 对象权限名 [,…] ON {表名|视图名} TO {数据库用户名|用户角色名} [，…]
```

例如，`GRANT SELECT, INSERT ON Orders TO user1`

收权语句格式：

```
REVOKE 对象权限名 [,…] ON {表名|视图名} FROM {数据库用户名|用户角色名} [，…]
```

例如，`REVOKE SELECT ON Orders FROM user1`

拒绝语句格式：

```
DENY 对象权限名 [,…] ON {表名|视图名} TO {数据库用户名|用户角色名} [, …]
```

例如，DENY UPDATE ON Orders to user1

2. 授予语句权限

语句权限包括 CREATE TABLE、CREATE VIEW 等。授予语句格式为：

```
GRANT 语句权限名[,…] TO {数据库用户名|用户角色名} [, …]
```

例如，GRANT CREATE TABLE TO user1

收权语句格式：

```
REVOKE 语句权限名[,…] FROM {数据库用户名|用户角色名} [, …]
```

例如，REVOKE CREATE TABLE TO user1

拒绝语句格式：

```
DENY 语句权限名[,…] TO {数据库用户名|用户角色名} [, …]
```

例如，DENY CREATE VIEW TO user1

10.5 角　　色

数据库中为了便于对用户及权限进行管理，可以将一组具有相同权限的用户组织在一起，这一组具有相同权限的用户称为角色。例如，学校教务系统中，所有授课教师的权限相同，所有学生的权限相同。如果让数据库管理员分别对每个用户授权，则非常烦琐而且容易出错。把具有相同权限的用户归为同一角色，对不同角色进行权限的管理，则会方便许多。例如，设置“教师”“学生”角色，把用户划分到对应的角色中。

为角色授权相当于对该角色中所有成员进行授权。使用角色使系统管理员只需将不同的权限授予不同的角色，而不需要关心有哪些具体的用户，这样十分便于权限管理。例如，工作中有新用户加入时，只需将他添加到合适的角色中；有用户离开时，只需从角色中删除该用户。这样就不需要在每个工作人员接收或离开工作时反复进行权限设置。

10.5.1 建立角色

在 SQL Server 中，角色分为系统预定义的固定角色和用户根据自己的需要定义的用户角色。这里以在 BaiDuWaiMaiDB 数据库中建立一个“餐厅经理”角色为例，用 SSMS 工具建立用户定义的角色。

(1) 以数据库管理员身份登录到 SSMS，在对象资源管理器中，展开“数据库”→“BaiDuWaiMaiDB”→“安全性”节点，右击“角色”，在弹出的菜单中选择“新建”→“新建数据库角色”选项，弹出如图 10-21 所示窗口。

(2) 在“名称”文本框中输入角色的名字，这里输入 r_manager，表示餐厅经理。

(3) 单击“确定”按钮，关闭新建角色窗口，完成用户自定义的角色创建。

此时在“数据库”→“BaiDuWaiMaiDB”→“安全性”→“角色”→“数据库角色”下可以看到新建的角色 r_manager。

角色的创建也可以采用 T-SQL 语句来实现，其语法格式为：

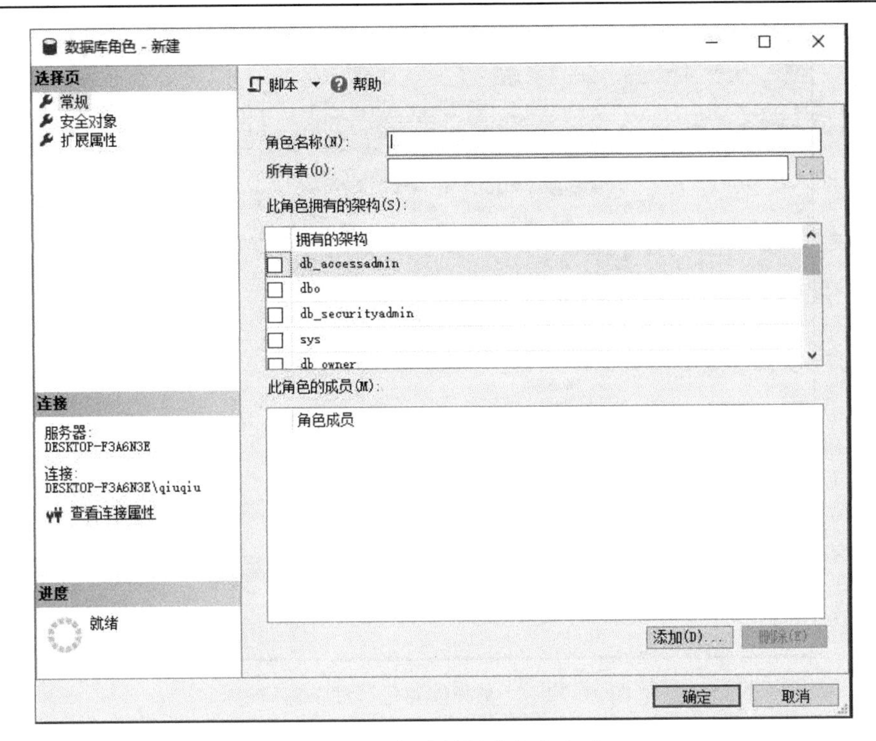

图 10-21　“新建数据库角色”窗口

```
CREATE ROLE rolename [Authorization owner_name]
```

其中，rolename 表示创建的角色名称，owner_name 是拥有该角色的数据库用户或角色，如果没有指定，则创建角色的用户拥有该角色。

例如，在 BaiDuWaiMaiDB 数据库中创建用户自定义的角色服务员“Waiter”，其拥有者为用户 SQL_user1，则创建语句为：

```
CREATE ROLE waiter Authorization SQL_user1
```

10.5.2　为用户定义的角色授权

为用户定义的角色授权与为数据库用户授权的操作完全一样，读者可参考 10.3 节。为用户定义的角色授权可以在 SSMS 中完成，也可以编写 T-SQL 语句完成。

10.5.3　为用户定义的角色添加成员

角色中的成员具有角色的全部权限。为角色添加成员可以用 SSMS 实现。以在 BaiDuWaiMaiDB 数据库中，将 SQL_user1 用户添加到 r_manager 角色为例，介绍添加成员的操作步骤。

(1) 以 sa 身份登录到 SSMS，在对象资源管理器中，依次展开“数据库”→“BaiDuWaiMaiDB”→“安全性”→“角色”节点，在要添加成员的角色(r_manager)上右击鼠标，在弹出的菜单中选择“属性”选项，弹出如图 10-22 所示的“数据库角色属性”窗口。

(2) 在图 10-22 所示窗口中，单击“添加”按钮，弹出“选择数据库用户或角色”对话框，如图 10-23 所示。

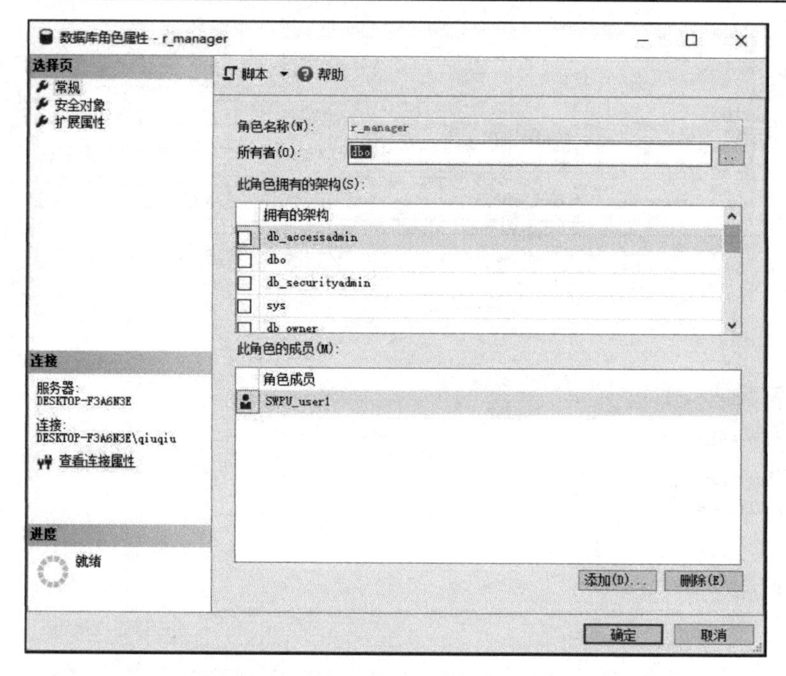

图 10-22　“数据库角色属性”窗口

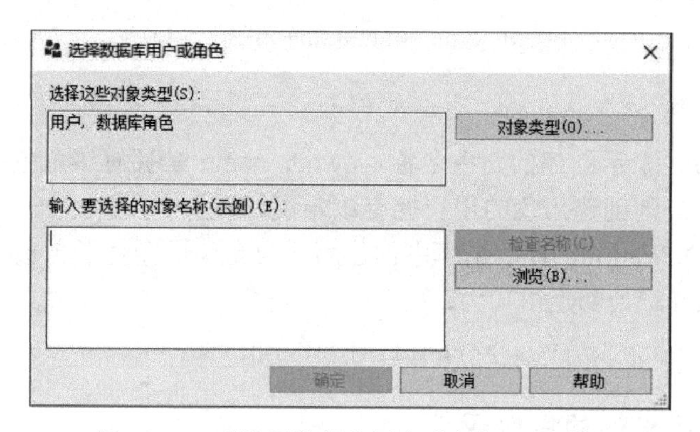

图 10-23　“选择数据库用户或角色”对话框

(3) 在图 10-23 所示对话框中，单击“浏览”按钮，弹出如图 10-24 所示“浏览对象”对话框。

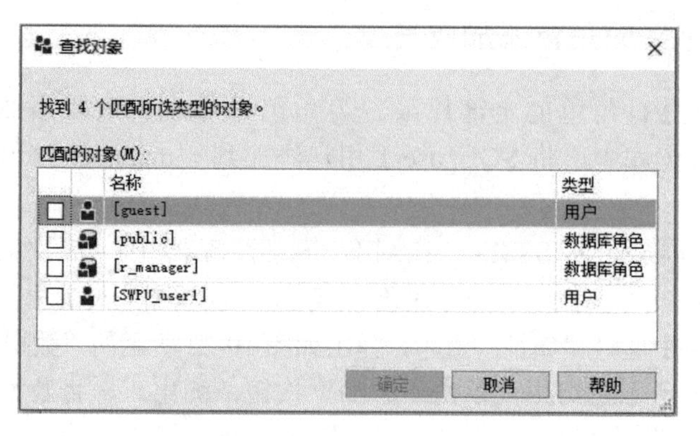

图 10-24　“浏览对象”对话框

(4) 在图 10-24 所示“浏览对象”对话框中，选择要添加到角色中的用户，这里选中 SQL_user1 前的复选框，依次单击“确定”按钮，回到“数据库角色属性”窗口，该窗口的“角色成员”列表框中列出了已经添加到该角色中的成员名。单击“确定”按钮完成角色成员的添加，如图 10-25 所示。

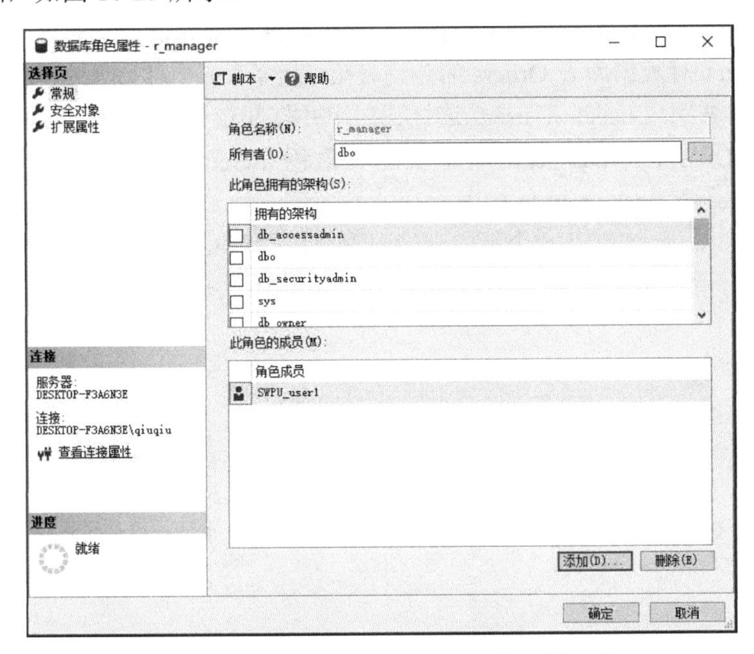

图 10-25　添加了角色的“数据库角色属性”窗口

10.5.4　删除用户定义角色中的成员

当希望从某角色中删除某成员时，可将该用户从角色中删除。用 SSMS 从角色中删除角色成员的方法如下。

(1) 以数据库管理员身份登录到 SSMS，在对象资源管理器中，依次展开“数据库”→“BaiDuWaiMaiDB”→“安全性”→“角色”节点，右击要删除成员的角色(r_manager)，在弹出的菜单中选择“属性”选项，弹出如图 10-25 所示的“数据库角色属性”窗口。

(2) 选中要删除的成员，单击“删除”按钮，则从角色中将所选成员删除。

习　　题

1. SQL Server 提供的安全控制过程分哪几步？
2. 数据库用户的权限分哪几类？
3. 什么是用户定义的角色？定义角色的目的是什么？

上 机 练 习

1. 用 SSMS 工具建立 SQL Server 身份认证模式的登录名：user1、user2。

2．用 user1 登录数据库服务器，并打开一个新的数据查询引擎。在可用数据库列表中，能否看到 BaiDuWaiMaiDB 数据库？能否对该数据库进行表的查询？

3．将 user1 和 user2 映射为 BaiDuWaiMaiDB 数据库的用户，用户名与登录名相同。

4．再次用 user1 登录数据库服务器，并打开一个新的数据查询引擎。在可用数据库列表中，能否看到 BaiDuWaiMaiDB 数据库？能否对该数据库进行表的查询？

5．授予 user1 对数据库表 Orders 的查询权限，授予 user2 对 Orders、OrderDetail 的查询、修改权限。分别用 user1 和 user2 连接数据库并打开查询分析器，验证相应的权限。

6．在 BaiDuWaiMaiDB 数据库中自定义角色 SelectRole，并授予该角色查询表 Customer、Dishes 和 Restaurant 的权限。

7．用 user1 和 user2 打开一个新的查询引擎，执行对 Customer 的查询，能否成功？

8．将 user1 用户添加到角色 SelectRole 中，并再次执行对 Customer 的查询，执行结果如何？

第 11 章　备份和恢复数据库

【本章导读】

数据库中的数据是有价值的信息资源，是不允许丢失或损坏的。然而，大到自然灾害，小到病毒感染、电源故障乃至操作失误等，都会影响数据库系统的正常运行和导致数据库的破坏，甚至造成系统完全瘫痪。本章介绍的数据库备份和恢复技术就是保证数据库不损坏和数据不丢失的一项技术，对于保证系统的可靠性具有重要的作用。本章主要介绍数据库备份的概念、备份类型、备份策略，备份数据库中各种对象以及 SQL Server 数据库备份和恢复等。

【学习目标】

(1) 理解数据库备份和恢复的重要性。
(2) 理解数据库备份的概念。
(3) 理解数据库备份类型和恢复类型。
(4) 理解 SQL Server 数据库的各种类型的备份和恢复的方法。

11.1　进行数据库备份的原因

为什么要进行数据库备份

数据库备份的目的就是防止数据丢失。假设一下，如果学生选课系统中的数据由于某种原因被破坏或丢失了，会产生什么样的结果呢？在现实生活中，数据的安全可靠问题无处不在。因此要使数据库能正常工作，就必须做好数据库的备份工作。

数据丢失主要是由以下几种情况的故障引起的。

1. 事务内部的故障

事务内部的故障意味着事务没有到达预期的终点(COMMIT 或 ROLLBACK)，因此数据库可能处于不正确的状态。

2. 系统故障

系统故障指造成系统停止运转、系统要重启的故障。例如，硬件错误(CPU 故障)、操作系统故障、突然停电等。

3. 其他故障

(1) 介质故障，存储介质都有一定的寿命，在长时间使用之后，存储介质可能会出现损坏或者彻底崩溃的现象，这势必造成数据的丢失。

(2) 计算机病毒引起的故障或破坏。

(3) 自然灾害而造成的数据丢失或损坏。

总之，各种各样的外在因素，有可能造成数据库数据的损坏和不可用，因此备份数据库是数据管理员一项非常重要的任务。数据库备份就是为了最大限度地降低灾难性数据丢失的风险，从数据库中定期保存用户对数据库所做的修改，用以将数据库从错误状态下恢复到某一正确状态的副本。

备份数据库还有一个作用是可以对数据进行转储，可以先对一台机器上的数据库进行备份，然后还原到另一台机器上，使两台机器上具有相同的数据库。

创建备份的目的是恢复已损坏的数据库。但是备份和还原数据库需要在特定的环境中进行，并且必须使用一定的资源。因此可靠地使用备份和还原以实现恢复需要一个备份和还原策略。

数据库备份的类型、内容及时间

11.2 备份类型和备份内容

11.2.1 备份类型

SQL Server 数据库提供了以下几种数据库备份方法：完整备份、差异备份和事务日志备份，同时也支持对文件和文件组进行备份。这里仅介绍数据库常用的 3 种备份方法。

1. 完整备份

完整备份是对所有数据库信息进行备份，它可用作系统失败时恢复数据库的基础。如果数据库是一个只读数据库，那么可以使用完整数据库备份。

数据库的备份需要消耗时间和资源。在备份数据库的过程中，SQL Server 2017 支持用户对数据库数据进行增、删、改等操作，因此，备份不影响用户对数据库的操作，而且在备份数据库时还能将在备份过程中所发生的修改操作也全部备份下来。例如，在上午 9：00 开始对数据库进行备份，到 10：00 备份结束，则用户在 9：00～10：00 所进行的全部操作均会备份下来。

2. 差异备份

差异备份是对最近一次数据库备份以来发生的数据变化进行备份。对于一个经常要进行数据操作的数据库进行备份，需要在完全数据库备份的基础上进行差异备份。差异备份的优点是速度快，使备份数据库的时间减少，因为它要备份的数据量比完整备份小得多。通过增加差异备份的次数，可以降低丢失数据的风险。

3. 事务日志备份

事务日志备份是对数据库发生的事务进行备份，包括从上次进行事务日志备份、差异备份和数据库完全备份之后，所有已经完成的事务。它可以在相应的数据库备份的基础上，尽可能地恢复最新的数据库记录。由于它仅对数据库事务日志进行备份，所以其需要的磁盘空间和备份时间都比数据库备份少得多。

注意：执行事务日志备份主要有两个原因：第一，要在一个安全的介质上存储自上次事务日志备份或数据库备份以来修改的数据；第二，要合适地关闭事务日志到它的活动部分的开始。

差异备份和事务日志备份都减少了备份数据库所需的时间，但它们之间有一个重要的差别，事务日志备份含有自上次备份以来的所有修改，而差异备份只含有该行的最后一次修改。

11.2.2　备份内容

备份就是对 SQL Server 数据库或事务日志进行备份，数据库备份记录了在进行备份这一操作时数据库中所有数据的状态，以便在数据库遭到破坏时能够及时地将其恢复。数据库需备份的内容可分为如下 3 个。

1. 系统数据库

系统数据库主要包括 Master、Msdb 和 Model 数据库，它们记录了重要的系统信息，是确保系统正常运行的重要依据，必须完整备份。

2. 用户数据库

用户数据库是存储用户数据的存储空间集，通常用户数据库中的数据依其重要性可分为关键数据和非关键数据。关键数据是用户的重要数据，不易甚至不能重新创建，必须进行完整备份。

3. 事务日志

事务日志记录了用户对数据的各种操作，平时系统会自动管理和维护所有的数据库事务日志。相对于数据库备份，事务日志备份所需要的时间较少，但恢复需要的时间比较长。

数据库
备份策略

11.3　备 份 策 略

SQL Server 2017 尽管提供了多种备份方式，但若数据库的备份方式符合实际的应用需要，还需要制定合适的备份策略，不同的备份策略适用于不同的应用，选择一种最合适的备份策略，可以最大限度地减少丢失数据，并可加快恢复过程，通常情况下有如下 3 种备份策略可供选择。

1. 完整备份

完整备份策略适合数据库数据不是很大，而且数据更改不是很频繁的情况，完整备份一般可以几天进行一次或几周进行一次，每当进行一次新的完整备份时，前面进行的备份可能就没什么用处了，因为后续的完整备份包含数据库的最新情况，因此可以将之前的备份覆盖掉。

当对数据库数据的修改不是很频繁，而且允许一定量的数据丢失时，可以选择只用完整备份的策略。完整备份包括对数据和日志的备份。图 11-1 所示为在每天 0：00 进行一次完整备份的策略。

使用完整备份策略可以将一台服务器上的数据库复制到另一台服务器上，使两台服务器上的数据库完全相同。或者将本机某数据库的备份恢复成另一个数据库，使一台服务器上有两个一样的数据库。

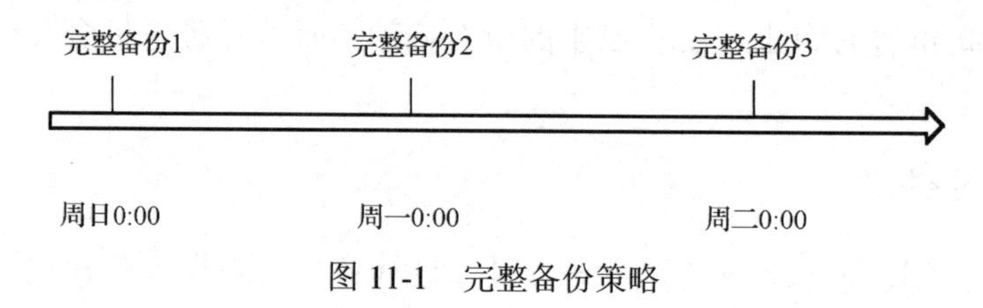

图 11-1　完整备份策略

2. 完整备份加日志备份

如果使用数据库的用户不允许丢失太多数据，而且又不希望经常进行完整备份，这时可以在完整备份中间加入若干次日志备份。例如，可以每天 0:00 进行一次完整备份，再间隔几小时进行一次日志备份。

假设制定了一个每天 0:00 进行一次完整备份，然后在上班时间间隔两小时进行一次事务日志备份的策略，如图 11-2 所示。

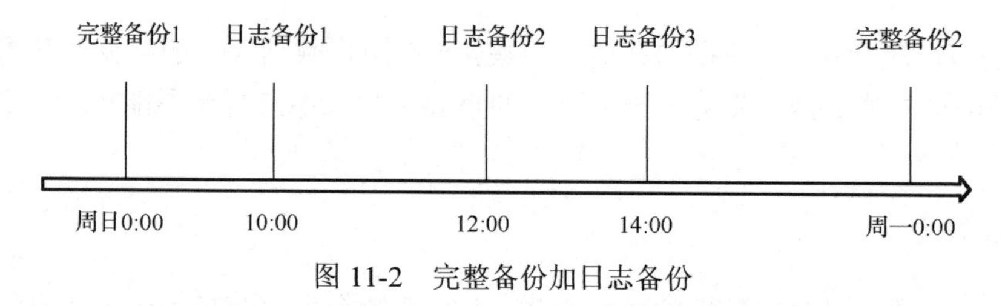

图 11-2　完整备份加日志备份

如果在周一上午 10:30 系统出现故障，则可以将数据库恢复到周一上午 10:00 时的状态。

3. 完整备份加差异备份再加日志备份

如果进行一次完整备份的时间比较长，用户可能希望将进行完整备份的时间间隔再加大一些，如每周的周日进行一次。如果还采用完整备份加日志备份的方法，那么恢复起来比较耗时。因为在利用日志备份进行恢复时，系统是将日志记录的操作重做一次。

遇到这种情况，可以采取第三种策略，即完整备份加差异备份再加日志备份的策略。在完整备份中间加一些差异备份，如每周日进行一次完整备份，每天 0:00 进行一次差异备份，然后再在邻近的两次差异备份之间增加一些日志备份。这种策略的优势是备份和恢复的速度都比较快，而且当系统出现故障时，丢失的数据也相对较少。

完整备份加差异备份再加日志备份的策略，如图 11-3 所示。

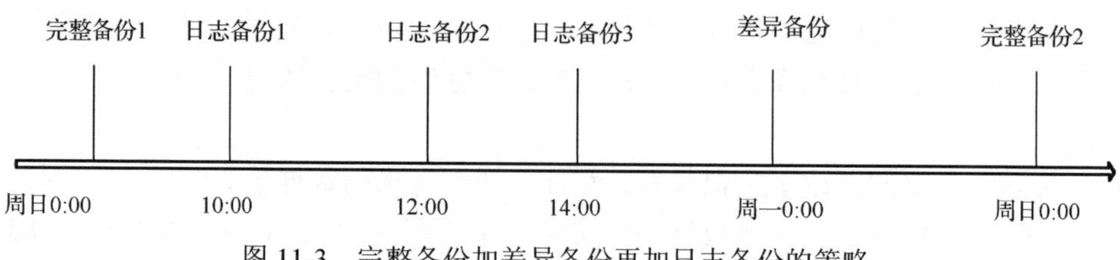

图 11-3　完整备份加差异备份再加日志备份的策略

11.4　实 现 备 份

SQL Server 的备份和还原组件可以创建数据库的副本，并将此副本存储在某个位置，以便运行 SQL Server 实例的服务器出现故障时使用。如果运行 SQL Server 实例的服务器出现故障，或者数据库遭到某种程度的损坏，可以用备份副本重新创建或还原数据库。

11.4.1　备份设备

SQL Server 用来存储数据库、事务日志备份的存储介质称为备份设备，可以是硬盘、磁带或命名管道(逻辑通道)。备份设备在操作系统一级实际上就是储存在的磁盘或磁盘上的文件。本地主机硬盘和远程主机的硬盘可作为备份设备，SQL Server 使用物理设备名称或逻辑设备名称来标识备份设备。

物理备份设备是操作系统用来标识备份设备的名称。这类备份设备称为临时备份设备，其名称没有记录在系统设备表中，只能使用一次。

逻辑备份设备是用来标识物理备份设备的别名或公用名称，以简化物理设备的名称。这类备份设备称为永久备份设备，其名称永久地存储在系统表中，可以多次使用。

创建备份设备时，需要指定备份设备(逻辑备份设备)对应的操作系统文件名和文件的存放位置(物理备份文件)。创建备份设备可以通过 SSMS 工具实现，也可以用 T-SQL 语句实现。

1. 用 SSMS 工具创建备份设备

(1) 以系统管理员身份连接到 SSMS，在对象资源管理器中展开“服务器对象”，右击“备份设备”，在弹出的菜单中执行“新建备份设备”命令，打开“备份设备”窗口，如图 11-4 所示。

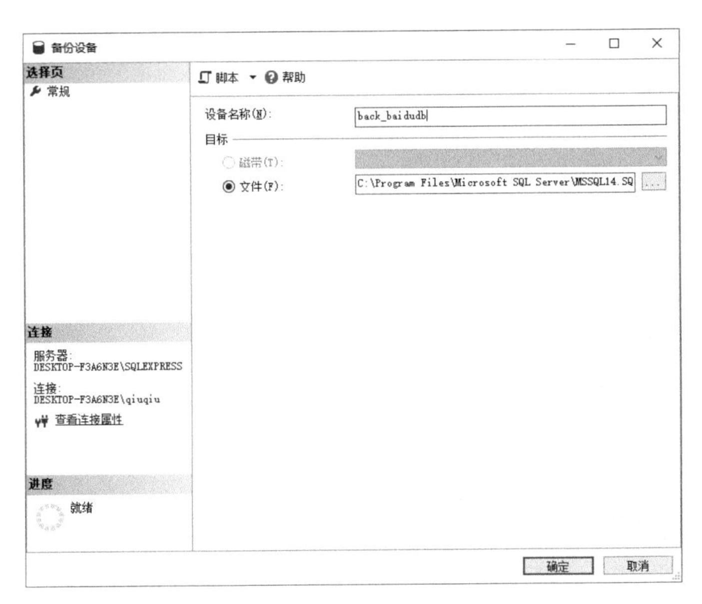

图 11-4　“备份设备”窗口

(2) 在图 11-4 的“设备名称”文本框中输入备份设备的名称(这里输入的是 back_baidudb)，在“文件”选项右边的框中可以指定备份设备存在的位置和文件名，也可以单击按钮，然后在弹出的“定位数据库文件”窗口中指定备份文件的存储位置和文件名。备份设备的默认文件扩展名为 bak。

(3) 指定好备份设备的存储位置和对应的物理文件名后，单击图 11-4 窗口中的“确定”按钮，关闭此窗口并创建备份设备。

图 11-5　创建好的设备 back_baidudb

定义好备份设备后，在对象资源管理器中，依次展开“服务器对象”→“备份设备”节点，可以看到新建立的备份设备，如图 11-5 所示。

2. 用 T-SQL 语句创建备份设备

在 SQL Server 中，可以使用 sp_addumpdevice 语句创建备份设备，其语法形式如下：

```
sp_addumpdevice {'device_type'} [,'logical_name'] [,'physical_name']
            [,{{controller_type|'device_status'}}]
```

各参数含义如下。

(1) 'device_type'：备份设备的类型，其数据类型为 varchar(20)，无默认值，可以是下列值之一。

Disk：备份文件建立在磁盘上。

Type：备份文件建立在 Windows 支持的任何磁带设备上。

(2) 'logical_name'：备份设备的逻辑名称，该逻辑名称用于 BACKUP 和 RESTORE 语句中，无默认值，且不能为 NULL。

(3) 'physical_name'：备份设备的物理文件名，必须遵从操作系统文件名规则或网络设备的通用名约定，并且必须包含完整路径。physical_name 数据类型为 nvarchar(260)，无默认值，且不能为 NULL。

【例 11-1】 在磁盘上创建一个名为 bk_baidudb 的备份设备，物理存储位置为 d:\bk_baidudb.bak。

```
USE master
GO
EXEC sp_addumpdevice 'disk',  'bk_ baidudb ','d:\bk_baidudb.bak'
```

3. 删除备份设备

1) 用 SSMS 工具删除备份设备

删除备份设备与创建的过程类似，在对象资源管理器中，依次展开“服务器对象”→“备份设备”节点，选中要删除的备份设备名并右击鼠标，在弹出的菜单中选择“删除”选项即可删除该备份设备。

2) 用 T-SQL 语句删除备份设备

使用 sp_dropdevice 语句来删除备份设备。其语法如下：

```
sp_dropdevice ['logical_name'][,'delfile']
```

【例 11-2】 删除例 11-1 创建的名为 bk_baidudb 的备份设备。

```
sp_dropdevice ''bk_ baidudb', 'd:\ 'bk_ baidudb'
```

11.4.2　备份方式

有两种实现数据库备份的方式：用 SSMS 工具实现备份，也可以使用 T-SQL 语句实现备份。

SSMS 备份数据库

1. 用 SSMS 工具实现备份

下面以百度外卖(BaiDuWaiMaiDB)数据库完整备份为例，说明实现备份的过程。

(1)启动 SSMS，登录到指定的数据库服务器，打开数据库文件夹，右击所要进行备份的数据库图标，在弹出的快捷菜单中选择“任务”，再选择“备份”，如图 11-6 所示，可打开类似的“备份数据库”窗口，如图 11-7 所示。

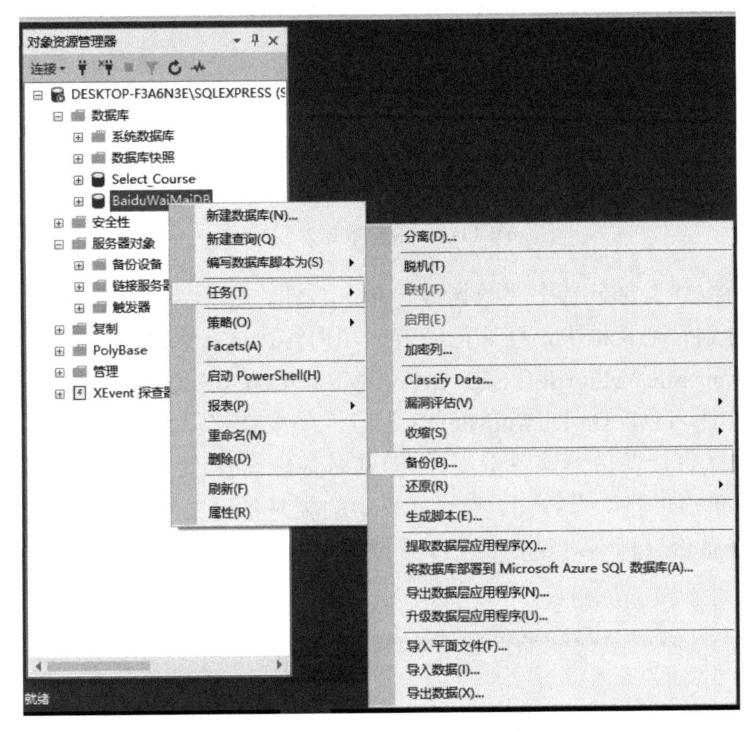

图 11-6　执行“备份”命令

(2)在图 11-7 中出现 SQL Server 备份对话框，对话框中有三个页框，即“常规”、“介质选项”和“备份选项”页框，在“常规”页框中，选择备份数据库的名称、操作的名称、描述信息、备份的类型、备份的介质、备份的执行时间。

①在“源”部分可以进行如下设置。

在“数据库”对应的下拉列表框中指定要备份的数据库(如这里选择的是 BaiDuWaiMaiDB)。

在“备份类型”对应的下拉列表框中可以指定要进行的备份类型，可以是“完整”、“差异”和“事务日志”3 种，这里选择“完整”。

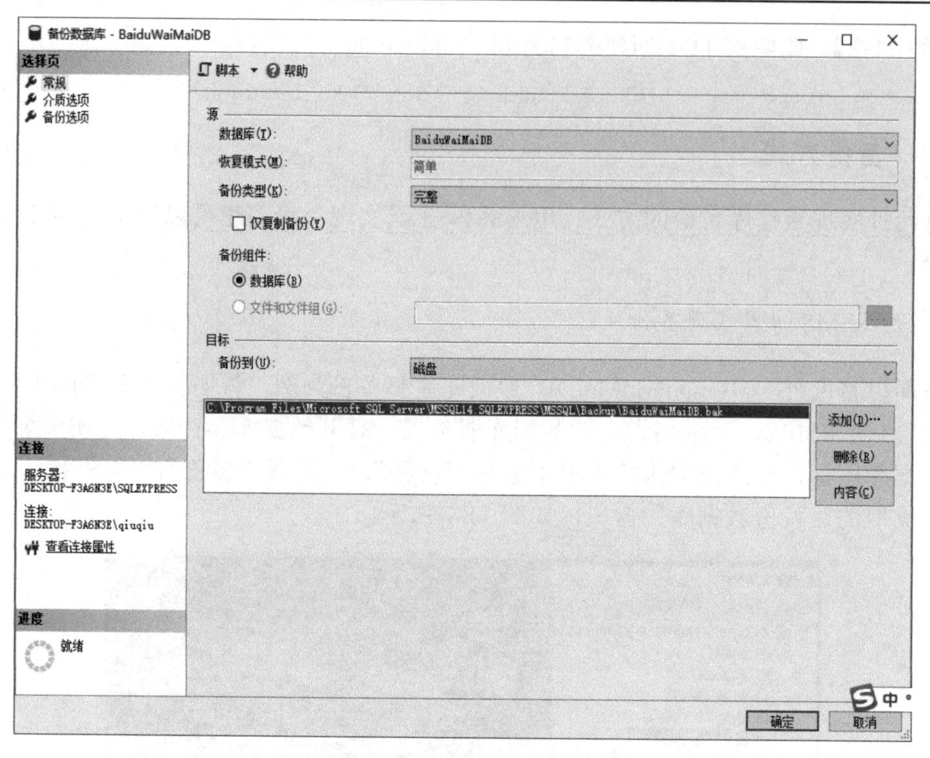

图 11-7　备份数据库窗口

②在“备份组件”部分选中“数据库”单选按钮，表示要对数据库进行备份。

③在“备份到”列表框中，默认已经有一项内容，这是系统的默认设置(如图 11-9 中的就是 C:\Program Files\Microsoft SQL Server\MSSQL10.MSSQLSERVER\MSSQL\Backup\)和默认的备份文件名(如 BaiDuWaiMaiDB.bak)，如果在这里直接指定一个具体的备份文件，表示将数据库直接备份到该备份文件(即临时备份设备)上。如果要将数据库备份到其他位置，则可先单击“删除”按钮，删除列表中的临时备份文件，然后单击“添加”按钮，在弹出的“选择备份目标”对话框(图 11-8)中指定备份数据库的备份设备。

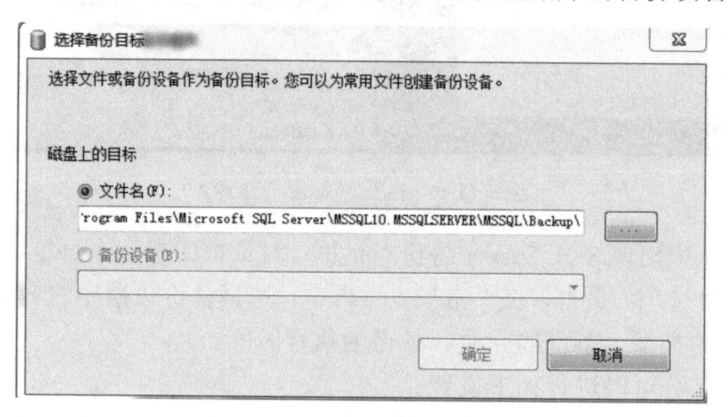

图 11-8　“选中备份目标”窗口

(3)在图 11-8 所示的对话框中，如果选中“文件名”单选按钮，并在下面的文本框中输入文件的存放位置和文件名，则表示要将数据库直接备份到此文件(临时备份设备)上。

如果选中“备份设备”单选按钮，则表示要将数据库备份到已建好的备份设备上。这时可从下拉列表框中选中一个已经创建好的备份设备名(这里选中 bk_baidudb)。

(4) 选好备份设备后，单击“确定”按钮，回到“备份数据库”窗口。这时该窗口的形式如图 11-9 所示。

(5) 在图 11-9 所示的窗口中，单击左边的“介质选项”，窗口形式如图 11-10 所示。

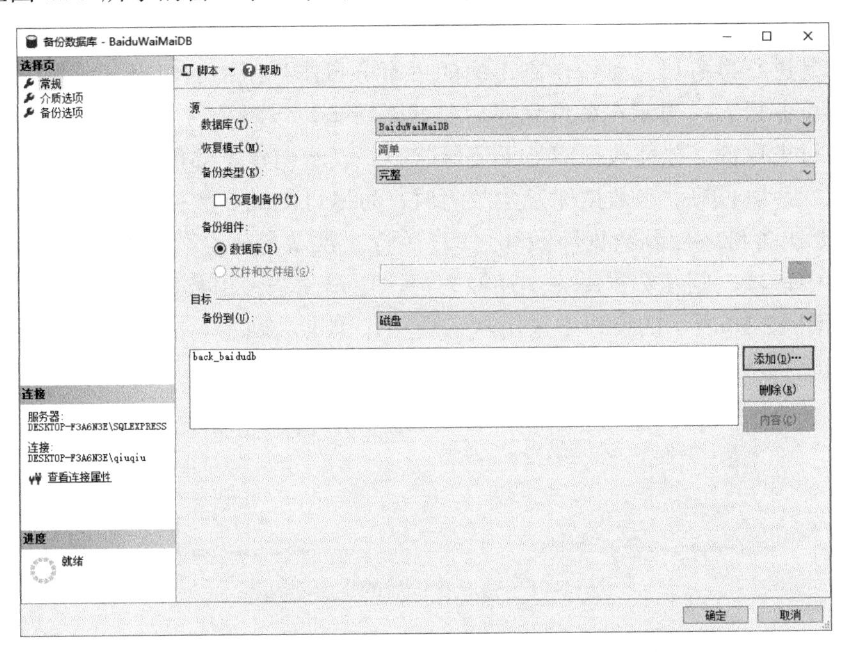

图 11-9　选好备份设备后的窗口

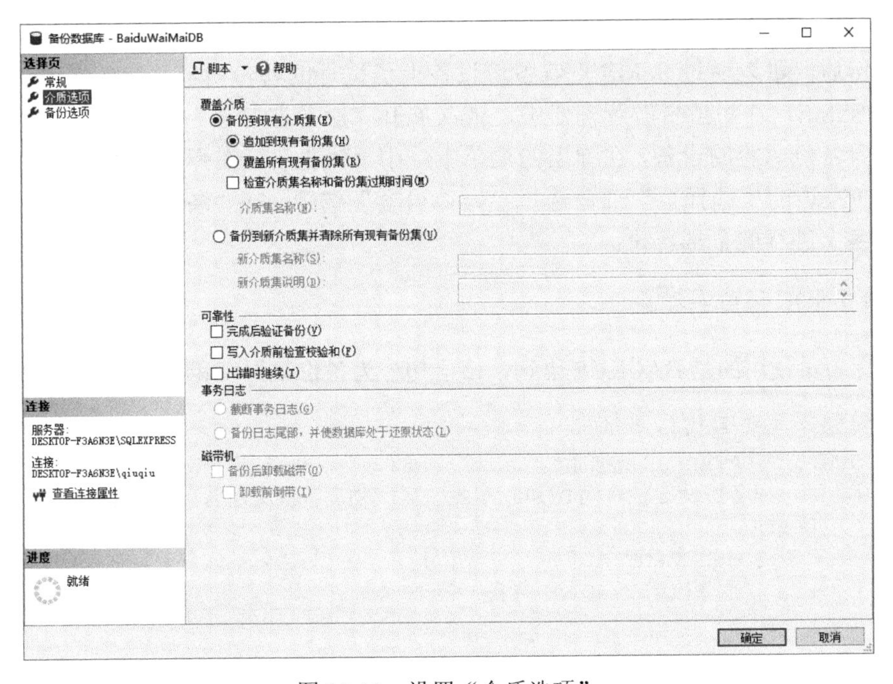

图 11-10　设置“介质选项”

(6)在图 11-10 所示窗口的“备份到现有媒体集”单选按钮下，可以设置对备份媒体的使用方式。

①追加到现有媒体集：表示保留备份设备上已有的备份内容，将新的备份内容追加到备份设备上。

②覆盖所有现有备份集：表示本次备份将覆盖掉该备份设备上之前的备份内容，重新开始备份。

③如果是进行事务日志备份，则下面的“事务日志”组中的内容将成为可用状态。

④截断事务日志：表示在备份完成后要截断日志，以防止日志空间满。

⑤备份日志尾部，并使数据库处于还原状态：表示创建尾部日志备份，用于备份尚未备份的日志(活动日志)。当数据库发生故障时，为尽可能减少数据的丢失，可以对日志的尾部(即从上次备份之后到数据库毁坏之间)进行一次备份，这种情况下就可以选中该选项。如果选中该项，则在数据库完全还原之前，用户无法使用数据库。

我们在图 11-10 所示的窗口中采用默认选项，单击“确定”按钮，开始备份数据库。备份成功完成后，系统会弹出 11-11 所示的提示对话框。

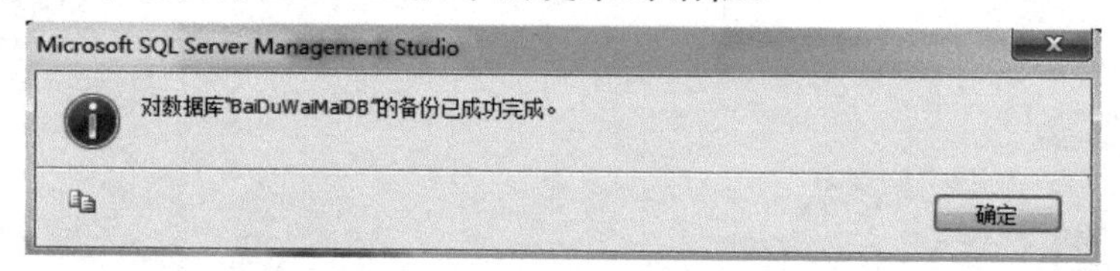

图 11-11　完成备份后的提示对话框

(7)在图 11-11 所示的提示对话框中，单击“确定”按钮，完成数据库的备份。

进行事务日志备份和差异备份的过程与此类似，按同样的方法对 BaiDuWaiMaiDB 数据库进行一次差异备份，同样也备份到 bk_baidudb 备份设备上。当用某个备份设备进行了多次备份后，可以通过 SSMS 查看备份设备上已进行的备份内容。具体操作步骤如下。

打开 SSMS，在对象资源管理器中，依次展开“服务器对象”→“备份设备”节点，右击要查看备份内容的设备，在弹出的菜单中选中“属性”，在弹出的“备份设备”属性窗口中，在左边的“选择页”部分选择“媒体内容”选项，在“备份集”列表框中，列出了在该设备上进行的全部备份。

T-SQL 实现数据备份

2. 用 T-SQL 语句实现备份

数据库备份使用的是 BACKUP 语句，该语句分为备份数据库和备份日志两种语法格式。

1)备份数据库语句的语法格式

```
BACKUP DATABASE 数据库名
   TO {<备份设备名>} |DISK|TAPE} ={'物理备份文件名'}
   [WITH
       [DIFFERENTIAL]
       [ [,]{INIT|NOINIT}]
   ]
```

说明：

(1)<备份设备名>：表示将数据库备份到已经创建好的备份设备名上。

(2) DISK|TAPE：表示将数据库备份到磁盘或磁带。

(3) DIFFERENTIAL：表示进行差异备份。

(4) INIT：表示本次备份数据库将重写到备份设备上，即覆盖本设备上以前进行的所有备份。

(5) NOINIT：表示本次备份数据库将追加到备份设备上，即不覆盖本设备以前进行的所有备份。

2) 创建事务日志备份语句的语法格式

```
BACKUP LOG 数据库名
TO {<备份设备名>} |DISK|TAPE} ={'物理备份文件名'}
   [WITH
       [{INIT|NOINIT}]
       [{[,] NO_LOG|TRUNCATE_ONLY|NO_TRUNCATE}]
   ]
```

说明：

(1) NO_LOG 和 TRUNCATE_ONLY：表示备份完日志后要截断不活动的日志。

(2) NO_TRUNCATE：指定不截断日志，并使数据库引擎尝试执行备份，而不必考虑数据库的状态。该选项允许在数据库损坏时备份日志。

(3) 其他选项与备份数据库语句的选项相同。

【例 11-3】 对 BaiDuWaiMaiDB 数据库进行一次完整备份，备份到备份设备 bk_ baidudb 上，并覆盖掉该设备上已有的内容。

```
BACKUP DATABASE BaiDuWaiMaiDB TO bk_ baidudb WITH INIT
```

【例 11-4】 对 BaiDuWaiMaiDB 数据库进行一次差异备份，也备份到备份设备 bk_ baidudb 上，并保留该备份设备上已有的内容。

```
BACKUP DATABASE BaiDuWaiMaiDB TO bk_baidudb WITH DIFFERENTIAL,INIT
```

【例 11-5】 对 BaiDuWaiMaiDB 数据库进行一次事务日志备份，直接备份到 D:\LogDage 文件夹(假设此文件夹已存在)下的 BaiDuWaiMaiDB_log.bak 文件上。

```
BACKUP LOG BaiDuWaiMaiDB TO DISK=' D:\LogDage\BaiDuWaiMaiDB_ log.bak '
```

11.5　数据库恢复

11.5.1　恢复数据库概述

数据库备份后，一旦系统发生崩溃或者执行了错误的数据库操作，就可以从备份文件中恢复数据库。恢复数据库是指将数据库备份加载到系统中的过程。系统在恢复数据库的过程中，自动执行安全性检查、重建数据库结构以及完整数据库内容。

11.5.2　恢复的顺序

在恢复数据库之前，如果数据库的日志文件没有损坏，则为尽可能减少数据的丢失，可在恢复之前对数据库进行一次日志备份(称为日志尾部备份)，这样就可以将数据的损失减少到最小。

恢复数据库顺序如下。

(1)恢复最近的完整数据库备份。因为最近的完整数据库备份记录有数据库最近的全部信息。

(2)恢复完整备份之后的最近的差异数据库备份(如果有差异备份)。因为差异备份是相对完整备份之后对数据库所做的全部修改。

(3)按事务日志备份的先后顺序恢复自完整备份或差异备份之后的所有日志备份。由于日志备份记录的是自上次备份之后新记录的日志备份，因此，必须按顺序恢复自最近的完整备份或差异备份之后所进行的全部日志备份。

11.5.3　实现恢复

恢复数据库可以用 SSMS 工具实现，也可以用 T-SQL 语句实现。

SSMS 还原数据库

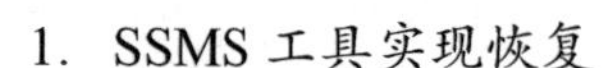

1. SSMS 工具实现恢复

(1)在对象资源管理器中，在“数据库”节点处右击，在弹出的菜单中执行“还原数据库”命令，弹出如图 11-12 所示的“还原数据库”窗口。

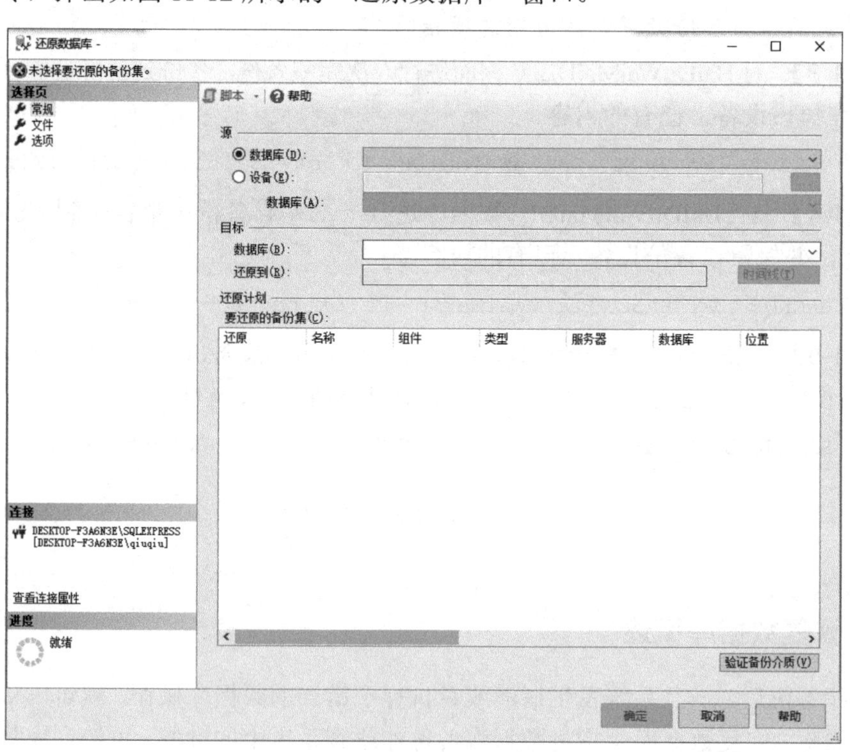

图 11-12　“还原数据库”窗口

(2)在图 11-12 所示窗口中，在“源”部分选中“设备”选项，然后单击其右边的 按钮，弹出如图 11-13 所示的“选择备份设备”窗口，在“备份介质类型”下拉列表框中选择“文件”，然后单击“添加”按钮，弹出如图 11-14 所示的“定位备份文件”窗口，选中备份文件，回到“选择备份设备”窗口，如图 11-15 所示，此时，在“备份介质”列表中有了已经选中的备份文件，点击“确定”后，回到“还原数据库”窗口，如图 11-16 所示。

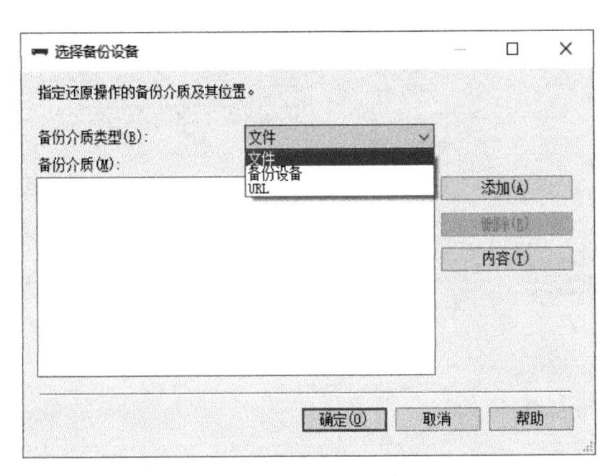

图 11-13　“选择备份设备”窗口

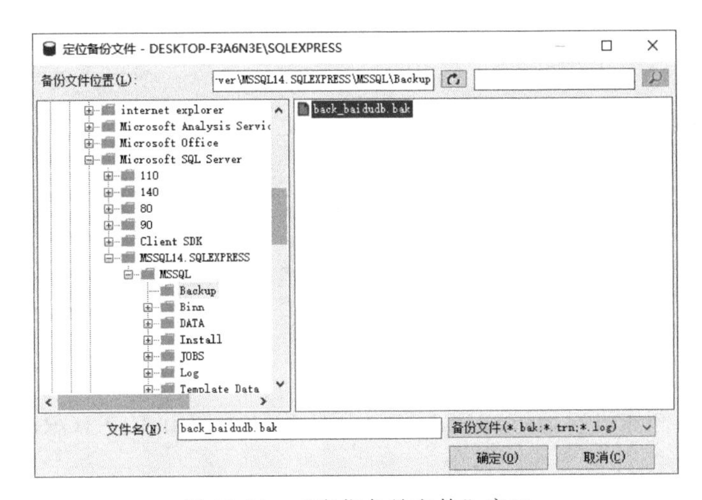

图 11-14　“定位备份文件”窗口

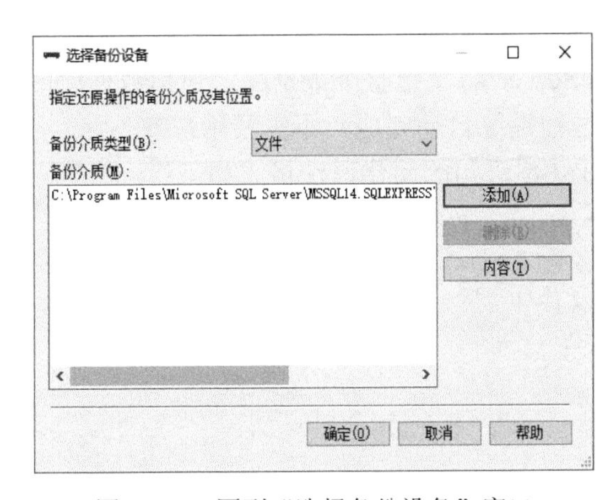

图 11-15　回到“选择备份设备”窗口

(3) 在图 11-16 所示窗口中，选中被还原的目标数据库，单击“确定”按钮，开始还原数据库。还原成功后，出现如图 11-17 所示的对话框，单击“确定”按钮关闭提示对话框。

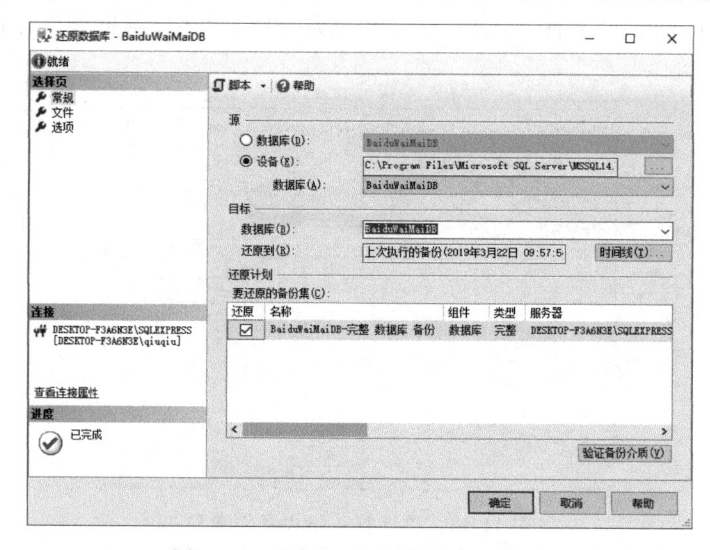

图 11-16　回到“还原数据库”窗口

图 11-17　数据库还原成功对话框

T-SQL 数据库恢复

2. 用 T-SQL 语句实现恢复

数据库的恢复操作可以通过 RESTORE 语句实现，使用 RESTORE 语句可以恢复用 BACKUP 命令所做的各种类型的备份。

1) 恢复数据库

当物理硬件发生故障或整个数据库遭到破坏时，需要基于完整数据库备份对整个数据库进行恢复。这时 SQL Server 将重建整个数据库，包括数据库的相关文件，并将文件存放在原来的位置，重建过程系统自动完成，不需要用户参与。

RESTORE　DATABASE 语句的简化语法格式如下：

```
RESTORE  DATABASE  数据库名
FROM  备份设备名
[WITH  FILE=文件号
[,]NORECOVERY
[,]RECOVERY
]
```

说明：

(1) FILE=文件号：表示要还原的备份，文件号为 1，表示备份设备上的第一个备份，为 2 则表示第二个备份。

(2) NORECOVERY：表示对数据库恢复操作还没完成。使用此选项恢复的数据库是不可用的，但可以继续恢复后续的备份。如果没有指明该恢复选项，默认的选项是 RECOVERY。

(3) RECOVERY：表示对数据库恢复操作已经完成。

2) 恢复日志 RESTORE LOG 语句的简化语法格式

```
RESTORE  LOG  数据库名
FROM  备份设备名
[WITH FILE=文件号
[,]NORECOVERY
[,]RECOVERY
]
```

其中各选项的含义与 RESTORE DATABASE 语句相同。

【例 11-6】 利用例 11-3 所创建的完整备份恢复 BaiDuWaiMaiDB 整个数据库。

```
RESTORE DATABASE BaiDuWaiMaiDB
FROM bk_ baidudb
WITH FILE=1, REPLACE
```

说明： 在恢复数据库之前，用户可以先对数据库进行一些修改，以便确认是否恢复了数据库。另外在恢复前需要打开备份设备的属性页，查看数据库备份在备份设备中的位置，如果备份的位置为 2，则 WITH 子句的 FILE 选项值也要设为 2。

11.6　小　　结

本章介绍了数据库备份和恢复的基本概念、类型和操作方法。数据库的备份主要是在数据库发生错误时，可以使用备份文件最大限度地还原数据。数据库的恢复方式是与数据库备份相对应的，也可以使用 SSMS 和 T-SQL 语句两种方法实现。

习　　题

1. 为什么要进行数据库备份？
2. 什么是数据库备份？数据库备份的作用是什么？
3. 有哪几种备份类型？简述各种备份类型的特点。
4. 有哪几种备份策略？
5. 有哪几种恢复模式？简述各种恢复模式的特点。
6. 日志备份对数据库恢复模式有什么要求？
7. 第一次对数据库进行备份，必须使用哪种备份方式？
8. 差异备份备份的是哪个时间段的哪些内容？
9. 恢复数据库时，对恢复的顺序有什么要求？
10. 日志备份备份的是哪个时间段的哪些内容？

上 机 练 习

分别采用 SSMS 工具和 T-SQL 语句，利用第 9 章上机练习建立的 SelectCourse 数据库，完成下列各题。

1．利用 SSMS 工具按顺序完成下列操作。

(1) 创建永久备份设备：backup1，backup2。

(2) 对 SelectCourse 数据库进行一次完整备份，并以追加的方式备份到 backup1 设备上。

(3) 执行下述语句删除 SelectCourse 数据库中的教师表（假设名字为 Teacher）：

```
DROP TABLE Teacher
```

(4) 利用 backup1 设备中 SelectCourse 数据库的备份，恢复出 SelectCourse 数据库。

(5) 查看 Teacher 表是否被恢复出来。

2．利用 SSMS 工具按顺序完成下列操作。

(1) 对 SelectCourse 数据库进行一次完整的备份，并以覆盖的方式备份到 backup1 设备上，覆盖掉 backup1 设备上已有的备份内容。

(2) 执行下列语句在课程表（Course）中插入一行新记录：

```
INSERT INTO Course VALUES(‘C301’，‘离散结构’，3,‘必修’)
```

(3) 将 SelectCourse 数据库以覆盖的方式差异备份到 backup2 设备上。

(4) 执行下述语句删除新插入的记录：

```
DELETE FROM Course WHERE Cno = 'C301'
```

(5) 利用 backup1 和 backup2 备份设备对 SelectCourse 数据库的备份，恢复 SelectCourse 数据库。完全恢复完成后，在 Course 表中是否有新插入的记录，为什么？

3．利用 SSMS 工具按顺序完成下列操作。

(1) 将 SelectCourse 数据库的恢复模式改为“完整”的。

(2) 对 SelectCourse 数据库进行一次完整备份，并以覆盖的方式备份到 backup1 设备上。

(3) 执行下列语句在课程表（Course）中插入一行新记录：

```
INSERT INTO Course VALUES('C202','数据结构及算法', 4,'必修')
```

(4) 对 SelectCourse 数据库进行一次差异备份，并以追加的方式备份到 backup1 设备上。

(5) 执行下述语句删除新插入的记录：

```
DELETE FROM Course WHERE Cno = 'C202'
```

(6) 对 SelectCourse 数据库进行一次日志备份，并以覆盖的方式备份到 backup2 设备上。

(7) 利用 backup1 和 backup2 备份设备恢复 SelectCourse 数据库。恢复完成后，在 Course 表中是否有新插入的记录，为什么？

4．利用备份数据库的 T-SQL 语句按顺序完成下列操作：

(1) 新建备份设备 back1 和 back2，它们均放在 D:\BACKUP 文件夹下，对应的物理文件名分别为 back1.bak 和 back2.bak。

(2) 对 SelectCourse 数据库进行一次完整备份，以追加的方式备份到 back1 上。

(3) 删除 SC 表。

(4) 对 SelectCourse 数据库进行一次差异备份，以追加的方式备份到 back1 上。

(5) 删除 SelectCourse 数据库。

(6) 利用 back1 备份设备恢复 SelectCourse 数据库的完整备份，并在恢复之后使数据库成为可用状态。

(7) 在 SMSS 工具的对象资源管理器中查看是否有 SelectCourse 数据库，为什么？如果有，展开数据库中的“表”节点，查看是否有 SC 表，为什么？

(8) 再次利用 back1 备份设备恢复 SelectCourse 数据库，首先恢复完整备份并使恢复后的数据库成为正在恢复状态，然后再恢复差异备份并使恢复后的数据库成为可用状态。

(9) 在 SSMS 工具的对象资源管理器中展开 SelectCourse 数据库和其下的“表”节点，这次是否有 SC 表，为什么？

(10) 对 SelectCourse 数据库进行一次完整备份，直接备份到 D：\BACKUP 文件夹下，备份文件名为：SelectCourse.bak。

(11) 对 SelectCourse 数据库进行一次事务日志备份，以追加的方式备份到 back2 设备上。

第 12 章　存储过程和触发器

【本章导读】

存储过程是一组为了完成特定功能的 SQL 语句集，经过编译后存储在数据库中，用户通过指定存储过程的名字，并给出参数来执行它。存储过程是数据库中的一个重要对象，任何一个设计良好的数据库应用程序都应该用到存储过程。

触发器是个特殊的存储过程，它的执行不是由程序调用，也不是手工启动的，而是由事件来触发，如当对一个表进行操作(插入、修改和删除)时就会激活它执行。触发器经常用于加强数据的完整性约束和业务规则等。

由于存储过程和触发器需要用到 T-SQL 中的一些基本语法，因此本章首先简要介绍 T-SQL 中的基本概念和语法，然后详细介绍存储过程和触发器的使用。

【学习目标】

(1)掌握存储过程的创建与管理。
(2)掌握触发器的创建与管理。

12.1　T-SQL 概述

T-SQL 是 ANSI 和 ISO SQL 标准的 Microsoft SQL Server 扩展，中文理解为 SQL SERVER 专用标准结构化查询语言增强版。使用 T-SQL 编写应用程序可以完成所有的数据库管理工作。

变量

12.1.1　T-SQL 语法变量

变量用于临时存放数据，变量中的数据随着程序的运行而变化。T-SQL 中的变量可以分为局部变量和全局变量两种，局部变量以@开头，全局变量以@@开头。

1. 局部变量

局部变量是由用户自定义的变量，这些变量可以用来存储数值型、字符串型等数据，它的作用范围仅限于程序内部。声明变量的语法代码为：

```
DECLARE {@local_variable [AS] datatype}[,...n]
```

@local_variable 为变量名，变量名必须以@开头，并且变量名必须符合 SQL Server 的命名规则。

datatype 为变量的数据类型，局部变量类型不能是 text、ntext 或 image 数据类型。

使用 DECLARE 命令声明并创建局部变量之后，会将其初始值设为 NULL，如果要为局部变量赋值，必须使用 SELECT 或者 SET 命令。两种命令语法格式如下：

```
SET {@local_variable=expression}
SELECT {@local_variable=expression}
```

其中，@local_variable 为变量名，expression 可以是任何有效的 SQL Server 表达式。

【例 12-1】 变量的基本使用。

```
DECLARE @name varchar(10)          --声明局部变量
SET @name='张三'                   --为变量赋值
PRINT @name                        --输出变量的值
```

注意： 局部变量的作用范围是从声明该局部变量的地方开始到局部变量所在的批处理或者存储过程结束为止。在局部变量的作用范围以外引用该变量将引起语法错误。

2. 全局变量

全局变量是由系统提供的，用于存储一些系统信息，用户是不能定义全局变量的。全局变量的作用范围并不局限于某一程序，而是任何程序均可随时调用。

在使用全局变量时应注意以下几点。

(1) 全局变量不能由用户定义，它们是在服务器中定义的。

(2) 用户只能使用预先定义的全局变量。

(3) 引用全局变量时，必须以标记符@@开始。

(4) 局部变量不能与全局变量同名，否则会在程序中出现不可预测的结果。

SQL Server 提供的全局变量共有 33 个，常用的全局变量及含义如表 12-1 所示。

表 12-1　常用的全局变量及含义

全局变量名	含义
@@ERROR	最后一个 T-SQL 错误的错误号
@@IDENTITY	最后一次插入的标记值
@@LANGUAGE	当前使用的语言的名称
@@MAX_CONNECTIONS	可以创建的同时连接的最大数目
@@ROWCOUNT	受上一个 SQL 语句影响的行数
@@SERVERNAME	本地服务器的名称
@@TRANSCOUT	当前连接打开的事务数
@@VERSION	SQL Server 的版本信息

【例 12-2】 使用全局变量。

```
UPDATE Course
  set Ccredit =3 WHERE Cno='B002'
GO
IF @@ERROR>0        --如果执行上述语句发生错误，则打印信息"发生错误！"
  PRINT '发生错误！'
```

12.1.2 运算符

运算符是一些符号，能用来执行算术运算、字符串连接、赋值以及比较等。T-SQL 所

运算符

使用的运算符分为算术运算符、赋值运算符、位运算符、比较运算符、逻辑运算符和字符串连接符 6 种。

1. 算术运算符

算术运算符是对两个表达式执行数学运算，这两个表达式可以是精确数字型或近似数字型。表 12-2 列出了所有的算术运算符。

表 12-2　算术运算符

运算符	说明
+	加
-	减
*	乘
/	除
%	取模

2. 赋值运算符

T-SQL 中只有一个赋值运算符，即“=”。赋值运算符的作用是给变量赋值，也可以使用赋值运算符在列标题和定义列值的表达式之间建立关系。

3. 位运算符

位运算符能够在整型或者二进制数据之间执行位操作。在位运算符左右两侧的操作数不能同时是二进制数据。表 12-3 列出了所有的位运算符及其含义。

表 12-3　位运算符及其含义

运算符	说明
&	按位与
|	按位或
^	按位异或

4. 比较运算符

比较运算符也称关系运算符，用于比较两个表达式的大小，比较运算符有=、>、<、>=、<=、<>、!=、!<、!>。比较的结果为布尔型，即 TRUE 或 FALSE。

5. 逻辑运算符

逻辑运算符有 AND、OR、NOT 等，它们可以把多个逻辑表达式连接起来，运算结果也为布尔型，即 TRUE 或 FALSE。

6. 字符串连接符

字符串连接符“+”可将两个字符串连接起来，例如，'hello'+'world'结果为'helloworld'。

7. 运算符的优先级

在 SQL Server 中，运算符的优先级由高到低如下所示，如果优先级相同，则按照从左到右的顺序运算。

括号：()。

乘、除、取模运算符：*、/、%。

加减运算符：+、-。

比较运算符：=、>、<、>=、<=、<>、!=、!>、!<。

位运算符：^、&、|。

非：NOT。

与：AND。

或：OR。

12.1.3 T-SQL 流程控制语句

T-SQL 在 SQL 的基础上添加了流程控制，包括 IF、WHILE、CASE、GOTO、WAITFOR 和 RETURN 等几种。

1. BEGIN...END 语句

在 T-SQL 中，两条或两条以上的语句需要用 BEGIN...END 封装起来，形成一个语句块，格式如下：

```
BEGIN
{SQL 语句|语句块}
END
```

2. IF...ELSE 语句

选择结构

在程序中如果要对条件进行判断，当条件为真或为假时分别执行不同的 T-SQL 语句，可用 IF...ELSE 语句实现。其中，ELSE 子句是可选的。IF...ELSE 语句的语法格式如下：

```
IF 条件表达式
   SQL 语句|语句块 1
[ ELSE
   SQL 语句|语句块 2
]
```

SQL Server 允许嵌套使用 IF...ELSE 语句，而且嵌套层数没有限制。

3. WHILE...BREAK...CONTINUE 语句

循环结构

在程序中如果需要重复执行其中一部分语句，可使用 WHILE 循环语句来实现。WHILE 语句根据所指定的条件重复执行语句或语句块。只要条件为真，就重复执行语句。其中 BREAK 语句可使程序完全跳出循环，结束 WHILE 语句的执行，CONTINUE 语句可以使程序跳过CONTINUE之后的语句，返回到WHILE循环的第一条语句。WHILE循环语句的格式如下：

```
WHILE 条件表达式
BEGIN
SQL 语句|语句块 1
[BREAK]
SQL 语句|语句块 2
[CONTINUE]
SQL 语句|语句块 3
END
```

【例 12-3】 如果课程的平均学分低于 5 分，则每门课程学分不断增加，每次增加 1 分，直到所有课程的平均学分高于 5 分或者有课程的学分超过 10 分。

```
WHILE (SELECT AVG(Ccredit)FROM Course)<=5
BEGIN                           --循环开始
UPDATE Course SET Ccredit=Ccredit+1
IF (SELECT MAX(Ccredit)FROM Course )>10
     BREAK                      --如果有课程学分超过了分则跳出循环
END                             --循环结束
```

4. CASE 语句

CASE语句也是判断语句的一种，适用于多分支的条件判断。CASE语句可以计算多个表达式，并将第一个符合条件的结果表达式返回。CASE语句的使用方法有两种，一种是简单CASE语句，一种是搜索CASE语句。

简单CASE语句的语法格式如下：

```
CASE input_expression
    WHEN when_ expression THEN result_ expression
   [...n]
   [ELSE else_result_ expression]
END
```

在简单CASE语句中，系统会将input_expression的值与每一个when_ expression的值进行比较，如果相同，返回THEN之后的表达式，如果都不相同则返回ELSE之后的表达式。

搜索CASE语句的语法格式如下：

```
CASE
    WHEN Boolean_ expression THEN result_ expression
   [...n]
   [ELSE else_result_ expression]
END
```

【例 12-4】 根据学生的成绩划分等级。

```
SELECT 学号=Sno,等级=
CASE
   WHEN grade>=90 THEN '优秀'
```

```
  WHEN grade>=80 THEN '良好'
  WHEN grade>=60 THEN '及格'
       ELSE   '不及格'
END
FROM SC
```

12.2　存 储 过 程

12.2.1　存储过程概述

存储过程的概念

存储过程是为了实现某个特定任务的一组 T-SQL 语句的集合，这些语句形成一个完整单元并取一个名字。存储过程在第一次执行时进行编译，然后将编译好的代码保存在高速缓存中供以后调用，需要时，在 T-SQL 代码中通过存储过程名字调用即可。

存储过程具有以下一些特点。

(1) SQL Server 事先将存储过程编译成可执行代码，运行存储过程时不需要再对存储过程进行编译，因此执行速度快、效率高。

(2) 存储过程创建后，可以在程序中多次调用，而不必重写该 T-SQL 语句。

(3) 存储过程存储在数据库中，可以作为一个独立的数据对象，也可以作为一个单元在数据库中被用户调用。

(4) 存储过程可以接收和输出数据、参数以及返回执行存储过程的状态值，也可以嵌套使用。

(5) 存储过程使开发者不必在客户端编写大量的程序代码，同时在数据库的安全性上得到提高。

12.2.2　创建存储过程

创建存储过程

1. 建立存储过程的基本语法

使用 T-SQL 的 CREATE PROCEDURE 语句可以创建存储过程，语法格式如下：

```
CREATE { PROC | PROCEDURE } [schema_name] procedure_name [ ; number ][1]
[ { @parameter [ type_schema_name. ] data_type }
[ VARYING ] [ = default ] [ OUT | OUTPUT ] [READONLY]
] [,...n ]
[ WITH <procedure_option> [,...n ] ]
[ FOR REPLICATION ]
AS { [ BEGIN ] sql_statement [;] [ ...n ] [ END ] }
[;]
<procedure_option> ::=
[ ENCRYPTION ]
[ RECOMPILE ]
[ EXECUTE AS Clause ]
```

其中，主要参数解释如下。

schema_name：过程所属架构的名称。

带参数的存储过程

procedure_name：新建的存储过程的名称。

@parameter：过程的参数，定义参数时除了指定参数名，还需定义参数的类型，一个存储过程可以有一个或多个参数，也可以不带参数。

[type_schema_name.] data_type：参数以及所属架构的数据类型。

OUT|OUTPUT：指示参数是输出参数，将形参的值传递给对应的实参，使运算结果能够输出。

2. 执行存储过程的语法

T-SQL 用 EXECUTE 来执行存储过程，其基本语法格式如下：

```
EXECUTE|EXEC  procedure_name [@parameter][,…n]
```

其中，procedure_name 为存储过程名，@ parameter 为参数。

【例 12-5】 在数据库中创建一个存储过程，用于查看指定院系的学生的详细信息。

```
CREATE PROCEDURE prcListStu @dept char(50)
AS
BEGIN
  SELECT Sno,Sname,Sdept FROM Student WHERE Sdept=@dept
END
```

【例 12-6】 在数据库中创建一个存储过程，用于返回指定学号学生的所在院系名称，且结果通过输出型参数传递。

```
CREATE PROCEDURE prcGetDept @no char(7), @dept char(20)OUTPUT
AS
BEGIN
   SELECT @ dept = Sdept FROM Student WHERE sno= @no
END
```

12.2.3　修改存储过程

存储过程是一段 T-SQL 代码，在使用过程中，一旦发现存储过程不能完成需要的功能或者功能需求有变，则需修改原有的存储过程。

T-SQL 提供了 ALTER PROCEDURE 语句修改存储过程，其语法格式如下：

```
ALTER PROC|Procedure procedure_name
AS
<sql_statement> […n]
```

12.2.4　删除存储过程

对于不再需要的存储过程，可以将其删除，T-SQL 中可以通过 Drop Procedure 语句来删除存储过程，其语法格式如下：

```
DROP PROC|Procedure [schema_name.]procedure_name [,…n]
```

其中，schema_name 为架构名，procedure_name 为存储过程的名字。

12.2.5　常用的系统存储过程

SQL Server 中的许多管理活动都是通过一种特殊的存储过程执行的，这种存储过程由系统定义，被称为系统存储过程。下面介绍几种常用的系统存储过程。

1. sp_help：查看对象信息

sp_help 用于查看数据库对象、用户定义数据类型或者 SQL Server 提供的数据类型信息，其语法格式为：

```
sp_help [[@objname=]'name']
```

例如，exec sp_help，可以返回当前数据库中的所有对象，如字段名、主键、约束、索引、外键等。

2. sp_helpindex：查看索引信息

sp_helpindex 用于返回表或视图上的索引信息，其语法代码如下：

```
sp_helpindex  [@objname=]'name'
```

例如，exec sp_helpindex Student 可以返回 Student 表中的索引信息。

3. sp_rename：在当前数据库中更改用户创建对象的名称

对象可以是表、索引、列等。其语法格式如下：

```
sp_rename [@objname=] 'object_name',[@newname=]newname'[,[@objtype ]'object_type']
```

例如，exec sp_rename Dishes, Dish，将数据表 Dishes 改名为 Dish。

4. sp_rename：修改数据库名

sp_rename 专门用来修改数据库的名称，其语法格式为：

```
sp_renamedb [@objname=] 'object_name',[@newname=]newname'
```

例如，exec sp_renamedb SelectCourse, NewSelectCourse 将数据库 SelectCourse 的名字改为 NewSelectCourse。

5. sp_stored_procedures：查看存储过程信息

sp_stored_procedures 用于显示存储过程的列表，其语法格式为：

```
sp_stored_procedures [ [ @sp_name = ] 'name' ]
    [ , [ @sp_owner = ] 'schema']
    [ , [ @sp_qualifier = ] 'qualifier' ]
[ , [@fUsePattern = ] 'fUsePattern' ]
```

其中，sp_name 为存储过程名，@sp_owner 为存储过程所属的架构，@fUsePattern 确定是否将下划线“_”、百分号“%”或方括号“[]”解释为通配符。

例如，EXEC sp_stored_procedures prcListStu 返回存储过程 prcListStu 的信息。

触发器

12.3 触 发 器

12.3.1 触发器概述

触发器(TRIGGER)是一种特殊类型的存储过程，包含了一组 T-SQL 语句。它是与表事件相关的特殊的存储过程，它的执行不是由程序调用，也不是手工启动，而是由事件来触发的，例如，当对一个表进行操作(INSERT、DELETE、UPDATE)时就会激活它执行。触发器经常用于加强数据的完整性约束和业务规则等，特别是对参照完整性和用户定义完整性的维护。

12.3.2 触发器的类型

SQL Server 包括两大类触发器：DML 触发器和 DDL 触发器。

1. DML 触发器

DML 触发器是在数据库服务器中发生数据操作语言事件时执行的存储过程，也就是说，DML 触发器在执行 INSERT、DELETE、UPDATE 语句时触发。根据触发的时机不同，DML 触发器又分为 AFTER 触发器和 INSTEAD OF 触发器两种。After 触发器是在记录已经修改完成后才会被激活执行，它主要用于记录变更后的处理或检查，一旦发现错误，也可以用 ROLLBACK TRANSACTION 语句来回滚本次操作。INSTEAD OF 触发器一般用于取代原本的操作，在记录变更之前发生，它不去执行原来的 SQL 语句，而去执行触发器中所定义的操作。

SQL Server 中，系统为每个 DML 触发器都定义了两个特殊的表，一个是插入表(INSERTED 表)，一个是删除表(DELETED 表)。其中，DELETED 表里存放的是更新前的记录，对于 UPDATE 操作来说，DELETED 表里存放的是更新前的记录(更新完后即被删除)，对于 DELETE 操作来说，DELETED 表里存放的就是被删除的记录。而 INSERTED 表里存放的是更新后的记录，对于 INSERT 操作来说，INSERTED 表里存放的是要插入的数据记录，对于 UPDATE 操作来说，INSERTED 表里存放的是修改后的数据记录。例如，Student 表中原来的数据如表 12-4 所示。

表 12-4　Student 表

Sno	Sname	Ssex	Smajor	Sdept	Sage	Tel	EMAIL
G2016001	李素素	女	行政管理	管理学院	22	15600000000	susu@sina.com
G2016002	朱萍	女	行政管理	管理学院	21	15300000000	zhuping@163.com
J2016001	杨华	男	计算机应用	计算机科学学院	20	15200000000	yanghua@163.com
J2016005	胡娟	女	信息安全	计算机科学学院	20	15500000000	hujuan@126.com
L2016001	张茂桦	男	光电子学	理学院	20	18100000000	zmaohua@126.com

执行语句：

```
UPDATE Students SET Sage= Sage +1 WHERE Sno= "J2016001"
```

则 DELETED 表中的内容如表 12-5 所示，INSERTED 表的内容如表 12-6 所示。

表 12-5　DELETED 表

Sno	Sname	Ssex	Smajor	Sdept	Sage	Tel	EMAIL
J2016001	杨华	男	计算机应用	计算机科学学院	20	15200000000	yanghua@163.com

表 12-6　INSERTED 表

Sno	Sname	Ssex	Smajor	Sdept	Sage	Tel	EMAIL
J2016001	杨华	男	计算机应用	计算机科学学院	21	15200000000	yanghua@163.com

有了这两张特殊的表，DML 触发器的工作原理有了更细的解释。

AFTER 触发器是在记录变更完成之后才被激活执行的，以删除记录为例：当 SQL Server 接收到一个要执行删除操作的 SQL 语句时，SQL Server 先将要删除的记录存放在 DELETED 表里，然后把数据表里的数据删除，再激活 AFTER 触发器，执行 AFTER 触发器中的 SQL 语句。执行完毕后，删除内存中的 DELETED 表，退出整个操作。

例如，在产品库存表里删除一条产品的信息，在删除记录时，触发器可以检查该产品库存数量是否为零，如果不为零则取消删除操作，数据库的操作过程如下。

(1) 接收 SQL 语句，将要从产品库存表里删除的产品记录取出来，放在 DELETED 表里。

(2) 从产品库里删除该产品记录。

(3) 从 DELETED 表里读出该产品的库存数量，判断是否为零，如果为零则完成操作，从内存中清除 DELETED 表；如果不为零，则用 ROLLBACK TRANSACTION 语句来回滚操作。

INSTEAD OF 触发器与 AFTER 触发器不同。AFTER 触发器是在 INSERT、UPDATE 和 DELETE 操作完成后才激活的，而 INSTEAD OF 触发器是在这些操作进行之前就激活了，并且不再去执行原来的 SQL 操作，而去执行触发器中本身的 SQL 语句。

2. DDL 触发器

DDL 触发器是在响应数据定义语言事件时执行的存储过程。DDL 触发器一般用于执行数据库中的管理任务，如审核和规范数据库操作、防止数据库表结构被修改等。

DDL 触发器并不响应 INSERT、UPDATE、DELETE 语句，它主要响应 CREATE、ALTER、DROP、GRANT、DENY、REVOKE 等语句。DDL 触发器与 DML 触发器的不同之处在于：只有在完成 T-SQL 语句后才运行 DDL 触发器，DDL 触发器无法作为 INSTEAD OF 触发器使用；DDL 触发器不会创建 INSERTED 表和 DELETED 表，但是可以使用 EVENTDATA 函数捕获有关信息。

12.3.3　创建触发器

通过 T-SQL 语句创建触发器，语法格式为:

```
CREATE [ OR ALTER ] TRIGGER [ schema_name . ]trigger_name
ON { table | view }
[ WITH <dml_trigger_option> [ ,...n ] ]
{ FOR | AFTER | INSTEAD OF }
```

```
{ [ INSERT ] [ , ] [ UPDATE ] [ , ] [ DELETE ] }
[ WITH APPEND ]
[ NOT FOR REPLICATION ]
AS { sql_statement [ ; ] [ ,...n ] | EXTERNAL NAME <method specifier [ ; ] > }
```

其中主要参数的含义如下。

(1) trigger_name：触发器的名称(由用户取名)。

(2) table | view：触发器针对的表或视图。

(3) FOR | AFTER：AFTER 指定触发器在对应的 SQL 语句完成后才被触发，所有的引用级联操作和约束检查也必须在触发此触发器之前成功完成；如果仅指定 FOR，则 AFTER 为默认值。不能对视图定义 AFTER 触发器。

(4) INSTEAD OF：指定以触发器中的 SQL 语句取代原有的 SQL 语句，因此其优先级高于触发语句的操作。

(5) [INSERT] [,] [UPDATE] [,] [DELETE]：指定触发器对应的操作，当这些语句尝试对表或视图进行修改时激活该触发器。

【例 12-7】 在学生表上定义一个触发器，当插入或修改学生信息时，年龄如果低于 18 岁，自动改为 18 岁。利用 SQL 语句的 CREATE TRIGGER 语句创建触发器。

(1) 打开“新建查询”窗口，选择“学生选课系统”数据库。

(2) 在“新建查询”窗口中，输入下述创建触发器的 SQL 语句代码：

```
CREATE TRIGGER Insert_Or_Update_Student
ON Student
FOR INSERT,UPDATE        --触发事件是插入或更新操作
As                       --定义触发动作体
UPDATE Student
SET Sage=18
FROM Student t,Inserted i
WHERE t.Sno=i.Sno AND i.Sage<18
```

(3) 单击“执行”按钮，可以看到“命令已经完成”提示对话框。如图 12-1 所示。

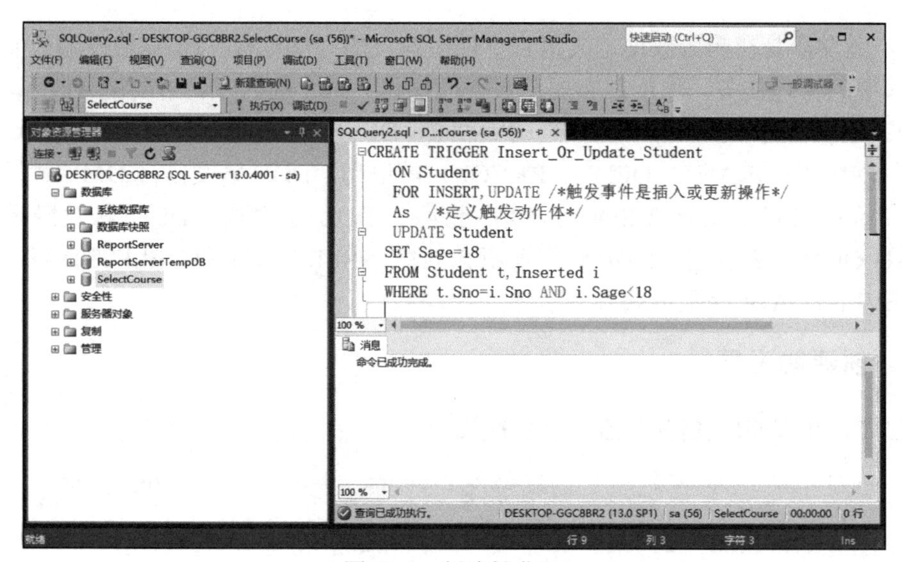

图 12-1 创建触发器

(4) 当命令完成以后，向数据库中的学生表插入一条学生的记录，使该生的年龄小于 18 岁，如插入下面的一条学生记录：

```
INSERT INTO Student(Sno,Sname,Ssex,Smajor,Sdept,Sage,Tel,EMAIL)
VALUES('J2016006','黄小小','女','电子商务','计算机科学学院','16',
        '1300000000', 'hxiaoxiao@163.com')
```

然后进行查看，该生的年龄已经被设置为 18 岁，而非 16 岁，如图 12-2 所示。这说明触发器产生了作用。

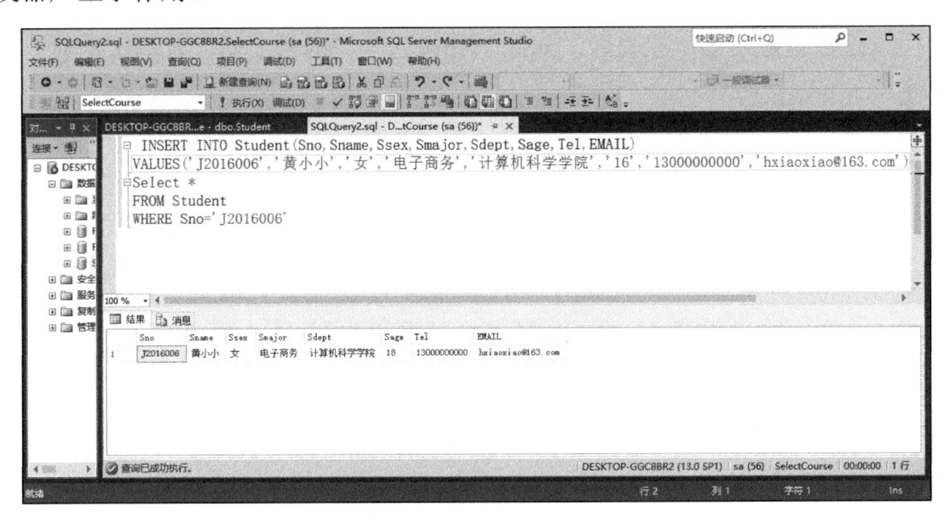

图 12-2　验证触发器成功

12.3.4　修改触发器

使用 T-SQL 中的 ALTER TRIGGER 语句可以修改触发器，其基本语法格式为：

```
ALTER TRIGGER [ schema_name . ]trigger_name
ON { table | view }
[ WITH <dml_trigger_option> [ ,...n ] ]
{ FOR | AFTER | INSTEAD OF }
{ [ INSERT ] [ , ] [ UPDATE ] [ , ] [ DELETE ] }
 [ NOT FOR REPLICATION ]
AS { sql_statement [ ; ] [ ,...n ] | EXTERNAL NAME <method specifier [ ; ] > }
```

可以看出，除了将关键字 CREATE 改成 ALTER 之外，其他参数与 CREATE TRIGGER 中相同，此处不再赘述。

如果只是修改触发器的名字，可以使用系统存储过程 sp_rename。

12.3.5　删除触发器

如果不需要某个触发器，可以使用 DROP TRIGGER 语句将它从数据库中删除。其基本语法格式如下：

```
DROP TRIGGER trigger_name [,...n]
```

其中 trigger_name 是触发器的名称，可以同时删除多个触发器。

12.3.6　查看触发器

可以使用系统存储过程查看触发器的相关数据。

1. 查看表中的触发器

使用系统存储过程 sp_helptrigger 可以查看表中的触发器，其格式为：

```
EXEC sp_helptrigger 'table' [,'type']
```

其中，table 是触发器所在表名，type 列出操作类型的触发器，若不指定则列出所有的触发器。

【例 12-8】 查看 Student 表中的所有触发器。

执行语句：

```
EXEC sp_helptrigger Student
```

查询结果如图 12-3 所示。

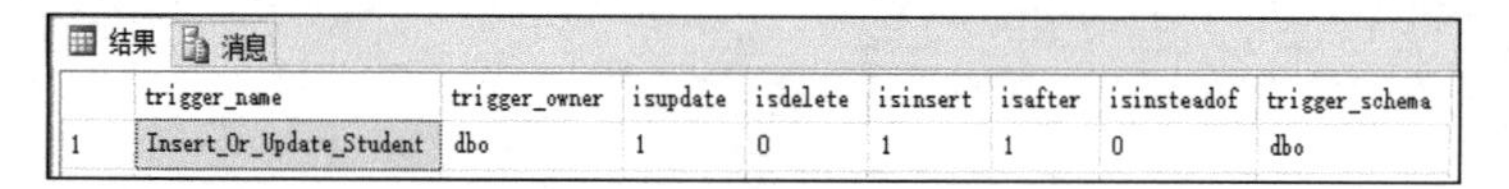

	trigger_name	trigger_owner	isupdate	isdelete	isinsert	isafter	isinsteadof	trigger_schema
1	Insert_Or_Update_Student	dbo	1	0	1	1	0	dbo

图 12-3　查看 Student 表中的触发器

2. 查看触发器的定义文本

触发器的定义文本存储在系统表 syscomments 中，基本语法格式如下：

```
EXEC sp_helptext ' trigger_name'
```

【例 12-9】 查看触发器 Insert_Or_Update_Student 的定义文本。

```
EXEC sp_helptext ' Insert_Or_Update_Student'
```

查询结果如图 12-4 所示。

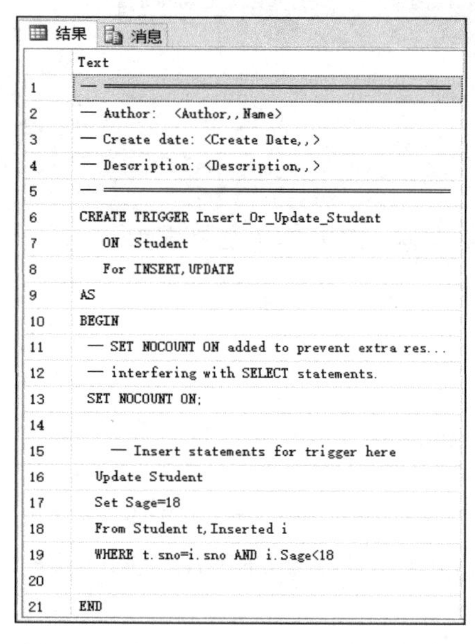

	Text
1	-- ==
2	-- Author: <Author,,Name>
3	-- Create date: <Create Date,,>
4	-- Description: <Description,,>
5	-- ==
6	CREATE TRIGGER Insert_Or_Update_Student
7	ON Student
8	For INSERT,UPDATE
9	AS
10	BEGIN
11	-- SET NOCOUNT ON added to prevent extra res...
12	-- interfering with SELECT statements.
13	SET NOCOUNT ON;
14	
15	-- Insert statements for trigger here
16	Update Student
17	Set Sage=18
18	From Student t,Inserted i
19	WHERE t.sno=i.sno AND i.Sage<18
20	
21	END

图 12-4　查看触发器 Insert_Or_Update_Student 的定义文本

【例 12-10】 查看触发器的所有者和创建时间。

```
EXEC sp_help ' Insert_Or_Update_Student '
```

查询结果如图 12-5 所示。

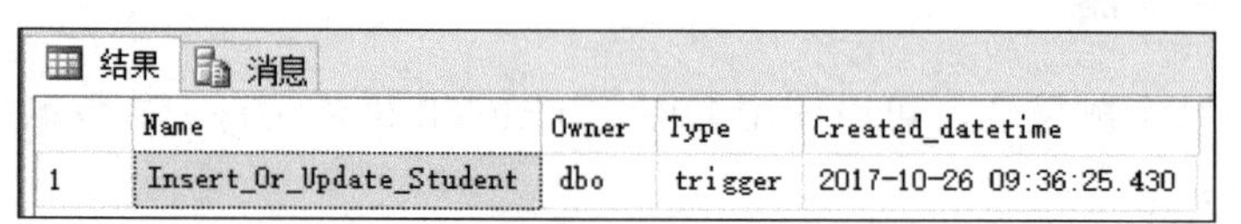

	Name	Owner	Type	Created_datetime
1	Insert_Or_Update_Student	dbo	trigger	2017-10-26 09:36:25.430

图 12-5　查看触发器的相关信息

12.4　管理存储过程与触发器实训

本节中实例以本书中的百度外卖(BaiDuWaiMaiDB)数据库为例。

12.4.1　存储过程实训

1. 创建一个加密存储过程

在 BaiDuWaiMaiDB 数据库中，创建一个名称为 st_jiami 的加密存储过程，该过程用来查询从来没有被点过的菜品。创建完成后执行该存储过程。

```
USE BaiDuWaiMaiDB
GO
--如果存储过程 st_jiami 存在，将其删除
IF EXISTS(select name from sysobjects where name='st_jiami' and type='P')
DROP PROCEDURE st_jiami
GO
--建立一个加密的存储过程
CREATE PROCEDURE st_jiami
--加密选项
WITH ENCRYPTION
AS
SELECT DishesID,DishesName FROM Dishes
  WHERE DishesID NOT IN(SELECT DishesID FROM OrderDetail)
GO
--执行 st_jiami
EXEC st_jiami
GO
```

2. 创建带输入参数的存储过程

在 BaiDuWaiMaiDB 数据库中，创建一个名称为 st_caipin 的存储过程，该存储过程可查询出点了指定菜品的顾客信息。

```
USE BaiDuWaiMaiDB
GO
--如果存储过程 st_caipin 存在，将其删除
IF EXISTS(SELECT name FROM sysobjects WHERE name='st_caipin' AND type='P')
DROP PROCEDURE st_caipin
GO
--建立一个带参数的存储过程 st_caipin
CREATE PROCEDURE st_caipin @DID int
AS
SELECT Customer.CustomerName,Customer.Phone FROM Orders JOIN OrderDetail
  ON Orders.OrderID=OrderDetail.OrderID
  JOIN Customer ON Customer.CustomerID=Orders.CustomerID
```

```
  WHERE DishesID=@DID
GO
--执行 st_caipin
EXEC st_caipin
GO
```

3. 创建带输出参数的存储过程

在 BaiDuWaiMaiDB 数据库中，创建一个名称为 st_jiage 的存储过程，该存储过程可以查询指定餐厅菜品的最高价格、最低价格和平均价格。

```
USE BaiDuWaiMaiDB
GO
--如果存储过程 st_jiage 存在，将其删除
IF EXISTS(select name FROM sysobjects WHERE name='st_jiage' AND type='P')
DROP PROCEDURE st_jiage
GO
--建立存储过程 st_jiage
--定义一个输入参数 RID
--定义三个输出参数 avgprice,maxprice,minprice，用于接收平均价格、最高价格和最低价格
CREATE PROCEDURE st_jiage @RID int,@avgprice float output,@maxprice
          float output, @minprice float output
AS
  SELECT @avgprice=AVG(Price),@maxprice=MAX(Price), @minprice=MIN(Price)
  FROM Dishes WHERE RestaurantID=@RID
GO
--执行存储过程 st_jiage
USE BaiDuWaiMaiDB
GO
--声明四个变量，用于保存输入和输出参数
DECLARE @ResID int
DECLARE @avgP float
DECLARE @maxP float
DECLARE @minP float
--为输入参数赋值
SET @ResID=1
--执行存储过程
EXEC st_jiage @ResID ,@avgP output,@maxP output,@minP output
--显示结果
SELECT @ResID AS 餐厅 ID,@avgP AS 平均价格,@maxP AS 最高价格,@minP AS 最低价格
GO
```

4. 创建添加、删除和修改记录存储过程

```
CREATE PROCEDURE CusAdd
@CId int,
@Cname Varchar(50),
@Ads Varchar(50),
@Tel Varchar(50)
```

```
AS
INSERT INTO Customer(CustomerID,CustomerName,Addres,Phone)
values(@CId,@Cname,@Ads,@Tel)
GO
--创建删除记录存储过程
CREATE PROCEDURE CusDel @Cname Varchar(50)
AS
 DELETE Customer WHERE CustomerName=@Cname
GO
--创建修改记录存储过程
CREATE PROCEDURE CusUpd
@CId int,
@Cname Varchar(50),
@Ads Varchar(50),
@Tel Varchar(50)
AS
UPDATE Customer
SET CustomerName=@Cname,
Addres=@Ads,Phone=@Tel WHERE CustomerID=@CId
```

12.4.2 触发器实训

1. 创建一个 INSERT 触发器

在 BaiDuWaiMaiDB 数据库中建立一个名为 insert_dish 的 INSERT 触发器，存储在 Dishes 表中，向 Dishes 表中插入记录时，如果插入了 Restaurant 表中没有的 RestaurantID，则提示不能插入，否则提示插入成功。

```
USE BaiDuWaiMaiDB
GO
IF EXISTS(SELECT name FROM sysobjects WHERE name='insert_dish' AND type='TR')
DROP TRIGGER insert_dish
GO
CREATE TRIGGER insert_dish ON Dishes
FOR INSERT
AS
  DECLARE @Did int
  SELECT @Did =Restaurant.RestaurantID
  FROM Restaurant,INSERTED
  WHERE  Restaurant.RestaurantID=INSERTED.RestaurantID
IF @Did<>''
PRINT '记录插入成功'
ELSE
BEGIN
PRINT '餐厅 ID 不存在，不能插入记录，插入将终止！'
ROLLBACK TRANSACTION
END
GO
```

2. 创建一个 DELETE 触发器

在 BaiDuWaiMaiDB 数据库中建立一个名为 delete_dish 的 DELETE 触发器，存储在 Dishes 表中，删除 Dishes 表中的某条记录时，如果 OrderDetail 引用了此记录的 DishesID，则提示不能删除，否则提示记录已删除。

```
USE BaiDuWaiMaiDB
GO
IF EXISTS(SELECT name FROM sysobjects WHERE name='delete_dish' and type='TR')
DROP TRIGGER delete_dish
GO
CREATE TRIGGER delete_dish on Dishes
FOR DELETE
AS
IF(SELECT count(*)FROM OrderDetail JOIN DELETED
ON OrderDetail.DishesID=DELETED.DishesID)>0
BEGIN
PRINT '该菜品被OrderDetail表引用，不可删除此条记录，删除将终止'
ROLLBACK TRANSACTION
END
ELSE
PRINT '记录已删除'
GO
```

3. 创建一个 UPDATE 触发器

在 BaiDuWaiMaiDB 数据库中建立一个名为 update_dish 的 UPDATE 触发器，存储在 Dishes 表中，更新 Dishes 表中的菜品名称时，提示用户不能修改菜品名称。

```
USE BaiDuWaiMaiDB
GO
IF EXISTS(SELECT name FROM sysobjects WHERE name='update_dish' AND type='TR')
DROP TRIGGER update_dish
GO
CREATE TRIGGER update_dish on Dishes
FOR UPDATE
AS
IF UPDATE(DishesName)
BEGIN
PRINT '不能修改菜品名称'
ROLLBACK TRANSACTION
END
```

习　题

一、选择题

1. 下面(　　)语句是用来创建触发器的。

A. CREATE PROCEDURE　　B. CREATE TRIGGER

C. DROP PROCEDURE　　D. DROP TRIGGER

2. 使用(　　)系统存储过程可以查看触发器的定义文本。

A. sp_helptrigger　　B. sp_help

C. sp_helptext　　D. sp_rename

3. 您要创建名为 prcGetPos 的过程，该过程将接收职位编码(Pcd)，返回职位描述(Description)和职位要求(RD)。

您用以下语法创建了一个过程：

```
CREATE PROCEDURE prcGetPos
      @Pcd char(4),@Description char(20), @RD int AS
BEGIN
   ...
END
```

当您从另一个过程执行此过程后，它却不会向调用过程返回任何值。正确的语法应该为(　　)

A.
```
CREATE PROCEDURE prcGetPos
  @Pcd char(4)OUTPUT,@Description char(20)OUTPUT, @RD int OUTPUT
AS
  BEGIN
  ...
  END
```

B.
```
CREATE PROCEDURE prcGetPos
  @Pcd char(4),@Description OUTPUT char(20), @RD int
AS
  BEGIN
  ...
  END
```

C.
```
ALTER PROCEDURE prcGetPos
  @Pcd char(4),@Description char(20), @RD int OUTPUT
AS
  BEGIN
  ...
  END
```

D.
```
CREATE PROCEDURE prcGetPos
  @Pcd char(4),@Description char(20)OUTPUT, @RD int OUTPUT
AS
  BEGIN
  ...
  END
```

4．某个服装批发商系统会在每个事务发生时自动更新所需的表格。向“订单”表格添加新的行后，“产品”表格中的 iQuantityOnHand 属性必须相应地减少。应该创建以下哪个触发器来确保以上更新？

A．“产品”表格上的插入触发器　　B．“订单”表格上的更新触发器

C．“订单”表格上的插入触发器　　D．“产品”表格上的更新触发器

二、填空题

1．SQL 触发器的类型从执行的时序上可以分为________和________。

2．用来修改数据库名的系统存储过程名为________。

3．单行注释的注释符为________，多行注释的注释符为________。

4．全局变量必须以标记符________开始，局部变量必须以标记符________开始。

5．T-SQL 中局部变量赋值有两种形式，分别是通过关键字________和________完成。

6．一个语句块以________语句开始，以________语句终止，作为一个完全独立的逻辑单元存在于流程控制语句之中。

上 机 练 习

1．创建一个存储过程(不带参数)proc1，从教师表查询“计科院”的教师信息，并执行该过程。

2．创建一个存储过程(带参数)proc2，从课程表中查询某门课程的学分。要查询的课程号通过输入参数传递给存储过程，并执行该过程。

3．在上题基础上创建存储过程 proc3，定义一个输出参数来存放查询得到的学分，并执行该过程。

4．将 proc1 改为“化工院”的教师信息，并执行该过程。

5．删除存储过程 proc2。

6．创建一个触发器 trg1，每次修改选课表时，自动将 ModifiedDate 设为当前时间(首先为选课表新增一列 ModifiedDate)。

第 13 章　C#开发数据库应用程序实训

【本章导读】

本章主要通过案例分析如何用 C#开发数据库应用程序，主要包括 C#数据的访问组件 ADO.NET、数据展示组件 DataGridView 的使用和如何开发一个具体的数据库应用百度外卖系统。通过本章学习，可以掌握开发具体数据库应用程序的基本方法，会对整个数据库系统有更好的理解和认识。

【学习目标】

(1) 理解 ADO.NET 的基本概念。
(2) 掌握 DataSet 模型。
(3) 掌握 C#访问数据库的基本方法。
(4) 掌握 C#数据库应用程序的开发方法。

13.1　C#访问数据库

13.1.1　ADO.NET 概述

ADO.NET 是 Microsoft 的新一代数据访问组件，是 ADO 组件的后继者，它提供了类、接口、结构和枚举类型的集合，用来在.NET 框架内处理数据访问。它提供一致的对象模型，可以存取和编辑各种数据源的数据，即对这些数据源提供了一致的数据处理方式。ADO.NET 保存和传递数据使用 XML 格式。可实现与其他平台应用程序以 XML 文件进行数据交换。ADO.NET 结构如图 13-1 所示。

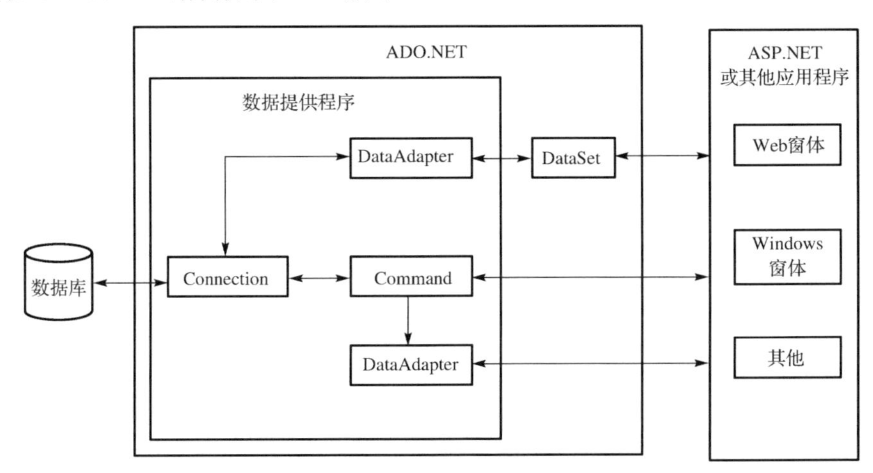

图 13-1　ADO.NET 结构

可以看到 ADO.NET 是应用程序和数据库的桥梁，通过 ADO.NET 应用程序就能访问数据库了。

思考：*为什么需要 ADO.NET？因为数据库一般在远程服务器上，而且访问数据库需要专用语言 SQL，而应用程序的语言一般为 C#、Java 等，不能直接操作数据库，所以必须借助一个中介机构来进行翻译处理。*

13.1.2　DataSet 对象

DataSet 是 ADO.NET 的中心概念。可以把 DataSet 当成内存中的数据库，DataSet 是不依赖于数据库的独立数据集合。所谓独立，就是说，即使断开数据连接或者关闭数据库，DataSet 依然是可用的，DataSet 在内部是用 XML 来描述数据的，由于 XML 是一种与平台无关、与语言无关的数据描述性语言，而且可以描述复杂关系的数据，如父子关系的数据，所以 DataSet 实际上可以容纳具有复杂关系的数据，而且不再依赖于数据库链路。DataSet 支持多表、表间关系、数据约束等，和关系数据库的模型基本一致。DataSet 的作用如图 13-2 所示。

DataSet 对象具有三大特性。

(1) 独立性。DataSet 独立于各种数据源。

(2) 离线（断开）和连接。

(3) DataSet 对象是一个可以用 XML 形式表示的数据视图，是一种数据关系视图。

DataSet 的内部结构如图 13-3 所示。

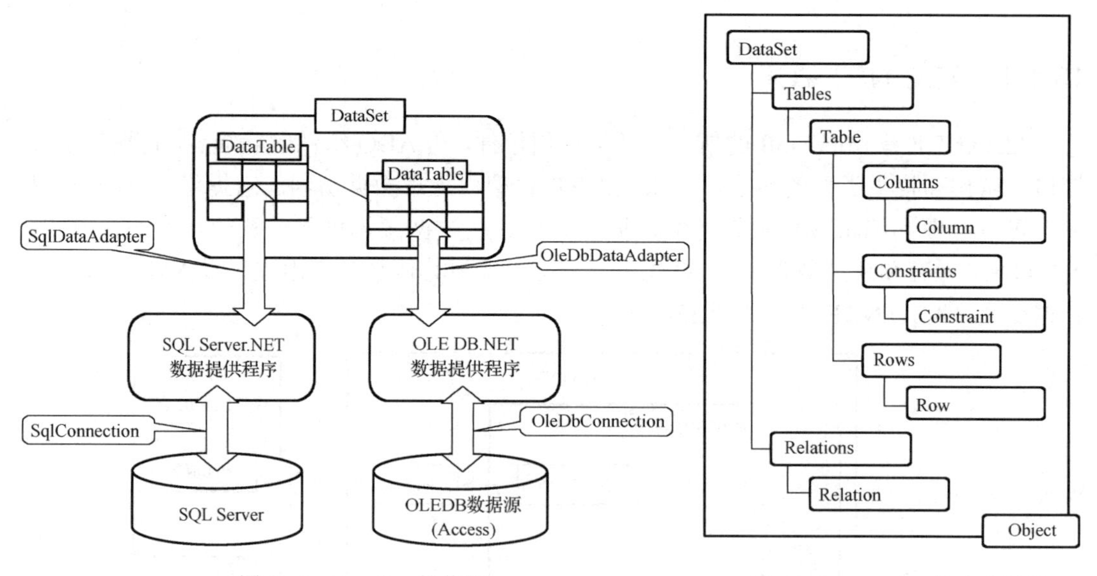

图 13-2　DataSet 的作用　　　图 13-3　DataSet 的内部结构

13.1.3　Connection 对象

Connection 类用于和要交互的数据源建立连接，在执行任何操作前（增、删、改、查）必须建立连接。Connection 是应用程序和数据库沟通的桥梁，通常根据数据模型应用的不同目的，可以将模型分为两大类，它们属于两个不同的层次，如图 13-4 所示。

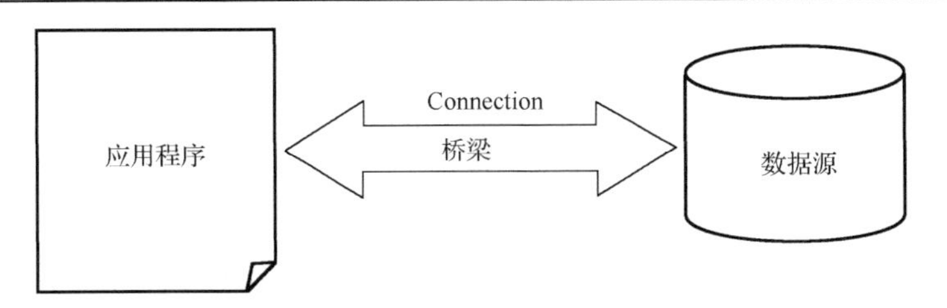

图 13-4　Connection 对象是应用程序和数据库沟通的桥梁

Connection 对象代表了与数据源之间的连接。.NET 框架中有两个 Connection 对象：一个是 OleDbConnection，用于大多数的数据库连接；一个是 SqlConnection，是 MS 开发的专门用于针对 SQL Server 的连接。在创建 Connection 对象之前，必须先引用 System.Data.OleDb 或者 System.Data.SqlClient 和 System.Data 三个名空间。Connection 对象的属性与方法如图 13-5 所示。

属性	说明
Connection String	连接字符串
方法	说明
Open	打开数据库连接
Close	关闭数据库连接

必须显式关闭连接

图 13-5　Connection 对象的属性与方法

使用 Connection 对象的方式如下：

```
string connstr="Data Source=localhost:Initial Catalog=Northwind:user
            id=sa:password=xxx":
using(SqlConnection connection=new SqlConnection(connStr))
{
  connection.Open():
  //Do work here.
}
```

其中，连接字符串的属性如图 13-6 所示。

连接字符串属性	描述
Data source	要连接的SQL Server实例的名称或网络地址
Initial catalog	初始连接的数据库名称
Integrated security	是否使用集成身份验证
Password或pwd	数据库密码
User ID或uid	数据库用户名

图 13-6　连接字符串属性

连接字符串记录了数据库的基本信息，有了这些信息才能访问这个数据库的数据。

13.1.4　Command 对象

每个.NET Framework 数据提供程序都具有一个 Command 对象。适用于 OLE DB 的 .NET Framework 数据提供程序包括一个 OleDbCommand 对象，适用于 SQL Server 的 .NET Framework 数据提供程序包括一个 SqlCommand 对象，适用于 ODBC 的 .NET Framework 数据提供程序包括一个 OdbcCommand 对象，适用于 Oracle 的 .NET Framework 数据提供程序包括一个 OracleCommand 对象。

应用程序与数据源的连接后，可以使用 DbCommand 对象执行命令并从数据源中返回结果，如图 13-7 所示。

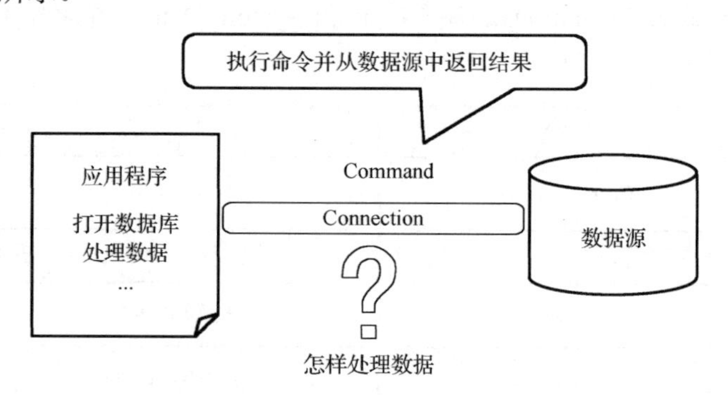

图 13-7　Command 对象示意图

Command 对象可以使用数据库命令直接与数据源进行通信。它的属性如下。

(1) Name：Command 对象的程序化名称。在代码中使用此名称来引用 Command 对象。

(2) Connection：对 Connection 对象的引用，Command 对象将使用该对象与数据库通信。

(3) CommandType：Text | StoreProduce | TableDirect。

(4) CommandText：SQL 语句 | StoreProduce。

(5) Parameters：命令对象包含的参数。

Command 对象的属性和方法如图 13-8 所示。

属性	说明
Connection	Command对象使用的数据库连接
CommandText	执行的SQL语句
方法	**说明**
ExecuteNonQuery	执行不返回行的语句，如UPDATE等
ExecuteReader	返回DataReader对象
ExecuteScalar	返回单个值，如执行COUNT(*)

图 13-8　Command 对象的属性与方法

使用 Command 的步骤如下。

(1) 创建数据库连接。
(2) 定义 SQL 语句。
(3) 创建 Command 对象。
(4) 执行命令。
以下为一个 Command 示例：

```
using System.Data.SqlClient;
namespace OpenCloseDB
{
  class Demo
   {
      static void Main()
       {
         string connString="Data Source=.;Initial Catalog= MySchool;User
                            ID = sa;Pwd = 123456";
         SqlConnection connection = new SqlConnection(connString);
         string sql = string.Format("Select count(*)from Student");
         SqlCommand objCommand = new SqlCommand(sql,connection);
         connection.Open();
         int number = (int)objCommand.ExecuteScalar();
         connection.Close();
         Console.WriteLine("共有{0}条记录",number);
         }
  }
}
```

13.1.5　DataAdapter 对象

DataAdapter 像一座桥梁，一头连起数据库表，一头连起一个 DataSet 或者 DataTable，在把数据库中的数据填充到 DataSet 或 DataTable 后就可以释放连接对象，不用再连接到数据库，而可以直接从 DataSet 或 DataTable 中获取数。

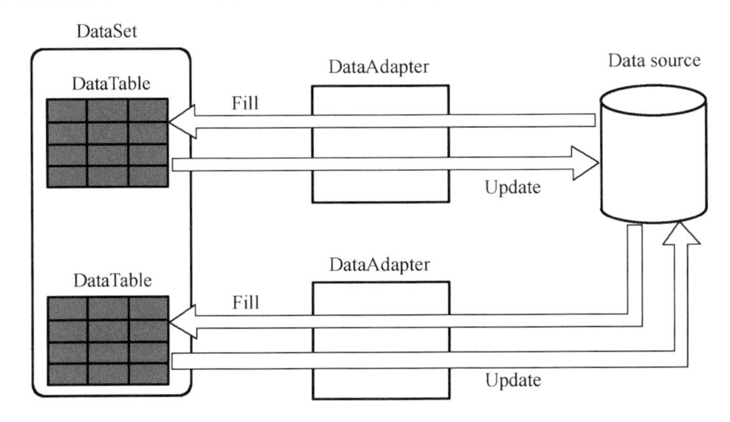

图 13-9　DataAdapter 对象作用图

DataApapter 本质上就是一个数据调配器。如图 13-9 所示，当我们需要查询数据时，它从数据库检索数据，并填充到本地的 DataSet 或者 DataTable 中；当需要更新数据库时，它将本地内存的数据路由到数据库，并执行更新命令。

```
using System.Collections.Generic;
using System.Linq;
using System.Text;
using System.Threading.Tasks;
using System.Data.SqlClient;                //引入命名空间
using System.Data;

namespace ConsoleApplication1
{
    class Program
    {
        static void Main(string[] args)
        {
            string conStr = "server=.;user=sa;pwd=123456;database=
                CustomerManagement";        //连接字符串
            SqlConnection conText = new SqlConnection(conStr);
                                            //创建 Connection 对象
            conText.Open();                 //打开数据库
             string sql = "select * from manager";//创建统计语句
             SqlDataAdapter da = new SqlDataAdapter(sql, conText);
                                            //创建 DataAdapter 对象
             DataSet ds = new DataSet();    //创建 DataSet 对象
             da.Fill(ds, "table");          //填充 DataSet
             Console.WriteLine("填充成功！");
            }
            catch (Exception ex)            //创建检查 Exception 对象
            {
                Console.WriteLine(ex.Message.ToString());//输出错误信息
            finally
            {
                conText.Close();            //关闭连接
            }
            Console.ReadLine();
        }
    }
}
```

13.1.6　C#访问数据库的一般方法

ADO.NET 访问数据库提供了两种方法，一种是用 Connection 连接，然后用 Command 执行，另一种是用 DataAdapter 执行，这两种方法有什么区别？分别在什么情况下适用？还有别的连接方法吗？

这个区别是比较明显的：①Command 用来执行语句，只是单纯地执行，如新增、删除、修改以及查找；②DataAdapter 则是数据适配器，用来填充数据集等容器(内部也实现了一些 Command 功能)。所以，显而易见，如果只是新增、删除、修改以及简单查找，则 Command 拥有极强的性能优势。如果用来填充一些数据集容器(特指执行查询)，则数据适配器是不二选择。具体的数据库访问流程如图 13-10 所示，建立 Connection 对象，定义 SQL 语句，根据 SQL 语句类型选择是使用 Command 还是 DataAdapter，执行对应操作，关闭连接对象。

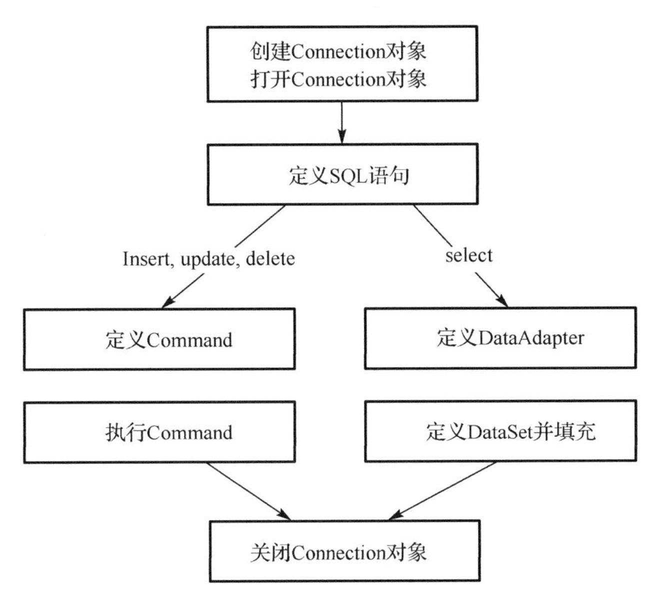

图 13-10　C#访问数据库的流程

我们可以定义一个数据访问类，用来解决 C#数据库的访问方式，上层应用只需要直接调用数据访问类的方法即可。

```
class DBHelper
    {
        private static string constr="User ID=sa;Password=123456;Persist
          Security Info=True;Initial Catalog=BaiDuWaiMaiDB;Data Source=.";
        private static SqlConnection con;
        private static SqlDataAdapter da;
        private static SqlCommand cmd;

        static  void Init()
        {
            con = new SqlConnection(constr);
            con.Open();
        }

        /// <summary>
        /// 查询方法
        /// </summary>
        /// <param name="sql">执行 select 语句</param>
```

```
        /// <returns></returns>
        public static DataSet Query(string sql)
        {
            Init();
            da = new SqlDataAdapter(sql,con );
            DataSet ds = new DataSet();
            da.Fill(ds);
            con.Close();
            return ds;

        }
        /// <summary>
        /// 执行 sql 中的 insert update,delete 语句
        /// </summary>
        /// <param name="sql">insert update,delete 语句</param>
        /// <returns></returns>
        public static bool ExcuteSql(string sql)
        {
            Init();
            cmd = new SqlCommand(sql, con);
            int rows = cmd.ExecuteNonQuery();
            if (rows > 0)return true;
            else return false;
        }
    }
```

百度外卖分析与设计

13.2　百度外卖分析与设计

13.2.1　需求分析

百度外卖是由百度打造的专业外卖服务平台，提供网络外卖订餐服务。于 2014 年 5 月 20 日正式推出，截至 2015 年 11 月，已覆盖全国 100 多个大中型城市，吸引了几十万家优质餐饮商家入驻，现平台注册用户量已经达到了 3000 多万，在白领外卖市场实现份额第一，是业界非常有品质的外卖平台。

订餐可以通过 PC 端网站、独立手机 APP、微信公共账号“百度外卖”以及百度地图“附近”功能来进行操作。百度外卖十分在乎品质和用户体验，消费者可以基于地理位置搜索到附近的正餐快餐、小吃甜点、咖啡蛋糕等外卖信息，可自由选择配送时间、支付方式，并添加备注和发票信息，随时随地下单，快速配送到手，完成一次足不出户的美味体验。

13.2.2　功能分析

(1)餐厅查询界面如图 13-11 所示。

图 13-11　餐厅查询界面

(2) 餐厅菜品界面如图 13-12 所示。

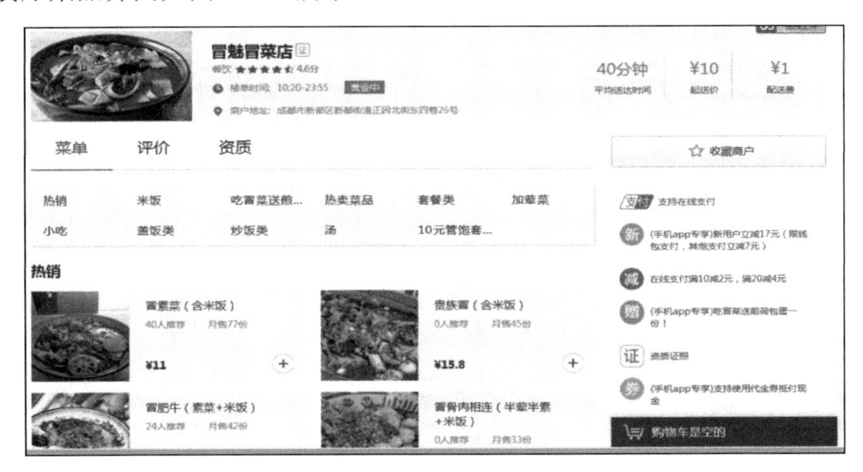

图 13-12　餐厅菜品界面

(3) 餐厅评价界面如图 13-13 所示。

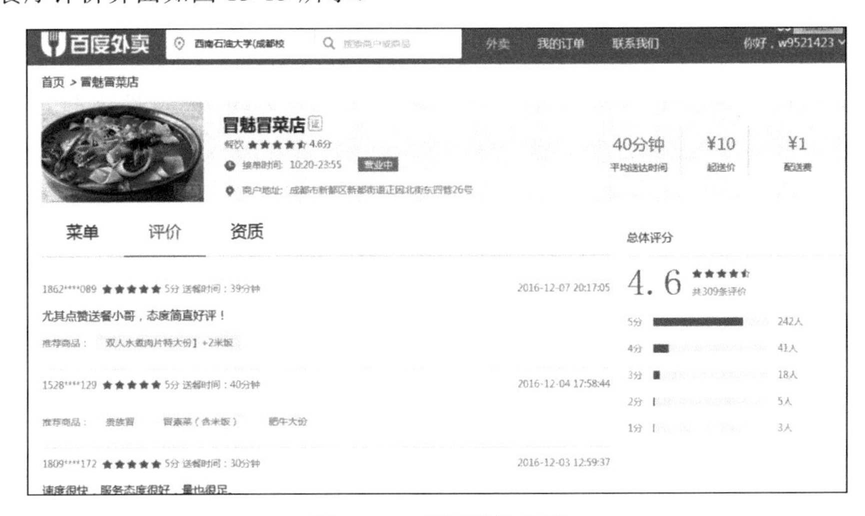

图 13-13　餐厅评价界面

(4)购物车界面如图 13-14 所示。

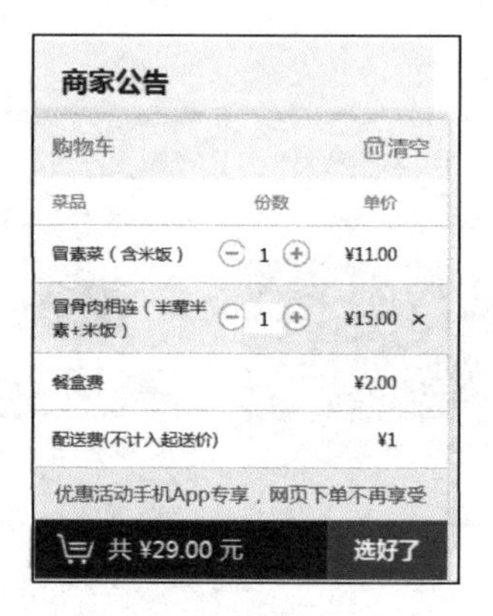

图 13-14　购物车界面

(5)用户注册界面如图 13-15 所示。

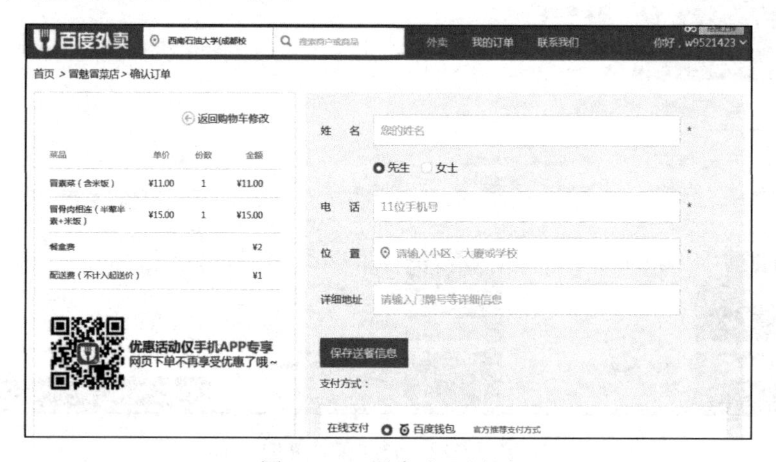

图 13-15　用户注册界面

13.2.3　数据库设计

分析百度外卖的功能，要实现百度外卖的功能，设计如图 13-16 所示的 E-R 图。

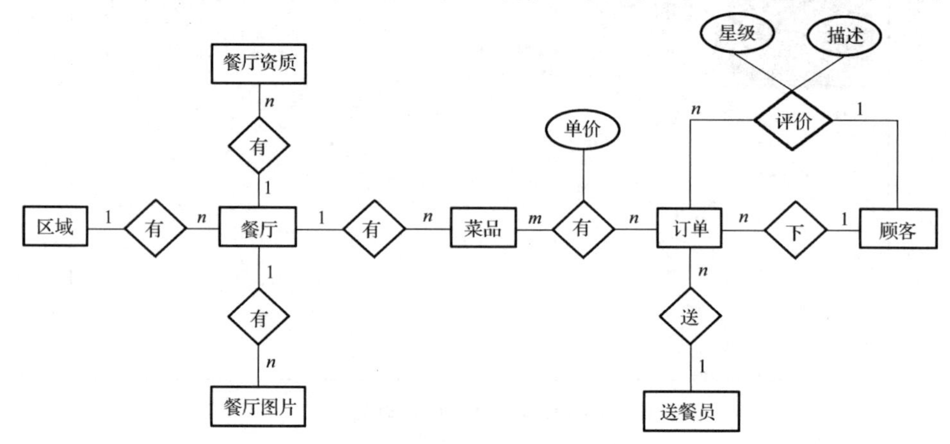

图 13-16　百度外卖 E-R 图设计

将 E-R 图转换为数据表，如表 13-1～表 13-11 所示。

表 13-1　区域(Area)

序号	中文	字段名	数据类型	主键	说明
1	区域 ID	AreaID	varchar(20)	PK	
2	区域名	AreaName	varchar(50)		
说明	区域 ID 按编码表示，例如 01 表示北京 0101 海淀区 010101 清华大学 010102 中关村 02 表示成都 0201 表示新都 020101 西南石油大学 020102 桂湖公园 020103 家乐福 ….				

表 13-2　餐厅(Restaurant)

序号	中文	字段名	数据类型	主键	说明
1	餐厅 ID	RestaurantID	int	PK	自增
2	区域 ID	AreaID	varchar(20)	FK	
3	餐厅名	RestaurantName	varchar(50)		
4	GPS 坐标 x	GpsX	varchar(50)		
5	GPS 坐标 y	GpsY	varchar(50)		
6	地址	Address	varchar(150)		
7	接单说明	Decription	varchar(150)		
8	是否认证	IsCerticate	char(2)		是/否
9	起送价	LowPrice	float		
10	配送费	DeliveryFee	float		
11	餐厅标识图片	Logo	varchar(150)		

表 13-3　餐厅图片(Restaurant Picture)

序号	中文	字段名	数据类型	主键	说明
1	餐厅图片 ID	RestaurantPictureID	int	PK	自增
2	餐厅 ID	RestaurantID	int	FK	
3	图片描述	Descrption	varchar(100)		
4	图片路径	PicturePath	varchar(150)		

表 13-4　餐厅资质(Restaurant Qualification)

序号	中文	字段名	数据类型	主键	说明
1	餐厅资质 ID	RestaurantQualification ID	int	PK	自增
2	餐厅 ID	RestaurantID	int	FK	
3	图片描述	Descrption	varchar(100)		
4	图片路径	PicturePath	varchar(150)		

表 13-5 餐厅评价(Restaurant Evaluate)

序号	中文	字段名	数据类型	主键	说明
1	餐厅图片 ID	RestaurantEvaluateID	int	PK	自增
2	餐厅 ID	RestaurantID	int	FK	
3	星级	Star	int		1～5
4	描述	Description	varchar(150)		

表 13-6 菜品(Dishes)

序号	中文	字段名	数据类型	主键	说明
1	菜品 ID	DishesID	int	PK	自增
2	餐厅 ID	RestaurantID	int	FK	
3	菜品名	DishesName	varchar(50)		
4	价格	Price	float		
5	图片路径	PicturePath	varchar(150)		

表 13-7 顾客(Customer)

序号	中文	字段名	数据类型	主键	说明
1	顾客 ID	CustomerID	int	PK	自增
2	顾客名	CustomerName	varchar(50)		
3	地址	Address	varchar(50)		
4	手机	Phone	varchar(50)		
5	密码	Password	varchar(50)		

表 13-8 订单(Order)

序号	中文	字段名	数据类型	主键	说明
1	订单 ID	OrderID	int	PK	自增
2	顾客 ID	CustomerID	int	FK	
3	下单时间	OrderDatetime	datetime		
4	总价	TotalPrice	float		
5	订单状态	OrderStatus	varchar(20)		未支付 已支付
6	送餐状态	CourierStatus	varchar(20)		未送餐 已送餐

表 13-9 订单细节(Order Detail)

序号	中文	字段名	数据类型	主键	说明
1	订单细节 ID	OrderDetailID	int	PK	自增
2	订单 ID	OrderID	int	FK	
3	菜品 ID	DishesID	int	FK	
4	数量	Num	datetime		
5	单价	Price	float		

表 13-10　送餐员(Courier)

序号	中文	字段名	数据类型	主键	说明
1	送餐员 ID	CourierID	int	PK	自增
2	送餐员名	CourierName	varchar(50)		
3	手机	Phone	varchar(50)		

表 13-11　送餐信息(Deliver Info)

序号	中文	字段名	数据类型	主键	说明
1	送餐信息 ID	DeliverInfoID	int	PK	自增
2	订单 ID	OrderDetailID	int	FK	
3	送餐员 ID	CourierID	int	FK	
4	送餐地址	Address	varchar(150)		
5	联系电话	Phone	varchar(50)		
6	接餐时间	GetDateTime	datetime		

13.2.4 数据库的创建

在 SQL Server 中执行如下代码，创建数据库及表。

```
CREATE DATABASE BaiDuWaiMaiDB
USE BaiDuWaiMaiDB
CREATE TABLE Area
(
  AreaID Varchar(20)  primary key,
  AreaName Varchar(50)
)
INSERT INTO Area  VALUES('01','北京')
INSERT INTO Area  VALUES('0101','海淀区')
INSERT INTO Area  VALUES('010101','清华大学')
INSERT INTO Area  VALUES('010102','中关村')
INSERT INTO Area  VALUES('02','成都')
INSERT INTO Area  VALUES('0201','新都区')
INSERT INTO Area  VALUES('020101','西南石油大学')
INSERT INTO Area  VALUES('020102','中关村')

CREATE TABLE Restaurant
(
  RestaurantID int identity (1,1)primary key,
  AreaID Varchar(20)references Area(AreaID),
  RestaurantName Varchar(50),
  GpsX Varchar(50),
  GpsY Varchar(50),
  Addres Varchar(150),
  Decription Varchar(150),
  IsCerticate Char(2),
  LowPrice float,
```

```
    DeliveryFee float,
    Logo Varchar(150)
)
INSERT INTO Restaurant(  AreaID ,   RestaurantName ,
    Addres, Decription ,   IsCerticate ,
    LowPrice,   DeliveryFee )
VALUES('020101','绝味鸭脖','新都区正因南街 87 号',
'最美味的鸭脖','是',0,3.5)

INSERT INTO Restaurant(  AreaID ,   RestaurantName ,
    Addres, Decription ,   IsCerticate ,
    LowPrice,   DeliveryFee )
VALUES('020101','摇摇茶(状元店)','新都区新都街道状元街 102 号',
'美味奶茶','是',15,0)

INSERT INTO Restaurant(  AreaID ,   RestaurantName ,
    Addres, Decription ,   IsCerticate ,
    LowPrice,   DeliveryFee )
VALUES('020101','中国兰州牛肉拉面','新都区新都街道正因社区大学路 100 号',
'正宗拉面','是',0,0)

INSERT INTO Restaurant(  AreaID ,   RestaurantName ,
    Addres, Decription ,   IsCerticate ,
    LowPrice,   DeliveryFee )
VALUES('020101','千寻冒菜','新都区新都街道正因南街西十巷 16 号',
'冒菜就是这个味','是',12,0.5)
INSERT INTO Restaurant(  AreaID ,   RestaurantName ,
    Addres, Decription ,   IsCerticate ,
    LowPrice,   DeliveryFee )
VALUES('020101','奇味干锅','新都区新都街道正因南街西五巷 17-21 号',
'吃干锅到奇味','是',10,0)
SELECT * FROM Restaurant

CREATE TABLE RestaurantPicture
(
    RestaurantPictureID int identity (1,1)primary key,
    RestaurantID int references Restaurant(RestaurantID),
    Descrption Varchar(100),
    PicturePath Varchar(150)
)

CREATE TABLE RestaurantQualification
(
    RestaurantQualificationID int identity (1,1)primary key,
    RestaurantID int references Restaurant(RestaurantID),
    Descrption Varchar(100),
    PicturePath Varchar(150)
```

```
)
CREATE TABLE Dishes
(
   DishesID int identity (1,1)primary key,
   RestaurantID int references Restaurant(RestaurantID),
   DishesName Varchar(50),
   Price float,
   PicturePath Varchar(150)
)
INSERT INTO Dishes(RestaurantID,DishesName,Price)
VALUES(1,'绝味鸡翅尖',10)
INSERT INTO Dishes(RestaurantID,DishesName,Price)
VALUES(1,'绝味鸭脖(微辣)',12)
INSERT INTO Dishes(RestaurantID,DishesName,Price)
VALUES(1,'绝味鸭架(麻辣)',12)
INSERT INTO Dishes(RestaurantID,DishesName,Price)
VALUES(1,'绝味鸡爪(麻辣)',2)
INSERT INTO Dishes(RestaurantID,DishesName,Price)
VALUES(1,'绝味虾(麻辣)',25)
INSERT INTO Dishes(RestaurantID,DishesName,Price)
VALUES(1,'绝味鸭心(麻辣)',10)

INSERT INTO Dishes(RestaurantID,DishesName,Price)
VALUES(5,'素什锦 1 斤+米饭 1 碗',12)
INSERT INTO Dishes(RestaurantID,DishesName,Price)
VALUES(5,'撒尿牛丸套餐(含饭)',13)
INSERT INTO Dishes(RestaurantID,DishesName,Price)
VALUES(5,'开花肠套餐(含饭)',12)
INSERT INTO Dishes(RestaurantID,DishesName,Price)
VALUES(5,'鱼豆腐套餐(含饭)',13)
INSERT INTO Dishes(RestaurantID,DishesName,Price)
VALUES(5,'火腿肠套餐(含饭)',11)

INSERT INTO Dishes(RestaurantID,DishesName,Price)
VALUES(2,'珍珠奶茶',7)
INSERT INTO Dishes(RestaurantID,DishesName,Price)
VALUES(2,'章鱼小丸子',7)
INSERT INTO Dishes(RestaurantID,DishesName,Price)
VALUES(2,'麦可可+奥利奥奶茶',18)
SELECT * FROM Dishes

CREATE TABLE Customer
(
   CustomerID int identity (1,1)primary key,
   CustomerName Varchar(50),
   Addres Varchar(50),
   Phone Varchar(50)
```

```
)
INSERT INTO Customer(CustomerName,Addres,Phone)
VALUES('小明','学生宿舍 3-1-2',17788884444)
INSERT INTO Customer(CustomerName,Addres,Phone)
VALUES('小李','学生宿舍 1-1-5',13345678901)
INSERT INTO Customer(CustomerName,Addres,Phone)
VALUES('小赵','学生宿舍 5-3-5',13975679991)

CREATE TABLE Orders
(
  OrderID int identity (1,1)primary key,
  CustomerID int references Customer(CustomerID),
  OrderDatetime Datetime,
  TotalPrice float,
  OrderStatus Varchar(20),
  CourierStatus Varchar(20)
)
INSERT INTO Orders(CustomerID,OrderDatetime,TotalPrice,OrderStatus,CourierStatus)
VALUES(1,'2017-1-09 21:32:12',10,'未支付','未送餐')
INSERT INTO Orders(CustomerID,OrderDatetime,TotalPrice,OrderStatus,CourierStatus)
VALUES(1,'2017-1-09 22:32:12',24,'未支付','未送餐')
INSERT INTO Orders(CustomerID,OrderDatetime,TotalPrice,OrderStatus,CourierStatus)
VALUES(1,'2017-1-19 18:32:12',13,'已支付','已送餐')

INSERT INTO Orders(CustomerID,OrderDatetime,TotalPrice,OrderStatus,CourierStatus)
VALUES(2,'2017-2-19 16:32:12',10,'已支付','未送餐')
INSERT INTO Orders(CustomerID,OrderDatetime,TotalPrice,OrderStatus,CourierStatus)
VALUES(2,'2017-2-27 21:32:12',24,'未支付','未送餐')
INSERT INTO Orders(CustomerID,OrderDatetime,TotalPrice,OrderStatus,CourierStatus)
VALUES(2,'2017-3-18 19:32:12',13,'已支付','已送餐')
SELECT * FROM Orders
CREATE TABLE OrderDetail
(
  OrderDetailID int identity (1,1)primary key,
  OrderID int  references Orders(OrderID),
  DishesID int references Dishes(DishesID),
  Num int,
  Price float)
INSERT INTO OrderDetail(OrderID,DishesID,Num,Price)
VALUES(2,1,1,10)
INSERT INTO OrderDetail(OrderID,DishesID,Num,Price)
VALUES(3,2,1,12)
INSERT INTO OrderDetail(OrderID,DishesID,Num,Price)
VALUES(3,3,1,12)
INSERT INTO OrderDetail(OrderID,DishesID,Num,Price)
VALUES(4,8,1,13)
```

```
INSERT INTO OrderDetail(OrderID,DishesID,Num,Price)
VALUES(5,1,1,10)
INSERT INTO OrderDetail(OrderID,DishesID,Num,Price)
VALUES(6,2,1,12)
INSERT INTO OrderDetail(OrderID,DishesID,Num,Price)
VALUES(6,3,1,12)
INSERT INTO OrderDetail(OrderID,DishesID,Num,Price)
VALUES(7,8,1,13)
SELECT * FROM OrderDetail

CREATE TABLE RestaurantEvaluate
(
  RestaurantEvaluateID int identity (1,1)primary key,
  OrderID int references Orders(OrderID),
  CustomerID int references Customer(CustomerID),
  Star int,
  Descrption Varchar(150)
)
SELECT * FROM Orders
INSERT INTO RestaurantEvaluate(OrderID,CustomerID,Star,Descrption)
VALUES(2,1,5,'快递小哥帅呆了')
INSERT INTO RestaurantEvaluate(OrderID,CustomerID,Star,Descrption)
VALUES(3,1,3,'这个不好吃')
INSERT INTO RestaurantEvaluate(OrderID,CustomerID,Star,Descrption)
VALUES(4,1,3,'哥下顿还吃这个')

INSERT INTO RestaurantEvaluate(OrderID,CustomerID,Star,Descrption)
VALUES(5,2,5,'正是我喜欢的')
INSERT INTO RestaurantEvaluate(OrderID,CustomerID,Star,Descrption)
VALUES(5,2,4,'好好吃')
INSERT INTO RestaurantEvaluate(OrderID,CustomerID,Star,Descrption)
VALUES(5,2,4,'味道不错')

CREATE TABLE Courier
(
  CourierID int identity (1,1)primary key,
  CourierName Varchar(50),
  Phone Varchar(50)
)
INSERT INTO Courier(CourierName,Phone)
VALUES('神行太保','15544332211')
INSERT INTO Courier(CourierName,Phone)
VALUES('快如风','13541322211')
INSERT INTO Courier(CourierName,Phone)
VALUES('送必达','17571372711')

CREATE TABLE DeliverInfo
```

```
(
   DeliverInfoID int identity (1,1)primary key,
   OrderID int references Orders(OrderID),
   CourierID int references Courier(CourierID),
   Addres Varchar(150),
   Phone Varchar(50),
   GetDateTime Datetime
)
SELECT * FROM Orders
SELECT * FROM Customer
INSERT INTO DeliverInfo(OrderID,CourierID,Addres,Phone)
VALUES(2,1,'学生宿舍 3-1-2','17788884444')
INSERT INTO DeliverInfo(OrderID,CourierID,Addres,Phone)
VALUES(3,2,'学生宿舍 3-1-2','17788884444')
INSERT INTO DeliverInfo(OrderID,CourierID,Addres,Phone)
VALUES(4,1,'学生宿舍 3-1-2','17788884444')
INSERT INTO DeliverInfo(OrderID,CourierID,Addres,Phone)
VALUES(5,1,'学生宿舍 1-1-5','13345678901')
INSERT INTO DeliverInfo(OrderID,CourierID,Addres,Phone)
VALUES(6,2,'学生宿舍 1-1-5','13345678901')
INSERT INTO DeliverInfo(OrderID,CourierID,Addres,Phone)
VALUES(7,2,'学生宿舍 1-1-5','13345678901')
```

13.3 小　　结

本章首先讲述了 ADO.NET 的概念，然后介绍了其中几个核心对象，包括 DataSet、Connection、Command、Adapter 对象。对这几个对象的机理及使用方法进行了介绍。然后对 C#访问数据库进行了归纳总结。

最后本章以百度外卖为例，通过对百度外卖网站的分析，设计了其 E-R 模型，并将其转化为关系表，用 WINFORM 窗体的形式实现了百度外卖的核心功能：用户注册、餐厅查询、点单、下单及餐厅注册和查询功能。通过该案例，可以更深入地掌握数据库应用程序的开发方法。

习　　题

一、选择题

1．employee 是 SQL Server 数据库中的一个数据表，为执行下列 SQL 语句：

```
insert into employee  values(10,tom,1997)
```

应调用命令对象(Command 对象)的哪个方法：(　　)。

A．executescalar　　B．executexmlreader

C．executereader　　D．executenonquery

2．在 ADO.NET 中，为访问 DataTable 对象从数据源提取的数据行，可使用 DataTable 对象的(　　)属性。

A．Rows　　　　B．Columns

C．Constraints　　　　D．DataSet

3．在 ADO.NET 中,执行数据库的某个存储过程，至少需要创建(　　)并设置它们的属性,调用合适的方法。

A．一个 Connection 对象和一个 Command 对象

B．一个 Connection 对象和 DataSet 对象

C．一个 Command 对象和一个 DataSet 对象

D．一个 Command 对象和一个 DataAdapter 对象

4．.NET 框架中用来访问数据库数据的组件集合称为(　　)。

A．ADO　　　　B．ADO.NET

C．COM+　　　　D．Data Service.NET

5．在使用 ADO.NET 设计数据库应用程序时，可通过设置 Connection 对象的(　　)属性来指定连接到数据库时的用户和密码信息。

A．ConnectionString　　　　B．DataSource

C．UserInformation　　　　D．Provider

6．产品的信息存储在 SQL Server 数据库上，用 SqlConnection 对象连接数据库。SQL Server 计算机名为 SerA，产品信息数据库名为 SalesDB，包含产品信息的表名为 Products. 用 SQL Server 用户账号 WebApp，口令为 Good123 连接 SalesDB.需要设置 SqlConnection 对象的 ConnectionString 属性，该用哪个字符串(　　)。

A．"Provider=SQLOLEDB.1; File Name ="Data\MyFile.udl"

B．"Provider=MSDASQL; Data Source=SerA; Initial Catalog=SalesDB; User ID=WebApp; Password= Good123"

C．"Data Source= SerA; Initial Catalog=SalesDB; User ID=WebApp; Password=Good123"

D．"Data Source= SerA; Database=SalesDB; Initial File Name=Products; User ID=WebApp; Pwd= Good123"

7．dt 为 DataTable 对象，将第 0 行的 UserName 修改为“张三”，以下正确的是(　　)。

A．dt.Rows[0][“UserName”] =“张三”;

B．dt.Columns[“UserName”].ColumnName =“张三”;

C．dt.Rows[“UserName”] =“张三”;

D．dt.Rows[0].UserName =“张三”;

二、简答题

1．简述 System.Data 命名空间的中心构件及其组成。

2．画图表示 DataTable 的组成结构。

3．画图表示 DataSet 数据集的组成。

第 14 章　数据库新技术

【本章导读】

数据库技术从 20 世纪 70 年代流行的层次、网状数据库系统到 80 年代的关系数据库，在很多领域都取得了巨大的成功；随着应用领域的不断扩展，关系数据库的限制和不足日益显现出来。数据库技术与网络技术、人工智能技术、面向对象技术、并行计算技术、多媒体技术等的相互融合，为数据库技术的应用开拓了更广阔的空间。

本章全面介绍各种新的数据库技术，对其概念、特点、原理进行初步介绍。其中每种数据库技术的概念和原理是本章的重点，也是掌握本章的难点所在。

【学习目标】

(1) 了解数据库新技术设计的概念。

(2) 理解数据库新技术的原理。

云数据库和分布式数据库据

14.1　云数据库及分布式数据库

14.1.1　云数据库

云数据库是部署和虚拟化在云计算环境中的数据库。云数据库是在云计算的大背景下发展起来的一种新兴的共享基础架构的方法，它极大地增强了数据库的存储能力，消除了人员、硬件、软件的重复配置，让软、硬件升级变得更加容易。云数据库具有高可扩展性、高可用性、采用多组形式和支持资源有效分发等特点。云数据库的架构如图 14-1 所示。

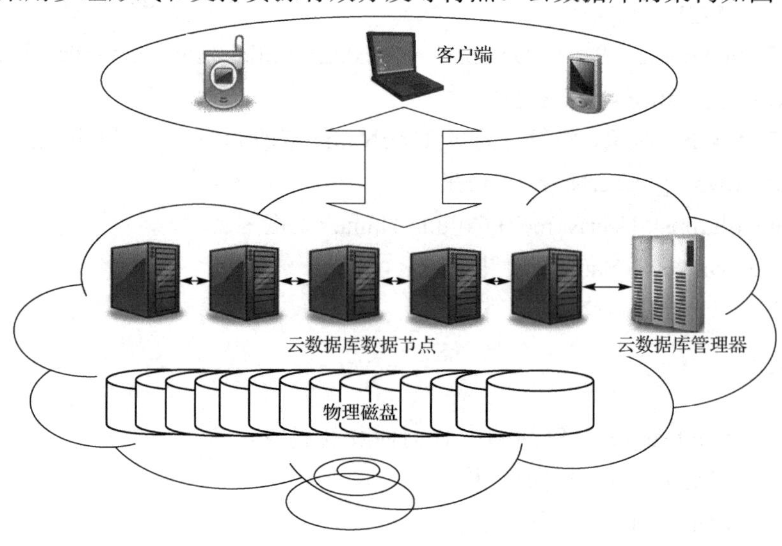

图 14-1　云数据库的架构

1. 云数据库特征

将一个现有的数据库优化到云环境有以下好处：可以使用户按照存储容量和带宽的需求付费，可以将数据库从一个地方移到另一个地方(云的可移植性)，可实现按需扩展，高可用性(HA)。云数据库具有如下特征：①动态可扩展；②高可用性；③较低的使用代价；④易用性；⑤高性能；⑥免维护；⑦安全的特征。

将数据库部署到云可以简化通过 Web 网络连接的业务进程，支持和确保云中的业务应用程序作为软件即服务部署的一部分。另外，将企业数据库部署到云还可以实现存储整合。例如，一个有多个部门的大公司肯定也有多个数据库，可以把这些数据库在云环境中整合成一个数据库管理系统。常见的云数据库如表 14-1 所示。

表 14-1　常见的云数据库

企业	产品
Amazon	Dynamo、SimpleDB、RDS
Google	Google Cloud SQL
Microsoft	Microsoft SQL Azure
Oracle	Oracle Cloud
阿里	阿里云 RDS
百度	百度云数据库
腾讯	腾讯云数据库

2. 云数据库与其他数据库的关系

从数据模型的角度来说，云数据库并非一种全新的数据库技术，而只是以服务的方式提供数据库功能。云数据库并没有专属于自己的数据模型，云数据库所采用的数据模型可以是关系数据库所使用的关系模型(微软的 SQL Azure 云数据库、阿里云 RDS 都采用了关系模型)，也可以是 NoSQL 数据库所使用的非关系模型(Amazon Dynamo 云数据库采用的是“键/值”存储)。同一个公司也可能提供采用不同数据模型的多种云数据库服务，许多公司在开发云数据库时，后端数据库都是直接使用现有的各种关系数据库或 NoSQL 数据库产品。

14.1.2　分布式数据库

分布式数据库系统通常使用较小的计算机系统，每台计算机可单独放在一个地方，每台计算机中都可能有一份 DBMS 的完整副本，或者部分副本，并具有自己局部的数据库，位于不同地点的许多计算机通过网络互相连接，共同组成一个完整的、全局的逻辑上集中、物理上分布的大型数据库。

1. 分布式数据库的性质与特点

1) 分布式数据库性质

(1) 自主性：单个 DBMS 的本地运算不因多数据库系统中其他 DBMS 的加入而受影响；单个 DBMS 处理查询和优化查询的方式不受访问多数据库的全局查询执行的影响；系统已执行的操作在单个 DBMS 加入或者离开多数据库联盟时不会受到伤害。

(2) 异质性：硬件的异质性；网络协议的差异性；数据管理器的多样性。

(3) 分布性：数据分布、控制分布、管理分布。

2) 分布式数据库特点

(1) 在分布式数据库系统里不强调集中控制概念，它具有一个以全局数据库管理员为基础的分层控制结构，但是每个局部数据库管理员都具有高度的自主权。

(2) 在分布式数据库系统中数据独立性概念也同样重要，然而增加了一个新的概念，就是分布式透明性。分布式透明性就是在编写程序时好像数据没有被分布一样，因此把数据进行转移不会影响程序的正确性，但程序的执行速度会有所降低。

(3) 集中式数据库系统不同，数据冗余在分布式系统中被看作所需要的特性，其原因在于：首先，如果在需要的节点复制数据，则可以提高局部的应用性；其次，当某节点发生故障时，可以操作其他节点上的复制数据，因此这可以增加系统的有效性。当然，在分布式系统中对最佳冗余度的评价是很复杂的。

2. 区块链与分布式数据库

区块链技术是利用块链式数据结构来验证与存储数据、利用分布式节点共识算法来生成和更新数据、利用密码学的方式保证数据传输和访问的安全、利用由自动化脚本代码组成的智能合约来编程和操作数据的一种全新的分布式基础架构与计算方式。区块链本质就是一种特殊的分布式数据库。区块链分布式架构如图 14-2 所示。

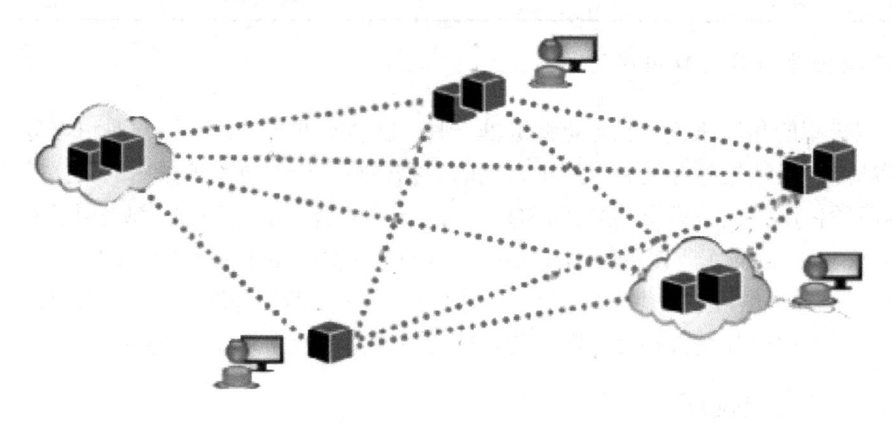

图 14-2　区块链分布式架构

首先，区块链的主要作用是存储信息。任何需要保存的信息，都可以写入区块链，也可以从里面读取，所以它是数据库。

其次，任何人都可以架设服务器，加入区块链网络，成为一个节点。区块链的世界里面，没有中心节点，每个节点都是平等的，都保存着整个数据库。用户可以向任何一个节点写入/读取数据，因为所有节点最后都会同步，保证区块链一致。

区块链没有管理员，它是彻底无中心的。其他的数据库都有管理员，但是区块链没有。如果有人想对区块链添加审核，也实现不了，因为它的设计目标就是防止出现居于中心地位的管理当局。

区块结构包含两个部分。

(1) 区块头(Head)：记录当前区块的元信息。

(2) 区块体(Body)：实际数据。

区块结构如图 14-3 所示。

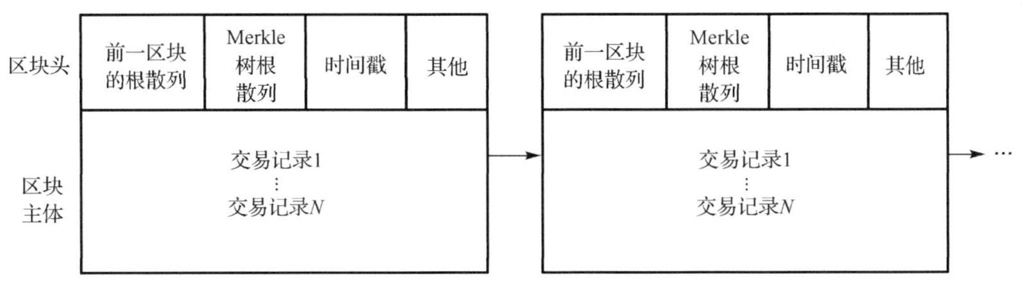

图 14-3　区块结构

区块链工作原理，这里以转账为例进行说明：目前转账都是中心化的，如图 14-4 所示左边部分，银行是一个中心化账本，例如，A 账号里有 400 元，B 账号里有 100 元。当 A 要转 100 元给 B 时，A 要通过银行提交转账申请，银行验证通过后，就从 A 账号上扣除 100 元，B 账号增加 100 元。计算后 A 账号扣除 100 元后余额为 300 元，B 账号加上 100 元后余额为 200 元。

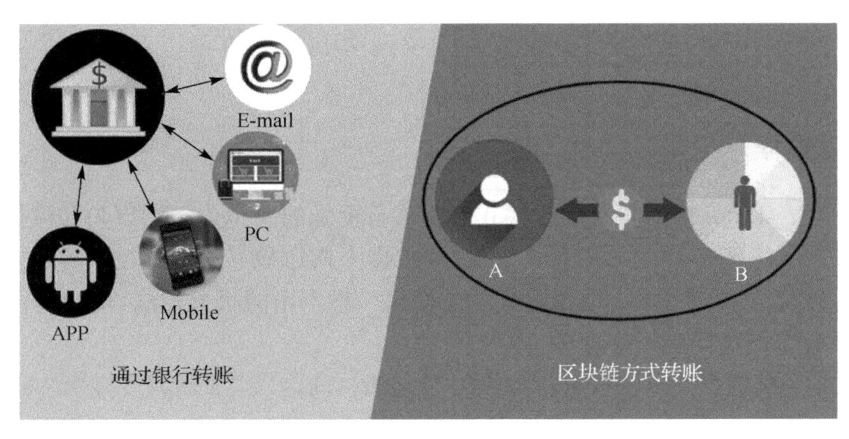

图 14-4　银行转账与区块链转账

区块链上转账是直接转账，无中间环节，如图 14-5 所示右边部分。其步骤则是：A 要转账给 B 100 元，A 就会在网络上把要转账的这个信息告诉大家，大家会去查看 A 账户上是否有足够的钱去完成这个转账，如果验证通过，大家就把这个信息都记录到自己的计算机中的区块链中，且每个人记入的信息都是同步一致的，这样 A 就顺利将 100 元转移到了 B 的账户上。可以看到这中间并不需要银行，如图 14-5 所示。

区块链作为无人管理的分布式数据库，从 2009 年开始已经运行了 8 年，没有出现大的问题。这证明它是可行的。但是，为了保证数据的可靠性，区块链也有自己的代价。一是效率，数据写入区块链，最少要等待十分钟，所有节点都同步数据，则需要更多的时间；二是能耗，区块的生成需要矿工进行无数无意义的计算，这是非常耗费能源的。因此，区块链的适用场景非常有限。当不存在所有成员都信任的管理当局，写入的数据要求实时使用如果无法满足上述的条件，那么传统的数据库是更好的解决方案。

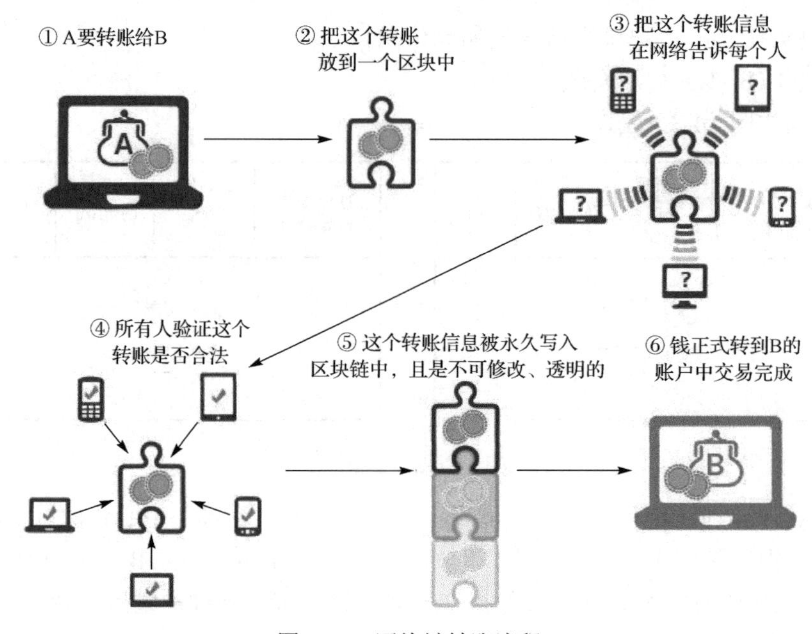

图 14-5　区块链转账流程

大数据和
主动数据库

14.2　大数据及主动数据库

14.2.1　大数据

大数据(Big Data)指需要新处理模式才能具有更强的决策力、洞察力和流程优化能力的海量、高增长率和多样化的信息资产。“大数据”概念最早由维克托·迈尔·舍恩伯格和肯尼斯·库克耶在编写《大数据时代》中提出，指不用随机分析法(抽样调查)的捷径，而是采用所有数据进行分析处理。

大数据有 4V 特点，即 Volume(大量)、Velocity(高速)、Variety(多样)、Value(价值)。第一，数据体量巨大，大数据的起始计量单位至少是 P(1000 个 T)、E(100 万个 T)或 Z(10 亿个 T)；第二，数据类型繁多，比如，网络日志、视频、图片、地理位置信息等；第三，价值密度低，商业价值高；第四，处理速度快，最后这一点也是和传统的数据挖掘技术有着本质的不同。

1. 主要的大数据技术

依据相应的数据处理流程，大数据技术主要包括大数据采集与预处理技术，大数据存储与管理技术、大数据分析技术、大数据计算技术和大数据呈现技术等。

大数据采集与预处理技术用于解决数据来源和数据质量等问题，主要包括异构数据库集成、WEB 信息实体识别、传感器网络数据融合、数据清洗和数据质量控制等。

从某种意义上来说，大数据的存储与管理技术，能够用来解决大数据的可靠存储和快速检索访问等问题，主要包括分布式文件系统、分布式数据库、大数据索引和查询、实时/流式大数据存储与处理等。

大数据计算技术用于解决分布式高速并行计算问题，主要包括分布式查询计算技术、批处理计算、流式计算、迭代计算、图计算、内存计算等。

大数据分析技术用于揭示规律、发现线索、探寻答案问题，主要包括数据挖掘、机器学习、模式识别、聚类分析等技术。

大数据呈现技术用于将数据分析结果显示给用户，使得用户能够更清晰、方便、深入理解数据分析结果，主要包括可视化技术、历史流展示技术、空间流展示技术等。

2. 大数据应用

利用电子商务平台所拥有的大数据，对客户的行为进行大数据挖掘分析，提供了相似选购行为分析-用于推荐相似产品-经典台词是“看过本商品的顾客还看了”；提供了相似购买行为分析-用于推荐组合产品-经典台词是“购买本商品的顾客还购买了”；根据客户的浏览历史预测客户喜好分析-用于推荐最适合的产品-经典台词是“建议购买以下产品”。

利用社区网站所拥有的大数据，根据用户上网行为向用户推送定向广告。如根据用户在新浪微博中的“男士休闲服”的话题，为用户推荐淘宝店中出售的休闲套装；根据用户的身份信息，为用户推荐的产品基本符合我的年龄、身份和喜好；并根据用户对套装的关注，为用户推荐黄金绒的牛仔裤；根据用户的喜好和评介，将类似的产品推荐给用户的好友。

目前，大数据已在社会各领域进行了应用，从应用方向上看，在实现了大数据的存储、挖掘与分析之后，大数据广泛运用在企业管理、数据标准化分析等领域中。而从应用行业的角度来说，通过大数据的运用，能够在很大程度上改进客户的营销方式与服务水平，这样能够有效帮助行业降低成本，实现运营效益的提升。此外，其还可以帮助企业创新商业模式，并发现新的市场商机。从对整个社会的价值来看，大数据在智慧城市、智慧交通及灾难预警等方面都有巨大的潜在应用价值。

14.2.2　主动数据库

传统数据库是“被动”的——只能根据应用程序的要求而对数据库进行数据的创建、检索、修改、删除等操作，而不能根据发生的事件或数据库的状态“主动”做些什么。数据库仅作为一种被动的数据存储仓库而存在。利用“被动服务”的数据库不能很好地完成带有主动性需求的任务。而在实际应用中，主动性需求是大量存在的，这就呼唤着解决该问题的方案。

主动数据库系统(Active Database System)是指在没有用户干预的情况下，能够主动地对系统内部或外部所产生的事件做出反应的数据库。主要设计思想：用一种统一而方便的机制实现应用对主动性功能的需求，即系统能把各种主动服务功能与数据库系统集成在一起，以利于软件的模块化和软件重用，同时也增强了数据库系统的自我支持能力。主动数据库体系结构如图14-6所示。

以下途径可以实现主动数据库系统。

(1)改造的途径。简单的实现途径就是在原有数据库管理系统的基础上进行改造。为此只需在原有数据库管理系统之外增加一个能经常有机会运行的事件监视器即可。事件是统一的一个库，由用户预先设置好，在应用程序运行的同时，由事件监视器来监视事件的发生，并根据事件库中所示，自动执行相应的动作或动作序列。

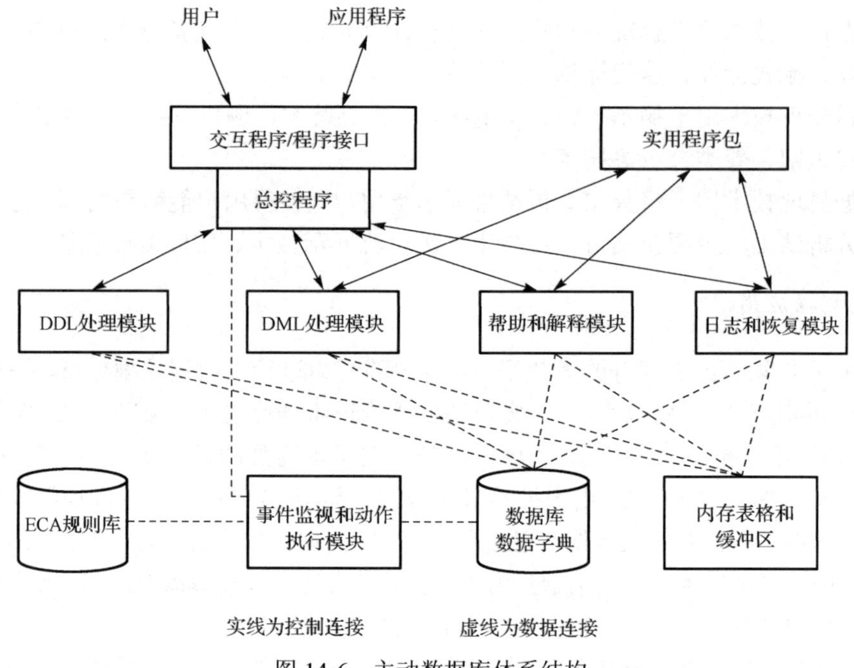

图 14-6　主动数据库体系结构

(2) 嵌入主动程序设计语言的途径。把一般程序设计语言改造成一种主动程序设计语言，并设计实现一种主动程序设计语言，然后按传统方法把数据库操作嵌入其中执行。

(3) 重新设计主动数据库程序设计语言的途径。重新设计主动程序设计语言将数据定义、操作、维护和管理功能与应用程序彻底融合，也是一条可取的途径。

实际上，上述 3 条实现路径中，第一种途径最简单，但效率较低；第三种效率高，但实现起来非常复杂；第二种是一个折中的方案，改造工作量适中，而且效率也较第一种途径要高。总的来说，采用何种实现路径还要根据实际情况来决定。

14.3　数据仓库与数据挖掘

14.3.1　数据仓库

随着数据库技术的应用普及和发展，人们不再仅仅满足于一般的业务处理，而对系统提出了更高的要求——提供决策支持。

数据仓库是一种面向分析的环境，能把相关的各种数据转换成有商业价值的信息的技术。数据仓库最早由美国计算机科学家 William H. Inmon 于 1991 年提出，他也因此被称为“数据仓库之父”。他对数据仓库的定义是：“数据仓库是一个面向主题的(Subject-Oriented)、集成的(Integrated)、随时间变化的(Time-Varying)、稳定的(Non-Volatile)用于支持组织决策的数据集合。”

1. 从数据到数据仓库

数据库系统能够很好地用于事务处理，但它对分析处理的支持一直不能令人满意。特别是当以业务处理为主的联机事务处理(OLTP)应用和以分析处理为主的决策支持系统(DSS)应用共存于一个数据库系统时，就会产生许多问题。

例如，事务处理应用一般需要的是当前数据，主要考虑较短的响应时间；而分析处理应用需要历史的、综合的、集成的数据，它的分析处理过程可能持续几小时，从而消耗大量的系统资源。

人们逐渐认识到直接用事务处理环境来支持 DSS 是行不通的。要提高分析和决策的有效性，分析型处理及其数据必须与操作型处理及其数据分离。必须把分析型数据从事务处理环境中提取出来，按照 DSS 处理的需要进行重新组织，建立单独的分析处理环境。数据仓库技术正是为了构建这种新的分析处理环境而出现的一种数据存储和组织技术。

2. 数据仓库基本结构

数据仓库的目的是构建面向分析的集成化数据环境，为企业提供决策支持(Decision Support)。其实数据仓库本身并不“生产”任何数据，同时自身也不需要“消费”任何数据，数据来源于外部，并且开放给外部应用，这也是叫“仓库”，而不叫“工厂”的原因。

因此数据仓库的基本架构主要包含的是数据流入流出的过程，可以分为 3 层：源数据、数据仓库、数据应用。数据仓库的输入方是各种各样的数据源，最终的输出用于企业的数据分析、数据挖掘、数据报表等方向。它为企业提供一定的 BI 能力，指导业务流程改进、监视时间、成本、质量以及控制。数据仓库结构如图 14-7 所示。

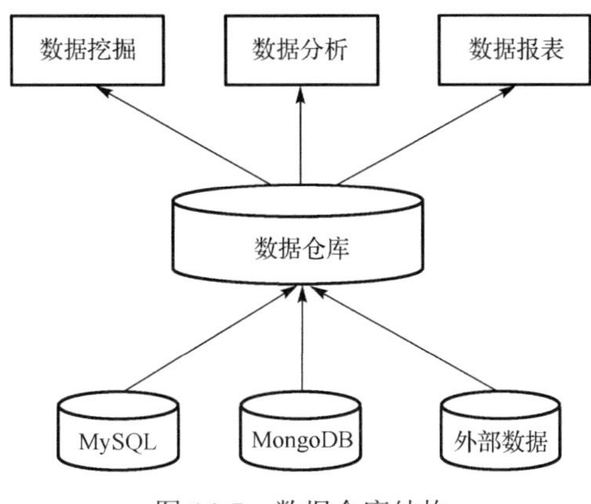

图 14-7　数据仓库结构

3. 数据仓库特点

1) 主题性

不同于传统数据库对应于某一个或多个项目，数据仓库根据使用者的实际需求，将不同数据源的数据在一个较高的抽象层次上进行整合，所有数据都围绕某一主题来组织。这里的主题怎么来理解呢？例如，对于滴滴出行，“司机行为分析”就是一个主题，对于链家网，“成交分析”就是一个主题。

2) 集成性

数据仓库中存储的数据来源于多个数据源的集成，原始数据来自不同的数据源，存储方式各不相同。要整合成为最终的数据集合，需要从数据源经过一系列抽取、清洗、转换的过程。

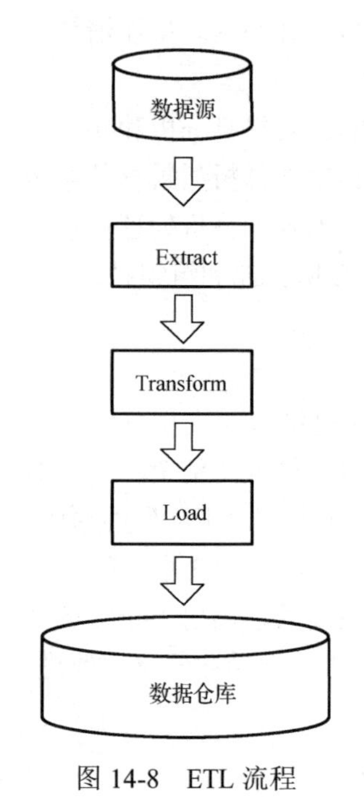

图 14-8　ETL 流程

3) 稳定性

数据仓库中保存的数据是一系列历史快照，不允许修改。用户只能通过分析工具进行查询和分析。

4) 时变性

数据仓库会定期接收新的集成数据，反映出最新的数据变化，这和特点并不矛盾。

4. ETL

ETL 的英文全称是 Extract-Transform-Load，用来描述将数据从来源迁移到目标的几个过程。

(1) Extract，数据抽取，也就是把数据从数据源读出来。

(2) Transform，数据转换，把原始数据转换成期望的格式和维度。如果用在数据仓库的场景下，Transform 也包含数据清洗，清洗掉噪声数据。

(3) Load，数据加载，把处理后的数据加载到目标处，如数据仓库。

ETL 流程如图 14-8 所示。

14.3.2　数据挖掘

数据挖掘(Data Mining)是数据库知识发现中的一个步骤，一般是指从大量的数据中通过算法搜索隐藏于其中信息的过程。数据挖掘通常与计算机科学有关，并通过统计、在线分析处理、情报检索、机器学习、专家系统(依靠过去的经验法则)和模式识别等诸多方法来实现上述目标。简而言之，数据挖掘就是指从数据中获取知识。

若将数据仓库(Data Warehousing)比作矿坑，数据挖掘就是深入矿坑采矿的工作。毕竟数据挖掘不是一种无中生有的魔术，也不是点石成金的炼金术，若没有足够丰富完整的数据，是很难期待数据挖掘能挖掘出什么有意义的信息的。

1. 数据挖掘能解决什么问题

商业上的问题多种多样，例如，“如何能降低用户流失率？”“某个用户是否会响应本次营销活动？”“如何细分现有目标市场？”“如何制定交叉销售策略以提升销售额？”“如何预测未来销量？”。从数据挖掘的角度看，都可以转换为 4 类问题：分类、回归、关联分析和推荐。

1) 分类问题

简单来说，就是根据已经分好类的数据，分析每一类的潜在特征并建立分类模型。对于新数据，可以输出属于每一类的概率。我们生活中经常会遇到分类的问题，如从性别上能分成两类：男人和女人；如果从年龄上划分，又可将人群分为青年人(<30 岁)、中年人(30～60 岁)、老年人(>60 岁)。我们可以将这一表示类别的数据称为分类数据。

分类数据有着重要的意义，如可以对现在流行的共享单车用户按图 14-9 所示的类别进行分组研究。

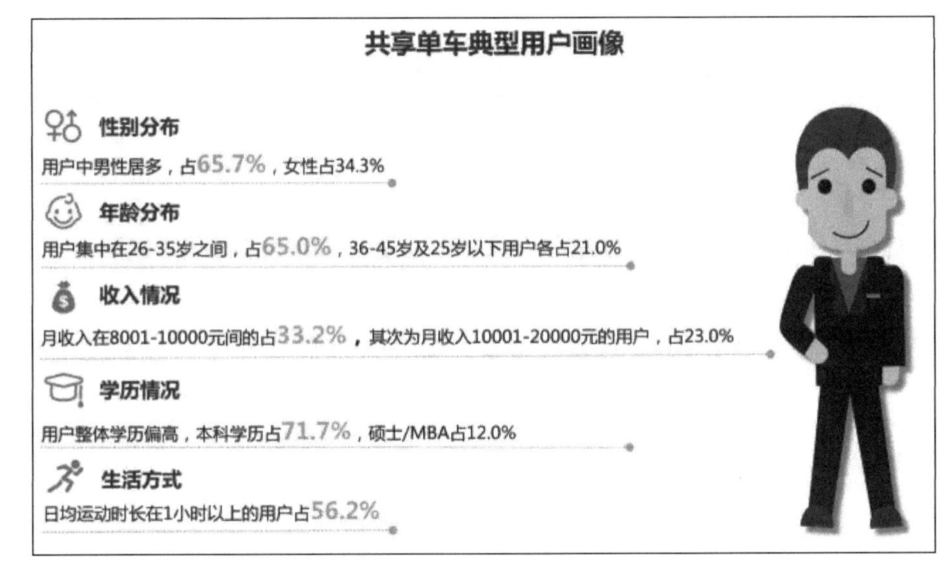

图 14-9　共享单车数据分类

对数据进行分组研究后，会发现 90%的用户在目的地与地铁/公交站相距 3000m 内时选择使用共享单车，共享单车成为最有效的“最后一公里”解决方案。

2) 回归问题

回归概念出自高尔顿种豆子的实验，通过大量数据统计，他发现个体小的豆子往往倾向于产生比其更大的子代，而个体大的豆子则倾向于产生比其小的子代，然后高尔顿认为这是由于新个体在向这种豆子的平均尺寸“回归”，大概的意思就是事物总是倾向于朝着某种“平均”发展，也可以说回归于事物本来的面目。

回归问题和分类问题有点类似，但是回归问题中的因变量是一个数值，而分类问题，最终输出的因变量是一个类别。简单理解，就是定义一个因变量，再定义若干自变量，找到一个数学公式，描述自变量和因变量之间的关系。

例如，我们要研究房价，然后收集房子距离市中心的距离、面积，收集足够多房子的数据，就可以建立一个房价和距离、面积的公式，给出一个新的距离和面积数据，就可以预测这所房子的价格。

3) 关联分析

关联分析是数据挖掘中一项基础又重要的技术，是一种在大型数据库中发现变量之间有趣关系的方法。关联分析最重要的故事是“啤酒与尿布”的故事，产生于 20 世纪 90 年代的美国沃尔玛超市中，沃尔玛的超市管理人员分析销售数据时发现了一个令人难以理解的现象：在某些特定的情况下，“啤酒”与“尿布”两件看上去毫无关系的商品经常出现在同一个购物篮中，这种独特的销售现象引起了管理人员的注意，经过后续调查发现，这种现象出现在年轻的父亲身上。在美国有婴儿的家庭中，一般是母亲在家中照看婴儿，年轻的父亲前去超市购买尿布。父亲在购买尿布的同时，往往会顺便为自己购买啤酒，这样就会出现啤酒与尿布这两件看上去不相干的商品经常出现在同一个购物篮的现象。如果这个年轻的父亲在卖场只能买到两件商品之一，则他很有可能会放弃购物而到另一家商店，直到可以一次同时买到啤酒与尿布。沃尔玛发现了这一独特的现象，开始在卖场尝试将啤酒与尿布摆放在相同的区域，让年轻的父亲可以同时找到这两件商品，并很快地完成购物；而沃尔玛超市也可以让这些客户一次购买两件商品，而不是一件，从而获得了很好的商品销售收入，这就是“啤酒与尿布”故事的由来。

4）推荐系统

推荐系统又叫个性化推荐系统，它会基于用户行为数据或物品数据，通过一定的算法，为用户推荐符合他需求的物品。也就是平时我们在浏览电商网站、视频网站、新闻 APP 中“猜你喜欢”“其他人也购买了 XXX”等类似的功能。

2. 数据挖掘流程

数据挖掘流程如图 14-10 所示。

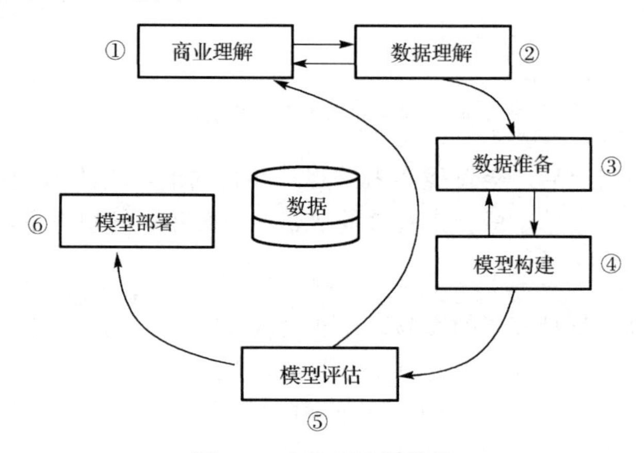

图 14-10　数据挖掘流程

(1) 理解业务与理解数据。
(2) 获取相关技术与知识。
(3) 整合与查询数据。
(4) 去除错误或不一致及不完整的数据。
(5) 由数据选取样本先行试验。
(6) 建立数据模型。
(7) 实际数据挖掘的分析工作。
(8) 测试与检验。
(9) 找出假设并提出解释。
(10) 持续应用于企业流程中。

由上述步骤可看出，数据挖掘牵涉了大量的准备工作与规划过程，事实上许多专家皆认为整套数据挖掘的进行有 80%的时间精力是花费在数据前置作业阶段，其中包含数据的净化与格式转换或表格的连接。由此可知数据挖掘只是信息挖掘过程中的一个步骤而已，在进行此步骤前还有许多的工作要完成。

14.4　NoSQL 数据库

14.4.1　NoSQL 数据库概述

NoSQL 数据库及其他数据库

NoSQL 泛指非关系型的数据库。随着互联网 Web 2.0 网站的兴起，传统的关系数据库在应付 Web 2.0 网站，特别是超大规模和高并发的社交网络服务(Social Networking Services，SNS)类型的 Web 2.0 纯动态网站方面已经显得力不从心，暴露了很多难以克服的问题，而非关系型的数据库则由于其本身的特点得到了非常迅速的发展。NoSQL 数据库的产生就是为了解决大规模数据集合多重数据种类带来的挑战，尤其是大数据应用难题。例如，谷歌或 Facebook 每天为他们的用户收集万亿比特的数据。这些类型的数据存储不需要固定的模式，不需要多余操作就可以横向扩展。

14.4.2　NoSQL 数据库的四大分类

1. 键-值(Key-Value)存储数据库

这一类数据库主要会用到一个哈希表，这个表中有一个特定的键和一个指针指向特定的数据。Key/Value 模型对于 IT 系统来说，优势在于简单、易部署。但是如果 DBA 只对部分值进行查询或更新，Key/value 就显得效率低下了。例如，Tokyo Cabinet/Tyrant、Redis、Voldemort、Oracle BDB。

2. 列存储数据库

这部分数据库通常用来应对分布式存储的海量数据。键仍然存在，但是它们的特点是指向了多个列。这些列是由列家族来安排的，如 Cassandra、HBase、Riak。

3. 文档型数据库

文档型数据库的灵感来自于 Lotus Notes 办公软件，而且它与第一种键-值存储相类似。该类型的数据模型是版本化的文档，半结构化的文档以特定的格式存储，如 JSON。文档型数据库可以看作键-值存储数据库的升级版，允许之间嵌套键值。而且文档型数据库比键-值存储数据库的查询效率更高，如 CouchDB、MongoDB，国内也有文档型数据库 SequoiaDB，已经开源。

4. 图形(Graph)数据库

图形结构的数据库与其他行列以及刚性结构的 SQL 数据库不同，使用灵活的图形模型，并且能够扩展到多个服务器上。NoSQL 数据库没有标准的查询语言(SQL)，因此进行数据库查询需要制定数据模型。许多 NoSQL 数据库都有 REST 式的数据接口或者查询 API，如 Neo4J、InfoGrid、Infinite Graph。

因此，NoSQL 数据库在以下几种情况下比较适用：①数据模型比较简单；②需要灵活性更强的 IT 系统；③对数据库性能要求较高；④不需要高度的数据一致性；⑤对于给定键 Key，比较容易映射复杂值的环境。

14.4.3　常见的 NoSQL 数据库

1. MongoDB

MongoDB 是一个基于分布式文件存储的数据库，由 C++语言编写，主要解决的是海量数据的访问效率问题，为 Web 应用提供可扩展的高性能数据存储解决方案。当数据量达到 50GB 以上时，MongoDB 的数据库访问速度是 MySQL 的 10 倍以上。MongoDB 的并发读写效率不是特别出色，根据官方提供的性能测试表明，每秒可以处理 0.5 万～1.5 万次读写请求。MongoDB 还自带了一个出色的分布式文件系统 GridFS，可以支持海量的数据存储。

2. HBase

HBase 是一个分布式的、面向列的开源数据库，该技术来源于 Chang 等所撰写的 Google 论文《Bigtable：一个结构化数据的分布式存储系统》。就像 BigTable 利用了 Google 文件系统(File System)所提供的分布式数据存储一样，HBase 在 Hadoop 之上提供了类似于 BigTable 的能力。HBase 是 Apache 的 Hadoop 项目的子项目。HBase 不同于一般的关系数据库，它是一个适合于非结构化数据存储的数据库，另一个不同的是 HBase 是基于列的而不是基于行的模式。

3. Redis

Redis 是一个键-值存储系统。和 Memcached 类似，它支持存储的 value 类型相对更多，包括 string(字符串)、list(链表)、set(集合)和 zset(有序集合)。这些数据类型都支持 push/pop(入栈/出栈)、add/remove(添加/移除)及取交集并集和差集等操作，而且这些操作都是原子性的。在此基础上，Redis 支持各种不同方式的排序。与 Memcached 一样，为了保证效率，数据都是缓存在内存中的。区别是 Redis 会周期性地把更新的数据写入磁盘或者把修改操作写入追加的记录文件，并且在此基础上实现了主从(Master-Slave)同步。

14.5　数据库其他新技术

14.5.1　空间数据库

空间数据库是指地理信息系统在计算机物理存储介质上存储的与应用相关的地理空间数据的总和，一般是以一系列特定结构的文件的形式组织在存储介质之上的。

空间数据库的研究始于 20 世纪 70 年代的地图制图与遥感图像处理领域，其目的是有效地利用卫星遥感资源迅速绘制出各种经济专题地图。由于传统的关系数据库在空间数据的表示、存储、管理、检索上存在许多缺陷，从而形成了空间数据库这一数据库研究领域。

而传统数据库系统只针对简单对象，无法有效地支持复杂对象(如图形、图像)。空间数据库是某区域内关于一定空间要素特征的数据集合，是地理信息系统在物理介质上存储的与应用相关的空间数据总和。

14.5.2 多媒体数据库

多媒体数据库是数据库技术与多媒体技术结合的产物。多媒体数据库不是对现有的数据进行界面上的包装，而是从多媒体数据与信息本身的特性出发，考虑将其引入数据库中之后而带来的有关问题。

多媒体数据按其特征可以分为 6 种。

(1) 字符数值：简单、规范、易于管理，传统数据库主要是针对这种数据的。在多媒体数据库中仍然需要管理大量这种类型的数据。

(2) 文本数据：从计算机内部来看，文本数据是由一个具有特定意义的字符串表示的，在数据库中，对文本数据处理较为常见的操作是检索操作，一般采用关键词检索和全文检索等方法。

(3) 图形数据：图形数据的数据库管理已有一些成功的应用范例，如地理信息系统、工业图纸数据库等。由于图形数据可以分解，所以只要有合理的描述模型就可以描述这个分层的结构。

(4) 图像数据：目前在图像领域已有很多研究，如属性描述、特征提取、分割、纹理识别、颜色检索等。对专业性很强的应用，已有一些比较成功的研究成果。但对多媒体数据库来说，将更强调对通用图像数据的管理和查询。

(5) 声音数据：声音是常用的信息媒体。声音的模拟信号是随着时间变化的波形，经数字化后就成为声音数据。不同的应用所需要的声音质量不同，所以声音数据的大小也就不同。

(6) 视频数据：时间属性带来了新的复杂程度。例如，在检索和查询操作中，检索和查询的内容可以包括镜头、场景、内容等许多方面，这些是传统的数据库不存在的问题。

14.5.3 面向对象数据库

面向对象是一种认识方法学，也是一种新的程序设计方法学。把面向对象的方法和数据库技术结合起来可以使数据库系统的分析、设计最大限度地与人们对客观世界的认识相一致。面向对象数据库系统是为了满足新的数据库应用需要而产生的新一代数据库系统，其优点如下。

(1) 易维护：可读性高且方便、低成本。

(2) 质量高：在设计时，可重用现有的、在以前的项目领域中已被测试过的类，使系统满足业务需求并具有较高的质量。

(3) 效率高：在软件开发时，根据设计的需要对现实世界的事物进行抽象，产生类。使用这样的方法解决问题，接近于日常生活和自然的思考方式，势必提高软件开发的效率和质量。

(4) 易扩展：由于继承、封装、多态的特性，自然设计出高内聚、低耦合的系统结构，使系统更灵活、更容易扩展，而且成本较低。

面向对象数据库研究的另一个进展是在现有关系数据库中加入许多纯面向对象数据

库的功能。在商业应用中对关系模型的面向对象扩展着重于性能优化，处理各种环境的对象的物理表示和增加 SQL 模型以赋予面向对象特征，如 Versant、UniSQL、O2 等，它们均具有关系数据库的基本功能，采用类似于 SQL 的语言，用户很容易掌握。

14.5.4　移动数据库

移动数据库是能够支持移动式计算环境的数据库，其数据在物理上分散而逻辑上集中。它涉及数据库技术、分布式计算技术、移动通信技术等多个学科，与传统的数据库相比，移动数据库具有移动性、位置相关性、频繁的断接性、网络通信的非对称性等特征。移动数据库的关键技术如下。

(1) 复制和缓存技术。移动数据库环境中，通过采用一种弱一致性服务器级复制机制，提高了响应时间。缓存技术通过在客户机上缓存数据服务器上的部分数据，降低客户访问数据库服务器的频率。

(2) 数据广播技术。利用从服务器到移动客户机的下行带宽远远大于从移动客户机到服务器的上行带宽的这种网络非对称性，把大多数移动用户频繁访问的数据组织起来，以周期性的广播形式提供给移动客户机。

(3) 位置管理。移动用户的位置管理主要集中在两个方面：一是如何确定移动用户的当前位置；二是如何存储、管理和更新位置信息。可以采用移动计算机在自己的宿主服务器上进行永久登记，当它移动到任何其他区域时，向其宿主服务器通报其当前位置。

(4) 查询处理及优化。在移动数据库环境中，由于用户的移动、频繁断接以及用户所处网络环境的多样性，移动查询优化必须采用动态策略，以适应不断变化的画境。

(5) 移动事务处理。

14.5.5　并行数据库

并行数据库系统(Parallel Database System)是新一代高性能的数据库系统，是在大规模并行处理(MPP)和集群并行计算环境的基础上建立的数据库系统。

并行数据库系统基于多处理节点的物理结构，将数据库管理技术与并行处理技术有机结合来实现系统的高性能。并行数据库技术起源于 20 世纪 70 年代的数据库机(Database Machine)研究，研究的内容主要集中在关系代数操作的并行化和实现关系操作的专用硬件设计上，希望通过硬件实现关系数据库操作的某些功能。

14.5.6　工程数据库

工程数据库，也可称为 CAD 数据库、设计数据库或技术数据库等，是指能满足人们在工程活动中对数据处理要求的数据库。理想的 CAD/CAM 系统，应该是在操作系统支持下，以图形功能为基础，以工程数据库为核心的集成系统。从产品设计、工程分析直到制造过程活动中所产生的全部数据都应存储、维护在同一个工程数据库环境中。

14.6　小　　结

本章主要讨论了各种学科与数据库技术的有机结合，形成了各种各样的数据库系统，包括面向对象数据库系统、分布式数据库系统、并行数据库系统、多媒体数据库系统等；数据库系统应用到特定的领域后，又出现了工程数据库、空间数据库、科学数据库、文献数据库等。它们继承了传统数据库的成果和技术，加以发展优化，从而形成的新数据库，视为“进化”的数据库。

学习本章，主要应了解所介绍的各种数据库技术概念和基本原理及特点，掌握一些重要的技术如区块链、NoSQL、数据挖掘的发展。

习　题

1．简述区块链的交易过程。
2．大数据有什么特点？
3．什么是分类问题？请举例说明。
4．数据库与数据仓库有何区别？
5．数据挖掘的过程包含哪些流程？
6．RDBMS 与 NoSQL 的区别是什么？

参 考 文 献

邓立国, 佟强, 杨姝, 等. 2017. 数据库原理与应用(SQL Server 2016 版本). 北京: 清华大学出版社.

Elmasri R, Navathe S B. 2008. 数据库系统基础. 孙瑜, 译. 北京: 人民邮电出版社.

韩立刚, 马龙帅, 王艳华, 等. 2017. 跟韩老师学 SQL Server 数据库设计与开发. 北京: 中国水利水电出版社.

何玉洁. 2016. 数据库原理与应用教程. 4 版. 北京: 机械工业出版社.

李红. 2018. 数据库原理与应用. 2 版. 北京: 高等教育出版社.

李俊山, 叶霞, 罗蓉, 等. 2017. 数据库原理及应用(SQL Server). 3 版. 北京: 清华大学出版社.

刘启芬, 顾韵华. 2018. SQL Server 实用教程(SQL Server 2008 版). 5 版. 北京: 电子工业出版社.

明日科技. 2017. SQL Server 从入门到精通. 2 版. 北京: 清华大学出版社.

萨师煊, 王珊. 2000. 数据库系统概论. 3 版. 北京: 高等教育出版社.

汤庸, 叶小平, 陈洁敏, 等. 2015. 高级数据库技术与应用. 2 版. 北京: 高等教育出版社.

唐中良, 蔡中民. 2014. 数据库原理及应用(SQL Server 2008 版). 北京: 清华大学出版社.

Ullman J D, Widom J. 2011. 数据库系统基础教程. 岳丽华, 金培全, 万寿红, 等译. 北京: 机械工业出版社.

王珊, 萨师煊. 2014. 数据库系统概论. 5 版. 北京: 高等教育出版社.

严晖, 王小玲, 周肆清, 等. 2017. 数据库技术与应用(SQL Server 2008). 2 版. 北京: 中国水利水电出版社.

杨国强, 路萍, 张志军. 2004. ERwin 数据库建模. 北京: 电子工业出版社.

尹志宇, 郭晴. 2016. 数据库原理与应用教程——SQL Server 2008. 2 版. 北京: 清华大学出版社.